# 多模掘进机设计
# 与施工关键技术

周建军　刘继强　张转转　**编著**

中国建筑工业出版社

**图书在版编目（CIP）数据**

多模掘进机设计与施工关键技术 / 周建军, 刘继强,
张转转编著. -- 北京：中国建筑工业出版社, 2024.5
ISBN 978-7-112-29850-1

Ⅰ. ①多… Ⅱ. ①周… ②刘… ③张… Ⅲ. ①掘进机
－设计②掘进机－工程施工 Ⅳ. ①TD421.5

中国国家版本馆 CIP 数据核字(2024)第 094317 号


责任编辑：刘颖超
责任校对：张惠雯

**多模掘进机设计与施工关键技术**
周建军　刘继强　张转转　编著
＊
中国建筑工业出版社出版、发行（北京海淀三里河路9号）
各地新华书店、建筑书店经销
国排高科（北京）信息技术有限公司制版
临西县阅读时光印刷有限公司印刷
＊
开本：787 毫米×1092 毫米　1/16　印张：19½　字数：459 千字
2024 年 7 月第一版　　2024 年 7 月第一次印刷
定价：**198.00** 元
ISBN 978-7-112-29850-1
（42775）

# 编 委 会

主　　编：周建军　刘继强　张转转

副 主 编：周　凯　管振祥　李少华　冯　钧　王　恒　张昆峰

编　　委：（按姓氏笔画排序）

王　震　王文灿　王江卡　王承山　王振坤　王海亮

厉彦军　卢高明　冯　通　邢永辉　朱品安　伍　军

刘永胜　刘建廷　刘厚朴　刘振邦　刘铭源　刘超尹

江益辉　孙成果　李　宁　李　征　李　慧　李二伟

李帅远　李仲峰　李旭杰　李宏波　李新龙　杨延栋

肖平平　冷珍华　宋天田　张　永　张　兵　陈　钧

范文超　周　晗　周卓然　郑永光　姜宝臣　袁德明

贾连辉　徐敬贺　黄佳强　梅　灿　常孔磊　梁崇双

寇海军　彭　亮　彭元栋　董聪慧　喻　伟　裴　超

翟乾智　薛有为　魏玉省

统稿编辑：李帅远　杨延栋　翟乾智　周卓然

**主编单位：**（排名不分先后）

盾构及掘进技术国家重点实验室

中铁南方投资集团有限公司

中铁七局集团第三工程有限公司

中铁十九局集团有限公司

中铁十五局集团有限公司

中铁十一局集团城市轨道工程有限公司

中国葛洲坝集团市政工程有限公司/中能建葛洲坝轨道交通建设有限公司

中国中铁股份有限公司

中铁隧道局集团有限公司

浙江大学

中铁一局集团科创产业发展有限公司

中铁六院勘察设计院集团有限公司

隧道掘进机及智能运维全国重点实验室

中铁（广州）投资发展有限公司

# 作者简介

**周建军** 博士 博士后

1969 年 6 月出生，湖南株洲人，教授级高级工程师，现任盾构及掘进技术国家重点实验室副主任。主要从事隧道及地下工程领域研究、盾构 TBM 技术研究及应用等。

主持了 863 计划课题、工信部智能制造标准项目、国家重点研发计划课题、国家自然科学基金、中国博士后科学基金、河南省自然科学基金等纵向课题和企业科研项目 30 余项。主编了《盾构法隧道施工及验收规范》GB 50446—2017、《全断面隧道掘进机盾构机安全要求》GB/T 34650—2017、《全断面隧道掘进机再制造》GB/T 37432—2019 和《全断面隧道掘进机刀盘》JB/T 14522—2023、《全断面隧道掘进机培训系统》等，参编了国家标准 5 项和行业标准 3 项。研究成果获国家科技进步二等奖 1 项、河南省科技进步奖一等奖和技术发明奖等省级政府奖 12 项，出版科技专著 6 部，获专利 15 项，发表科技论文 100 余篇。

兼任国家国际合科技合作专家库专家、科技部专家库专家以及多省科技专家库专家、全国建筑施工机械与设备标准化技术委员会副秘书长、中国岩石力学与工程学会软岩工程与深部灾害控制分会副理事长、天津市地下工程建造与安全工程技术中心学术委员（天津大学）等。

**刘继强** 工学博士

刘继强，男，1971年6月出生，山东郯城人，教授级高级工程师，国家注册一级建造师、注册监理工程师，现任中铁南方投资集团有限公司副总经理、总工程师。先后荣获全国五一劳动奖章、深圳市政府特殊津贴专家等荣誉称号。

长期从事隧道及地下工程的施工技术管理和科技攻关工作。先后主持或参与完成了阿联酋阿布扎比市地下通道、杭州市解放路暗挖隧道、深圳地铁5号线、深圳地铁11号线、深圳地铁14号线、厦门地铁3号线过海隧道等重难点工程建设，取得了显著成绩。所主持或组织的工程项目获詹天佑奖2项、鲁班奖3项、国家优质工程奖3项，科研成果获广东省科技进步一等奖1项、河南省科技进步二等奖2项、深圳市科技进步二等奖2项。主编或参编专著5本，在国家核心学术刊物发表专业学术论文20多篇。

**张转转** 高级工程师

1987年12月出生，男，国家注册一级建造师，2009年毕业于西南交通大学土木工程专业，浙江大学工程博士在读。现任中国中铁轨道专业研发中心主任，历任项目主管，项目总工程师、公司副总工程师，集团公司科技与信息化部副部长。兼任中国图文学会BIM专业委员会委员，山东轨道交通学会智能建造委员会副主任委员，浙江省土木建筑学会地下工程学委会委员。先后参加了多条客运专线、高速铁路工程建设，参与了数十座城市地铁建设，积累了丰富铁路隧道、深基坑、盾构隧道的施工技术经验。参与和主持的研究课题获得省部级以上技术发明奖1项，科技进步奖5项，发明专利24项，实用新型专利15项，出版工程专著4部。先后荣获国际隧道与地下空间协会（ITA）第七届"年度青年隧道工程师"提名奖，中国中铁首届向上向善创新创效青年，山东轨道交通学会杰出青年人才奖，入选工程建设科技创新人才（青年拔尖人才）万人计划。

# 序 言

随着我国"交通强国"战略的全面实施，要求到 2035 年基本形成"全国 123 出行交通圈"（都市区 1 小时通勤、城市群 2 小时通达、全国主要城市 3 小时覆盖），城市地铁、城际铁路、高速铁路等交通设施建设已成为实现这一战略目标的重要举措。但由于城市地表建（构）筑物分布密集，为了充分提高城市地表与地下空间的综合利用率，城市地下交通隧道建设迫在眉睫。掘进机作为城市地下隧道建设的先进机械装备，已广泛应用于交通、水利、能源等领域的隧道建设。随着城市地下隧道埋深越来越大、区间距离越来越长、地质条件越来越复杂，传统单一模式的盾构/TBM 已难以满足隧道工程建设需求，多模式隧道掘进机应用而生。

直至国家"十五"和"十一五"之后，我国隧道掘进装备水平与施工技术才取得了显著进步，借力国家"一带一路"倡议布局的东风，中国隧道掘进机行业从业者继续砥砺创新，在推动国家高端装备制造业和大型隧道建设产业"走出去"的同时，不断提升"中国制造"形象，努力打造国产隧道掘进机这一大国重器。当下更要通过多模掘进机的发展，实现我国隧道掘进装备与施工技术的从"并跑"到"领跑"的跨越。

《多模掘进机设计与施工关键技术》全面介绍了土压-敞开、土压-泥水、土压-泥水-敞开等类型的多模掘进装备设计与掘进关键技术，还科学系统地对我国典型多模掘进机隧道工程进行了归纳总结，其中，利用较大篇幅收录了近年所取得的技术成果，集中展示了施工方和设计制造方在原始创新、集成创新、协同创新和持续创新方面的丰富积累。

本书编委积累了大量丰富的经验和工程实例，以理论为依据，以工程技术问题为切入点，结合大量工程实例分析，通过解决工程问题归纳出关键技术，进而通过理论分析与工程实际相结合，由浅入深、通俗易懂、图文并茂地进行阐述。该书从多模掘进装备和施工技术的角度全面介绍了多模掘进机技术发展历程，内容涉及多模掘进装备设计、施工技术和工程实例，能够满足多模掘进机设计、施工、教学、科研等需要，适用范围广，不仅工程实用性强，且具有很深的学术性。

我相信本书的出版必将进一步推动我国隧道掘进技术的跨越式发展，必将对提升我国隧道建设水平起到积极的推动作用。前人栽树，后人乘凉，有感于作者的辛勤劳动，在本书即将付印之际，我谨以此序向该书的作者和编委表示祝贺，愿此书在隧道掘进机设计、制造及施工中发挥重要的参考作用。

中国工程院院士

国家最高科学技术奖获得者

钱七虎

二〇二〇年元月十二日

　　在掘进机法隧道施工过程中，工程地质条件、水文地质条件和隧道围岩环境复杂多变，单个隧道（洞）或区间内往往遇到多种地层组合，单一模式的掘进机［全断面硬岩隧道掘进机（TBM）；土压平衡隧道掘进机（EPB）；泥水平衡隧道掘进机（SPB）］已无法满足复杂地层工程的建造需求，多模掘进机凭借其独特的掘进工艺及良好的地质适应性，正逐步成为长距离复杂地质隧道（洞）施工的重要装备。多模掘进机是设计、制造和施工技术相融合的创新产物，实现了不同掘进模式和出渣方式在同一台掘进机上的集成设计，根据实际需要实现特定模式掘进，并能在隧道内快捷切换。

　　本书旨在通过双模掘进机、三模掘进机工程实践的丰富成果，对多模掘进机技术进行系统梳理、归纳和提升，形成具有一定科学体系的技术专著，以满足新时代的掘进机设计、制造、施工和管理的新需要。全书共7章：第1章阐述了多模掘进机的发展历程，并对多模掘进机种类构造进行详细介绍。第2章分类叙述了多模掘进机的关键设备特点，重点分析了多模掘进机不同机型的刀盘刀具系统、主驱动系统、推进系统、盾体系统、出渣系统、管片运输与拼装系统、渣土改良系统、管片壁后填充系统等的异同点。第3章、第4章、第5章系统总结了EPB/TBM、EPB/SPB、EPB/SPB/TBM多模掘进机的适应性分析、始发与接收技术、正常掘进技术、特殊工况掘进技术等，汇编了多模掘进机施工现场的第一手资料，对多模掘进机技术提升与设计改进提供了丰富的成果积累。第6章为提升多模掘进机的模式转换效率，将多模掘进机的模式转换技术独立成章，更加系统地研究缩短模式转换工筹，提高多模掘进机的施工效率。第7章从多模掘进机现场问题应急处理为出发点，重点分析多模掘进机各阶段的施工风险，提升了多模掘进机在特殊工况环境的掘进效率，规避人为风险，完善了多模掘进机掘进工艺。

  本书作者长期沉浸在施工一线，兼具理论基础与施工经验，本书以多模掘进机工程问题为切入点，结合现场工况创新归纳的多模掘进机设计与施工关键技术专著，囊括了 EPB/TBM、EPB/SPB、EPB/SPB/TBM 多模盾构的技术与理论创新成果，涵盖了多模掘进机的设备结构设计、掘进工艺、模式快速转换、现场问题应急处理等技术工艺，填补了多模掘进机技术领域的研究空白。

  最后，承蒙钱七虎院士在百忙之中为本书作序，向在本书撰写过程中提供帮助的专家、学者和技术人员表示敬意。在编著过程中尽可能采用新工艺、新措施及新的研究成果，希望能为今后的多模掘进机技术及应用提供示范和参考。书中难免存在疏漏与不足之处，敬请国内外专家与读者批评指正。

CONTENTS

# 第 1 章 >>>

# 多模掘进机概述

随着中国交通、水利、水资源等多个领域基础建设的蓬勃发展，掘进机经常要在以往不适宜作业的地层中进行施工，如软弱破碎地层、高地应力岩爆地层等。地层适应性方面的挑战使得掘进机逐步由单一模式向多模式发展，目前已研制了土压/TBM 双模掘进机(简称 EPB/TBM 双模掘进机)、土压/泥水双模掘进机(简称 EPB/SPB 双模掘进机)、泥水/TBM 双模掘进机（SPB/TBM 双模掘进机）、土压/泥水/TBM 三模掘进机（EPB/SPB/TBM 三模掘进机）等多种类型的多模掘进机。多模掘进机的出现和发展是掘进机设备与施工技术逐步走向成熟的标志之一，也是今后大型施工装备的发展趋势。

多模掘进机是以问题为导向，掘进机制造技术和施工技术相融合的产物，实现了不同掘进模式和出渣方式在同一台掘进机上集成的设计[1]。当掘进机穿越复合地层、复杂的周边环境情况时，能够根据实际需要实现特定模式的掘进功能，并能在隧道内快捷切换。

注：本书其他地方多模掘进机均采用字母简称形式，例如土压/TBM 双模掘进机简称 EPB/TBM 双模掘进机、土压/泥水双模掘进机简称 EPB/SPB 双模掘进机、泥水/TBM 双模掘进机简称 SPB/TBM 双模掘进机、土压/泥水/TBM 三模掘进机简称 EPB/SPB/TBM 三模掘进机。

## ❀ 1.1 多模掘进机简介

### 1.1.1 多模掘进机的发展

近年来，隧道建设逐渐呈现长距离化、地质条件多样化、施工环境复杂化等发展趋势，现有机械化施工方法对地层的适应性受到了极大的挑战[2]，对隧道掘进设备的创新性设计要求越来越高。为解决存在显著地质差异的地层掘进难题，多模掘进机应运而生。

多模掘进机是针对复合地层发明的，国外工程中应用的变密度盾构是双模掘进机的雏形，已经实现了在不同地层的掘进。

2011 年吉隆坡 KV 地铁 1 号线穿越喀斯特地貌，由多种变质沉积的黏土、粉砂、砂土、菲林岩和一段强度 290MPa 的石英岩组成的复杂肯尼山地层，为了地区的建设，盾构设备工程师发明了一种新型的机器——可变密度盾构[3]。这是对双模掘进机的进一步发展，它结合了土压平衡盾构及泥水平衡盾构两种模式，同时为适应岩溶、裂缝地层中掌子面平衡失效，创造性地设计了泥浆密度可变盾构。可变密度盾构集土压平衡和泥水平衡两种作业模式的优点于一身，因此，其在黏土地层、富水地层、低硬度岩石地层、砂卵石地层、断裂带地层、有溶洞地层、地面沉降要求高的地层均可适用。可变密度盾构无须进行机械改装，可直接在施工地层进行多种作业状态之间的转换以适应当前地层的需要，单次转换时间为 1~2d，因此可变密度盾构在多种地层施工更具有优势。

在国内，有"地质博物馆"之称的广州在早期建设地铁时施工难度大，因此较早开始了多模掘进机的研发之路。广州地铁 2 号线首期段建设过程中就遭遇复合地层的挑战，为克服这一难题，针对性地提出掘进机改进的措施，形成"双模掘进机"的概念雏形，明确了今后努力的方向[1]。

2012 年，中铁华隧联合重型装备有限公司与三菱重工业股份有限公司、中国铁建重工集团股份有限公司合作研制出"泥水和土压并联式"双模掘进机，并成功应用于广州地铁 9 号线[4]。

2019 年，因穿越邕江江底及岸边密集浅基础建筑群，为避免泥岩地层结泥饼问题，同时降低盾构施工对老旧建筑的扰动程度，南宁地铁 5 号线五一立交站—新秀公园站区间采用了中国首台 6m 级气垫式直排 EPB/SPB 双模掘进机[5]。

2019 年，为解决长距离及软硬交互地层的掘进问题，深圳地铁 12 号线、13 号线、14 号线工程广泛采用了 EPB/TBM 双模掘进机。

2021 年 5 月，我国首台"三模"掘进机在广州地铁 7 号线二期顺利始发。7 号线二期工程全长约 22km，考虑到萝岗至水西区间软土、孤石及硬岩掘进的风险，经过综合研判，广州地铁在该区间投用集泥水、土压、泥水式 TBM 模式于一身的"三模"掘进机[6]。

2022 年，为解决复杂地层掘进问题，深圳到大亚湾城际铁路，采用 EPB/TBM、EPB/SPB 双模掘进机施工。

### 1.1.2 多模掘进机的应用

除城市地铁隧道外，多模掘进机技术也应用于铁路隧道及煤矿斜井，神华新街台格庙矿区 1 号斜井主井穿越不同软硬程度复合地层，采用 EPB/TBM 双模掘进机进行施工；铁建重工为珠三角城际广佛环线铁路研制了中国首台 EPB/TBM 双模掘进机；德国斯图加特高铁工程中的菲尔德斯塔特隧道穿越了复合地层，隧道顶部为带有黏土的砂岩和结节性的泥灰岩地层，隧道底部为砂岩地层，该工程采用了海瑞克 EPB/TBM 双模掘进机[7]。

统计国内外多例采用多模式掘进设备的隧道工程及多模式设备选取类型如表 1.1-1所示。

多模掘进机使用情况表（部分）　　　　　　　　　表 1.1-1

| 序号 | 始发年份（年） | 掘进机形式 | 工程名称 | 地质概述 | 开挖直径（mm） |
|---|---|---|---|---|---|
| 1 | 2014 | EPB/TBM | 斯图加特—乌尔姆铁路项目 | 软土、黏土、鲕粒状泥灰岩、含泥灰和黏土的砂岩、未淋滤的石膏质泥岩地层 | 10820 |
| 2 | 2015 | 跨模式（EPB/TBM） | 墨西哥 TEPII 排水隧道[7] | 凝灰岩与安山岩 | 8700 |
| 3 | 2017 | 跨模式（EPB/TBM） | 阿克伦运河拦截污水隧道[10] | 软土、复合地层 | 9260 |

| 序号 | 始发年份（年） | 掘进机形式 | 工程名称 | 地质概述 | 开挖直径（mm） |
|---|---|---|---|---|---|
| 4 | 2018 | 可变密度 | 香港沙田中环线[9] | 细、中细与中度九龙花岗岩、砂质至黏土质冲积层以及不同厚度的海相沉积物 | 7450 |
| 5 | 2018 | EPB/TBM | 福州地铁4号线 | 粉质黏土、泥中细砂 | 6440 |
| 6 | 2018 | EPB/TBM | 广佛东环线 | 中风化花岗岩、全—中风化片麻 | 9140 |
| 7 | 2018 | EPB/TBM | 重庆地铁9号线 | 砂岩、砂质泥岩 | 6880 |
| 8 | 2019 | EPB/TBM（中心皮带式） | 深圳地铁12号线怀德站—福永站 | 中微、强风化混合岩 | 6470 |
| 9 | 2019 | EPB/TBM | 深圳地铁8号线 | 粗砂、砾质黏性土、全—微风化花岗岩 | 6580 |
| 10 | 2019 | EPB/TBM（中心螺旋式） | 深圳地铁14号线清水河站—布吉站 | 全强中风化角岩 | 6480 |
| 11 | 2019 | EPB/TBM（中心螺旋式） | 深圳地铁14号线布吉站—布石风井 | 全强中风化角岩 | 6990 |
| 12 | 2019 | EPB/TBM（中心螺旋式） | 深圳地铁14号线布石风井—石芽岭站 | 全强中风化角岩 | 6990 |
| 13 | 2019 | EPB/TBM（中心螺旋式） | 深圳地铁8号线二期大梅沙站—小梅沙站 | 微风化花岗岩 | 6600 |
| 14 | 2020 | EPB/TBM | 广州地铁7号线二期 | 花岗片麻岩、粉砂岩 | 6280 |
| 15 | 2020 | EPB/TBM | 琶洲支线PZH-1标 | 中风化混合花岗岩、强风化泥质砂岩、强—中风化花岗岩 | 9130 |
| 16 | 2020 | EPB/TBM | 深圳14号线共建管廊项目 | 中、微风化花岗岩 | 8300 |
| 17 | 2020 | 可变密度 | 法国里昂地铁B线延伸段[8] | 高渗透性的软土，非均质砾石层和实心花岗岩 | 9680 |
| 18 | 2020 | EPB/TBM | 福州滨海快线 | 杂填土、淤泥质土、中砂、全风化花岗岩、强风化花岗岩、全风化凝灰岩 | 8640 |
| 19 | 2020 | EPB/TBM（中心皮带式） | 深圳地铁13号线留仙洞站—留白风井 | 中、微风化花岗岩 | 6980 |
| 20 | 2020 | EPB/TBM（中心螺旋式） | 深圳地铁13号线白芒站—应人石站 | 淤泥质土、中、微风化花岗岩 | 7000 |
| 21 | 2020 | EPB/TBM | 青岛地铁8号线 | 中微风化粗粒花岗岩 | 6700 |
| 22 | 2021 | EPB/TBM | 穗莞深城际轨道交通深圳机场至前海段工程项目 | 黏土、全—微风化花岗岩 | 9140 |
| 23 | 2021 | EPB/TBM（中心螺旋式） | 广州地铁7号线二期（科丰路—萝岗左线） | 砂质黏土、全—微风化花岗岩 | 6280 |
| 24 | 2021 | EPB/TBM | 深圳14号线共建管廊项目 | 中、微风化花岗岩 | 8300 |
| 25 | 2022 | EPB/TBM | 深大城际先行线 | | 9130 |
| 26 | 2022 | EPB/TBM | 重庆地铁 | 粉质黏土、砂质泥岩、砂岩 | 6830 |
| 27 | 2023 | EPB/TBM | 济南地铁6号线 | 中风化混合岩、孤石、粉质黏土、复合地层 | 6650 |
| 28 | 2014 | EPB/SPB | 广州地铁9号线2标 | 中粗砂、砾砂、黏土、微风化灰岩，上砂下岩为主 | 6280 |
| 29 | 2015 | EPB/SPB | 广州地铁21号线14标 | 粉细砂、砂质黏性土层、花岗岩全风化带 | 6280 |
| 30 | 2018 | EPB/SPB | 杭州地铁7号线3标 | 淤泥质粉质黏土、粉砂和圆砾 | 6480 |

续表

| 序号 | 始发年份（年） | 掘进机形式 | 工程名称 | 地质概述 | 开挖直径（mm） |
|---|---|---|---|---|---|
| 31 | 2018 | EPB/SPB | 广州白云机场 | 粗砂、砂砾、粉质黏土、强风化碳质灰岩、强风化石灰岩 | 9090 |
| 32 | 2018 | EPB/SPB | 佛山 3 号线 | 淤泥土、淤泥质粉细砂、粉细砂或淤泥质粉细砂层、粉细砂 | 6460 |
| 33 | 2019 | EPB/SPB | 南宁地铁 5 号线项目 | 粉细砂、粉土、圆砾、泥质粉砂岩 | 6300 |
| 34 | 2019 | EPB/SPB | 昆明地铁 5 号线 | 穿越圆砾土层/粉土、圆砾层、砂层、黏土 | 6480 |
| 35 | 2019 | EPB/SPB | 福州滨海快线 | 杂填土、淤泥质土、中砂、全风化花岗岩、强风化花岗岩、全风化凝灰岩 | 8830 |
| 36 | 2020 | EPB/SPB | 珠三角水资源配置工程 A2 标 | 弱风化岩、泥质粉砂岩、局部少量细砂岩 | 6980 |
| 37 | 2020 | EPB/SPB | 汕头关埠引水隧道 | 粗砂、砂砾、粉质黏土、强风化碳质灰岩、强风化石灰岩 | 5510 |
| 38 | 2020 | EPB/SPB | 广州地铁 12 号线 | 砂质页岩、钙质页岩强风化带、泥质粉砂岩、粉砂岩强—中等风化带 | 6680 |
| 39 | 2020 | EPB/SPB | 沈阳地铁 4 号线（望花屯—劳动路—望花街） | 粉质黏土 | 6160 |
| 40 | 2021 | EPB/SPB | 四川宜宾向家坝北总干渠穿岷江猫儿沱隧洞 | 粉砂岩、粉砂质泥岩、泥质粉砂岩 | 9140 |
| 41 | 2021 | EPB/SPB | 成蒲铁路站前工程 1 标紫瑞隧道 | 卵石土、泥质夹砂岩 | 12840 |
| 42 | 2021 | EPB/SPB | 广州市轨道交通 12 号线棠溪站—南航新村站左线 | 砾砂、全—微风化石灰岩、中—微风化泥质粉砂岩 | 6700 |
| 43 | 2022 | EPB/SPB | 轨道交通资阳线 | 杂填土、粉质黏土、卵石土、强—中风化砂岩 | 8240 |
| 44 | 2022 | EPB/SPB | 广州市轨道交通 12 号线官洲站—仑头站右线 | 粉质黏土、淤泥质粉砂岩、中风化泥质粉砂岩、中粗砂、粉细砂、全—中风化粗砂岩 | 6700.0 |
| 45 | 2022 | EPB/SPB | 广州地铁 13 号线二期 | 淤泥、中粗砂、砾砂、红层残积土、强—微风化灰岩 | 6680 |
| 46 | 2022 | EPB/SPB | 广州地铁 14 号线二期 | 砾岩、中风化泥质粉砂岩、粉砂质泥岩 | 6690 |
| 47 | 2023 | EPB/SPB | 广州地铁 7 号线二期 | 全—中风化泥质粉砂岩、强—中风化含砾粗砂岩 | 6680 |
| 48 | 2005 | SPB/TBM | 瑞典哈兰扎森双管隧道[11] | 片麻岩、闪岩、辉绿岩带 | 10530 |
| 49 | 2021 | EPB/SPB/TBM | 广州地铁 7 号线二期 | 软土、孤石、硬岩 | 6280 |

### 1.1.3　多模掘进机的研究现状

现阶段多模掘进机施工技术的研究主要围绕"选—转—掘"，即设备选型、模式转换和掘进效能 3 个方面展开。首先，针对多模式设备在复杂地质情况下的掘进适应性，众多学者依托隧道工程中的实际地质情况展开了广泛讨论，总结出不同类型多模式掘进设备的主要适应性地层及工作特点，如表 1.1-2 所示。

多模式掘进设备主要适应地层及工作特点 表 1.1-2

| 多模设备类型 | 适应地层 | 工作特点 |
|---|---|---|
| EPB/TBM 双模 | 长距离硬岩段及软岩、软土段复合地层 | TBM 模式提高硬岩段掘进效率；软岩软土地层采用土压模式平衡掌子面压力 |
| EPB/SPB 双模 | 高地下水压力及软岩、软土复合地层 | 软土层采用土压模式，降低成本，提高掘进效率；强透水地层采用泥水模式规避施工风险，控制地层沉降 |
| SPB/TBM 双模 | 长距离硬岩与强透水性软土复合地层 | 强渗透性地层采用密闭式泥水模式开挖；硬岩及渗透性弱地层段采用 TBM 模式 |
| EPB/SPB/TBM 三模 | 高透水及沉降敏感地层、长段硬岩及软土共存复合地质 | 高水压、地表沉降敏感地层及透水破碎带采用泥水模式，风化软土层采用土压模式，孤石及硬岩段采用 TBM 模式 |

（1）在适应性分析过程中，国内外学者主要基于单模式设备的传统选型考量因素，包括地层颗粒粒径、渗透系数差异、地下水分布、围岩分级及岩石完整强度等指标；然而，尚未有学者提出兼顾单、多模式掘进设备的适应性计算模型，建议基于地层及环境因素，可采用主成分分析评价法、灰色综合评价法、人工神经网络评价法或模糊综合评价等数学评价模型，首先对地层适应性进行综合比选，然后考虑施工安全及项目工期两方面对选型评价进一步修正，从而形成更加综合、完善的双模掘进机设备选型理论体系。

（2）模式转换是多模掘进机设备的重要施工工序之一，主要体现在对施工安全和项目工期造价的影响，有学者已针对 EPB/SPB 双模掘进机在圆砾—泥岩复合地层的合理模式转换点选取开展数值模拟研究，同时提出了掘进设备针对性设计及模式转换工序优化建议。以 EPB/SPB 双模掘进机为例，黄钟晖等以南宁市五一立交站—新秀公园站隧道工程为背景，提出双模掘进机在设备结构和功能系统方面的针对性设计：在设备结构方面，刀盘增设面板冲刷、扭腿冲刷，并增大刀盘的中心开口率解决圆砾—泥岩复合地层中易结泥饼的问题；合理配置耐磨性强的刀具应对刀具磨损严重的风险；盾体加设密封并采用被动铰接模式规避地下水对掘进机施工的危害；在系统功能性方面，合理配置主驱动总功率、工作扭矩、脱困扭矩以满足 EPB/SPB 两种模式的施工需求，并设计了土压、泥水两种出渣模式的快速切换系统。

多模掘进机转换工序设计研究目前主要涵盖 EPB/TBM 与 EPB/SPB 两类设备。EPB/TBM 双模掘进机的模式转换流程大致分为"准备工作、出渣方式更换前工作、出渣方式更换、更换后调试恢复掘进" 4 个环节。准备工作主要是确保模式转换的安全，进行开仓检查掌子面刀具磨损情况、施作止水环等工作；出渣方式更换前工作则是将干扰管路断开、根据模式转换需求拆除或安装不同出渣方式对应的土仓部件（TBM 模式对应溜渣板、溜渣槽及中心集渣斗，土压模式对应搅拌棒、泡沫改良管路等），并将拖车后移，为出渣方式的更换提供作业空间；更换出渣方式则是借用模式转换工装更改掘进机出渣方式，是模式转换的核心内容。对于 EPB/TBM 双模掘进机而言，两种常见的土压转 TBM 模式类型为：由土压模式转换为"中心螺机"出渣的 TBM 模式和土压模式转"中心皮带机"出渣的 TBM 模式。其逆过程则为两种常见的 TBM 转土压模式。模式转换后将转换工装清除，前移拖车并连接管路，经试掘进调试后即可恢复正常掘进。针对 EPB/SPB 双模式转换施工可分为 4 个步骤：土压转泥水模式为"土仓清渣、收回螺机、土仓灌浆、调试掘进"，即在稳定地层原地缓慢旋转刀盘，用螺旋输送机尽量把土仓内渣土清除；随后，关闭螺旋输送机和皮带机，收回螺杆；再打开主进浆球阀，开启环流系统的旁通模式往土仓内加浆；土仓泥浆灌满后进行调试掘进。泥水转土压模式为"保压测试、排除泥浆、堆集渣土、调试掘进"，即在稳定地层对泥水仓进行保压测试，而后采用低密度泥浆在土仓及管路之间循环，尽可能排除渣土；再利用进浆管排浆，让渣土在土仓内缓慢堆积；待螺旋机出渣状态平稳后，提高推进速度，完成模式转换。

（3）双模掘进机施工技术在实际施工过程中的效能分析是检验其地层适应性的重要途径。当前有学者针对不同类型复合地层及不同掘进模式下的设备掘进参数进行了系统研究，基于 EPB/SPB 双模式掘进机在南宁市泥岩/圆砾复合地层的掘进速率、扭矩、推力等掘进参数方面展开系统分析，并基于现场掘进试验数据可得到不同地层条件下的掘进参数合理控制范围。

（4）总体来看，多模掘进机创新型掘进设备应用地层更为广泛多变，当前来看中国各大城市采用多模式设备施工的隧道项目都在施工安全和掘进效率方面取得了良好效果，未来将广泛应用于铁路隧道、城市地铁等领域；鉴于目前国内外地铁建设的深入发展趋势，具有灵活地层适应性的多模式掘进设备将会是未来城市隧道技术发展的重要方向。

## 🎡 1.2  多模掘进机的种类及构造

用于隧道修建的全断面掘进机主要包括：用于土质地层的盾构机（Sheild machine）、用于岩石地层的岩石隧道掘进机（Tunnel boring machine，简称 TBM），盾构机可细分为土压盾构、泥水盾构等机型，TBM 可分为敞开式、护盾式等机型。随着隧道掘进技术的发展，单一模式的盾构已难以满足复杂地层的隧道修建。上述基本类型的单模隧道掘进机，其中土压盾构、泥水盾构、护盾式 TBM 三种机型隧道衬砌与掘进推进的方式类似，均采用预制管片进行隧道支护、采用平行油缸支撑管片进行推进。因此，土压盾构、泥水盾构、护盾式 TBM 便于相互结合，土压平衡盾构与护盾式 TBM、泥水平衡盾构与护盾式 TBM、土压平衡盾构与泥水平衡盾构两两结合以及三种模式相结合，产生了四种类型的多模掘进机（分别简称 EPB/TBM、SPB/TBM、EPB/SPB、EPB/SPB/TBM 多模掘进机）。

### 1.2.1  EPB/TBM 双模掘进机

EPB 模式采用底部螺旋机出渣，TBM 模式采用中心皮带机出渣，EPB/TBM 双模掘进机要实现模式转换需要将底部螺旋机与中心皮带机及其附件进行更换。为了模式转换的便捷性，开发了利用中心螺旋机替代中心皮带机出渣的 EPB/TBM 双模掘进机，在掘进机内部空间足够大（掘进机开挖直径＞9m）的情况下，也可采用底部螺旋机和中心皮带机同时布置的设计结构。因此，EPB/TBM 双模掘进机包括：底部螺旋机和中心皮带机互换型（图 1.2-1）、底部螺旋机和中心螺旋机移位型（图 1.2-2）、底部螺旋机和中心皮带机共存型（图 1.2-3）。移位型与互换型相比，优势是模式转换时间较短、中心螺旋机有利于控制出渣量；劣势是中心螺旋机易磨损。

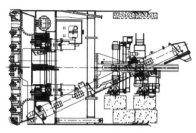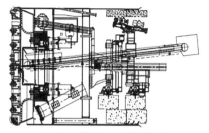

(a) EPB 模式底部螺机出渣　　　　　　　　(b) TBM 模式中心皮带机出渣

图 1.2-1　底部螺旋机和中心皮带机互换型 EPB/TBM 双模掘进机

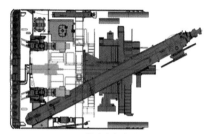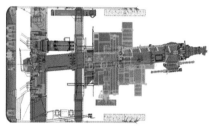

(a) EPB 模式底部螺机出渣　　　　　　　　(b) TBM 模式中心螺机出渣

图 1.2-2　底部螺旋机和中心螺旋机移位型 EPB/TBM 双模掘进机

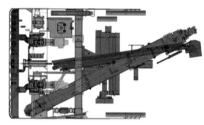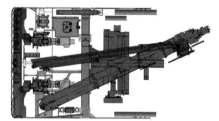

(a) EPB 模式　　　　　　　　　　　(b) TBM 模式

图 1.2-3　底部螺旋机和中心皮带机共存型 EPB/TBM 双模掘进机

## 1.2.2　SPB/TBM 双模掘进机

SPB 模式采用泥水管路出渣，TBM 模式可以采用中心皮带机出渣，也可以采用中心螺旋机出渣。因此，SPB/TBM 双模掘进机包括：中心皮带机型（图 1.2-4）、中心螺旋机型（图 1.2-5）两种类型。

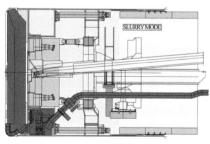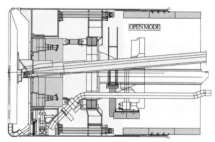

(a) SPB 模式　　　　　　　　　　　(b) TBM 模式

图 1.2-4　中心皮带机型 SPB/TBM 双模掘进机

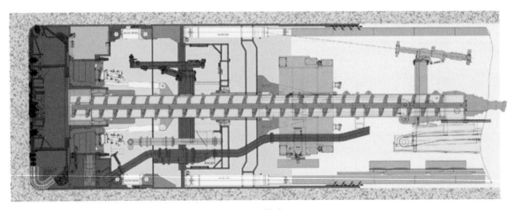

(a) SPB 模式

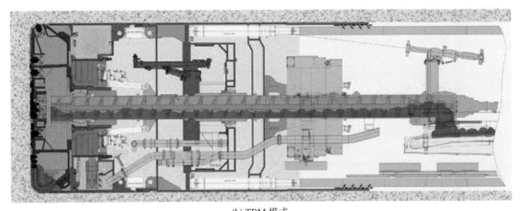

(b) TBM 模式

图 1.2-5 中心螺旋机型 SPB/TBM 双模掘进机

## 1.2.3 EPB/SPB 双模掘进机

EPB 模式采用螺旋机出渣，SPB 模式采用泥水管路出渣，EPB/SPB 双模掘进机需要同时布置螺旋机和泥水环流管路；根据布置方式的不同，EPB/SPB 双模掘进机可以分为并联型（图 1.2-6）、串联型（图 1.2-7）两种形式。并联式 EPB/SPB 双模掘进机开挖仓的渣土可以通过螺旋输送机或者排浆管路直接排出。串联式 EPB/SPB 双模掘进机开挖仓的渣土通过螺旋输送机排出；土压平衡模式下，渣土从螺旋输送机排出后由皮带机接力排出；泥水平衡模式下，螺旋输送机尾部配置采石箱或破碎机，再通过排浆管路排出渣土。

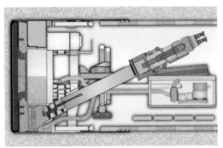
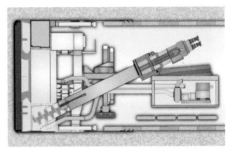

(a) EPB 模式　　　　　　　　　　　　　(b) SPB 模式

图 1.2-6 并联型 EPB/SPB 双模掘进机

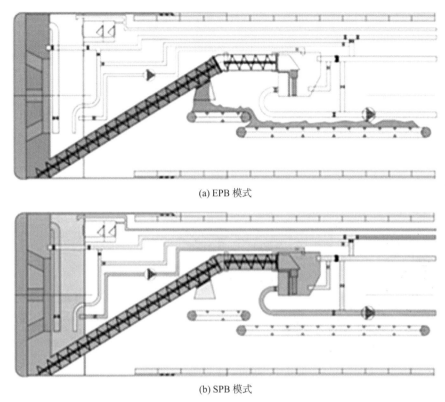

(a) EPB 模式

(b) SPB 模式

图 1.2-7 串联型 EPB/SPB 双模掘进机

## 1.2.4 EPB/SPB/TBM 三模掘进机

土压 + 泥水 + TBM 三模掘进机集成了土压平衡盾构、泥水平衡盾构、TBM 的设计理念与功能，三种模式采用同一形式刀盘，具备螺旋输送机出渣和泥浆管道携渣两种出渣方式，同时增加了气垫仓，有效地减小了压力仓的压力波动，主机布置如图 1.2-8 所示。

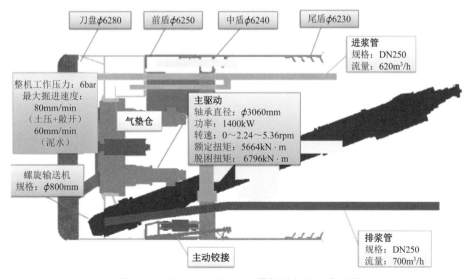

图 1.2-8 EPB/SPB/TBM 三模掘进机主机布置图

该三模掘进机整机由主机和后配套拖车组成，整机长度约 120m，整机总重约 650t，整机满足最小 250m 转弯半径要求。后配套由 9 节拖车组成，同时集成了泥浆系统及皮带机系统。

### 1. 土压模式

土压模式下，通过土压力平衡掌子面水土压力，通过螺旋输送机＋皮带机＋渣车输送渣土，土压模式适用于黏土地层、复合地层掘进，具备施工工序简单、掘进效率高、耗能少和施工成本低等优点，三模掘进机土压模式工作原理详见图 1.2-9。

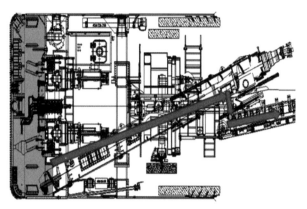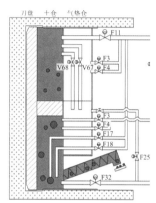

图 1.2-9 土压模式工作原理图

### 2. 泥水模式

泥水模式下，通过开挖仓泥浆压力平衡掌子面水土压力，通过泥浆管道输送渣土（上部进浆口进浆），泥水模式适用于砂层、上软下硬地层、对地表沉降控制高等地层掘进施工，具备工作压力高、地表沉降控制好、刀盘刀具寿命长等优点，三模掘进机泥水模式工作原理详见图 1.2-10。

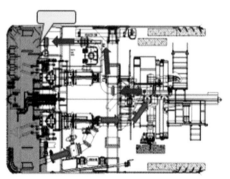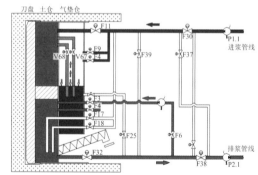

图 1.2-10 泥水模式工作原理图

### 3. TBM 模式

TBM 模式下，开挖仓常压或带压，泥浆液位的高度为整仓的 1/3 液位，通过泥浆管道输送渣土（下部管道进浆），TBM 模式适用于本区间全断面硬岩地层掘进施工，具备掘进效率高、刀具寿命长、工作区域无粉尘（省略除尘系统）等优点，三模掘进机 TBM 模式工作原理详见图 1.2-11。

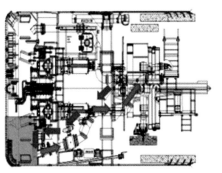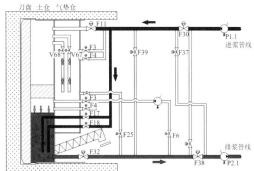

图 1.2-11 TBM 模式工作原理图

## 1.2.5 不同类型多模掘进机地质适应性

EPB/TBM 双模掘进机既可以通过螺旋机土塞效应稳定开挖面，又可以在开挖面无压力的状态下工作，EPB/TBM 双模掘进机适用于渗透性低的土岩交互的复杂地层；EPB/TBM 双模掘进机的优点是在稳定的岩层可以发挥 TBM 快速掘进的性能，在不稳定的土层可以发挥掘进机安全掘进的性能。

SPB/TBM 双模掘进机既可以通过泥水环流系统稳定开挖面，又可以在开挖面无压力的状态下工作，SPB/TBM 双模掘进机适用于渗透性高的土岩交互的复杂地层；SPB/TBM 双模掘进机的优点是在稳定的岩层可以发挥 TBM 快速掘进的性能，在高渗透和高水压的土层或碎裂岩层可以发挥盾构安全掘进的性能。

EPB/SPB 双模掘进机既可以在采用螺旋机土塞效应稳定开挖面，又可以采用泥水压力稳定开挖面，EPB/SPB 双模掘进机既适用于低渗透性的黏性土地层，又适应高水压、高渗透性地层；EPB/SPB 的优点是泥水平衡模式弥补了土压平衡盾构的"喷涌"，土压平衡模式弥补了泥水平衡盾构的"滞排"，EPB/SPB 的缺点是设备配置复杂且昂贵、模式转换繁琐且耗时，这也是双模掘进机相对于单模掘进机的共有缺点。

EPB/SPB/TBM 三模掘进机适用于黏性土地层为主的复合地层，也适用于砂层、上软下硬地层以及对地表沉降控制要求高的地层，还适用于区间全断面岩石地层；该机型优点是适应地层范围广，缺点是设备结构复杂、价格昂贵。

根据上述分析，四种不同类型多模掘进机所适应的地层以及优缺点归纳如表 1.2-1 所示，可为不同类型多模掘进机的选用提供参考。

<table>
<tr><td colspan="4">不同类型多模掘进机适应性归纳表</td><td>表 1.2-1</td></tr>
<tr><td>具体分类</td><td>适用地层</td><td>优点</td><td>缺点</td></tr>
<tr><td>EPB/TBM 双模</td><td>渗透性低的土岩交互的复杂地层</td><td>在稳定的岩层可以发挥 TBM 快速掘进的性能，在不稳定的土层可以发挥盾构安全掘进的性能</td><td>设备配置复杂价格较贵、模式转换繁琐且耗时</td></tr>
<tr><td>SPB/TBM 双模</td><td>渗透性高的土岩交互的复杂地层</td><td>在稳定的岩层可以发挥 TBM 快速掘进的性能，在高渗透和高水压的土层或碎裂岩层可以发挥盾构安全掘进的性能</td><td>设备配置复杂价格较贵、模式转换繁琐且耗时</td></tr>
</table>

续表

| 具体分类 | 适用地层 | 优点 | 缺点 |
|---|---|---|---|
| EPB/SPB 双模 | 既适用于低渗透性的黏性土地层，又适应高水压、高渗透性地层 | 泥水平衡模式弥补了土压平衡盾构的"喷涌"，土压平衡模式弥补了泥水平衡盾构的"滞排" | 设备配置复杂价格较贵、模式转换繁琐且耗时 |
| EPB/SPB/TBM 三模盾构 | 适用于黏性土地层为主的复合地层，也适用于砂层、上软下硬地层、对地表沉降控制要求高的地层，还适用于区间全断面岩石地层 | 适应地层范围广 | 设备结构复杂、价格较贵 |

## 参 考 文 献

[1] 钟长平, 竺维彬, 王俊彬, 等. 双模盾构机/TBM 的原理与应用[J]. 隧道与地下工程灾害防治, 2022, 4(3): 47-66.

[2] 刘川昆. 地铁区间隧道多模式盾构适应性研究[D]. 成都: 西南交通大学, 2022.

[3] 《隧道建设》编辑部. 马来西亚吉隆坡 KV 地铁 1 号线全线开通曾使用世界首台可变密度盾构掘进[J]. 隧道建设, 2017, 37(8): 938.

[4] 朱劲锋, 廖鸿雁, 袁守谦, 等. 并联式泥水/土压双模式盾构施工技术与冷冻刀盘开舱技术的创新与实践[J]. 隧道建设(中英文), 2019, 39(7): 1187-1200.

[5] 何川, 陈凡, 黄钟晖, 等. 复合地层双模盾构适应性及掘进参数研究[J]. 岩土工程学报, 2021, 43(1): 43-52.

[6] 凌波, 李飞, 陈晴煊. 具有三种掘进模式的盾构关键技术研究[J]. 建筑机械化, 2020(2): 1-10.

[7] Robbins. 墨西哥城的 TEP 二期隧道[EB/OL]. [2022-04-11]. https://www.robbinstbm.com/zh-hans/projects/tunel-emisor-poniente-tep-ii/.

[8] Herrenknecht AG. 里昂地铁[EB/OL]. [2022-04-11]. https://www.herrenknecht.com/en/references/referenc-esdetail/lyon-metro/.

[9] Herrenknecht AG. 香港沙田至中环线[EB/OL]. [2022-04-11]. https://www.herrenknecht.com/cn/referenzen/referenzendetail/hong-kong-shatin-to-central-link/.

[10] Robbins. 罗宾斯跨模式"罗斯"为亚克朗贯通运河拦截隧道[EB/OL]. [2022-04-11]. https://www.robbinstbm.com/zh-hans/robbins-crossover-tbm-rosie-makes-break-through-at-akron-ocit/.

[11] Herrenknecht AG. 瑞典哈兰扎森隧道[EB/OL]. [2022-04-11]. https://www.herrenknecht.com/cn/services/vor-trieb/hallandsaastunnel/.

# 第 2 章 》》》

# 多模掘进机关键设备及部件设计

本章要点：重点介绍 EPB/TBM 双模掘进机、EBP/SPB 双模掘进机、EPB/SPB/TBM 三模掘进机 3 种机型关键系统的设计技术，主要包括：刀盘刀具系统、主驱动系统、推进系统、铰接系统、盾体系统、出渣系统、管片运输与拼装系统，另外还包括：渣土改良系统、管片壁后填充系统、润滑油脂系统、电气系统、液压系统、气压系统、通风系统等。

## 🌼 2.1 EPB/TBM 双模掘进机结构特点及关键设备部件设计

以深大城际工程为例，重点介绍螺旋机移位型 EPB/TBM 双模掘进机关键系统设计技术。土压模式采用螺旋输送机底部排渣、后配套皮带机输渣，螺旋输送机配置有前闸门，当需要切换至敞开模式时，可通过螺旋输送机伸缩机构将螺旋输送机退出土仓，关闭前闸门。敞开模式具备高转速掘进功能，采用中心螺旋输送机出渣，可以提高掘进效率的同时确保施工安全，并且中心螺旋输送机具备前后伸缩功能，可以为中心滚刀更换时提供空间。该机型掘进机主要由主机、连接桥及六节台车组成，主要系统包括：刀盘刀具系统、主驱动系统、推进系统、铰接系统、盾体系统、出渣系统、管片运输与拼装系统，另外还包括：渣土改良系统、管片壁后填充系统、润滑油脂系统、电气系统、液压系统、气压系统、通风系统等。

### 2.1.1 刀盘刀具系统设计

刀盘刀具系统要求既满足土压模式开挖，又满足敞开模式开挖。土压平衡模式下，通过撕裂刀或滚刀松动开挖面，然后通过刀盘开口处的刮刀将开挖面松动的土体刮入刀盘面板与压力仓隔板之间的土仓内；敞开模式下，通过滚刀破除岩土，掉落的岩渣被刀盘周边进渣口处的刮板刮入刀盘背面，沿刀盘背面溜渣板掉入中心位置的接渣斗后被排出。

1. 刀盘设计

（1）刀盘结构设计

刀盘开挖直径 $\phi$9130mm，刀盘结构采用 8 主梁 + 8 副梁的重型刀盘结构形式，刀盘可以双向旋转，避免敞开模式下由于单向旋转导致主机、管片滚转，刀盘转速最高可达 7.7r/min。整个刀盘布置 6 组刮渣板，均匀布置 8 个进渣口，开口在整个盘面均匀分布，整体开口率和中心开口率分别为 23%、28%。刀盘结构如图 2.1-1 所示。

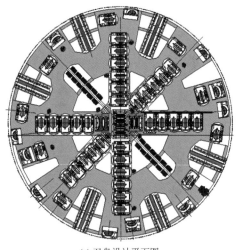

(a) 刀盘设计平面图       (b) 刀盘实物图

图 2.1-1　刀盘设计平面图与实物图

为了保证刀盘中心区域结构的刚度和强度，中心结构采用的是整体钢板，整体钢板加工后能够改善组织结构和力学性能，可有效将焊接应力在结构内部抵消，减少应力带来的变形，可以保证零件具有较好的力学性能和较长的使用寿命。因此，相较于拼焊的箱体结构，采用整体钢板的中心结构，具有更好的力学性能，如图 2.1-2 所示。

(a) 设计图       (b) 实物图

图 2.1-2　中心整体厚板结构

（2）刀盘耐磨设计

刀盘正面贴焊了 6mm + 6mm（注：6mm 的基板上堆焊 6mm 的耐磨层）厚的碳化铬耐磨复合钢板（碳化铬耐磨复合钢板硬度 50-62HRC），刀盘大圆环处布置整圈耐磨合金块，并且设置了大圆环磨损检测，提高刀盘正面、外圈梁的耐磨性，如图 2.1-3 所示。刀盘边缘安装刮板，刀箱材料 Q690D，提高边刮刀、刀箱可靠性。刀盘边滚刀采用在线式磨损检测，辅以大圆环磨损检测和开挖直径检测，防止因开挖直径不足导致卡盾，如图 2.1-4 所示。

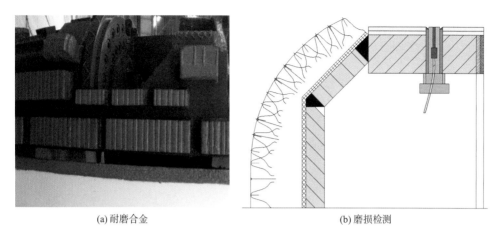

(a) 耐磨合金　　　　　　　　　　　　　(b) 磨损检测

图 2.1-3　大圆环耐磨合金及磨损检测

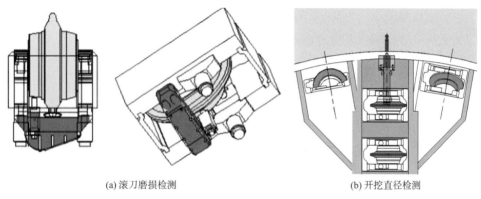

(a) 滚刀磨损检测　　　　　　　　　　　(b) 开挖直径检测

图 2.1-4　在线式边滚刀磨损检测及油缸式开挖直径检测

（3）刀盘防泥饼设计

刀盘中心区域具有较大开口，开口位置在刀盘面板上均匀布置，中心开口率大，有利于防止产生泥饼。刀盘面板布置了 12 路喷口，其中，中心区域布置了 6 路改良剂注入口，每路喷口均可在刀盘背部维修更换。配有中心固定搅拌棒及高压水冲刷通道，固定搅拌棒可以与随刀盘转动的渣土形成相对运动，对渣土进行搅拌，使之不易形成泥饼。配置土仓高压水冲刷系统，由 160m 扬程增压泵驱动，可在主控制室进行控制，并对压力流量进行监控；持续的高压水冲刷，可提高土仓中心渣土流动性，有效防止刀盘中心结泥饼。敞开模式下喷水还可降低刀具温度，并减少掘进时产生的灰尘。

2. 刀具设计

（1）刀具整体布置设计

刀盘上共布置 4 把中心双联滚刀和 52 把单刃滚刀，共计 60 个刀刃；单刃滚刀和中心双联滚刀均采用 19 英寸滚刀，承载能力更强，允许磨损量更大；正面滚刀间距 80mm，采用小刀间距设计提升刀盘破岩能力；中心双联滚刀和单刃滚刀刀刃在同一个平面，高出刀盘面板 165mm。刀盘面板开口处布置了 24 把 250mm 的宽刃、大合金刮刀，提升刀具耐冲击性；刮刀刀刃距刀盘面板高度为 115mm，较滚刀刀刃低 50mm。刀盘边缘开口处布置了 152 把刮板，刮板刃口距刀盘面板高度为 135mm，较滚刀刀刃低 30mm。刀盘配置一把仿形超挖刀，最大超挖量可达 40mm（半径）。刀具布置如图 2.1-5 所示。

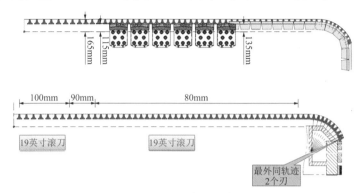

图 2.1-5　刀具布置示意图

（2）滚刀撕裂刀互换设计

刀具配置既要满足破除硬岩，又要实现在粉质黏土、中微风化混合岩等地层和上软下硬、基岩突起、风化岩等复合地层中均可破除岩土。因此，采用滚刀和撕裂刀可互换的设计，如图 2.1-6 所示。

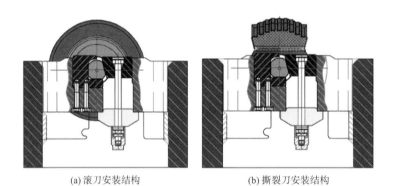

(a) 滚刀安装结构　　　　　　　　　　　　(b) 撕裂刀安装结构

图 2.1-6　滚刀和撕裂刀可互换结构

（3）中心滚刀安装结构设计

掘进机在硬岩地层掘进时，刀盘高速旋转造成整体结构的频繁振动，会增加中心区域滚刀掉落的风险，为了保证刀盘中心滚刀连接性能的稳定可靠，采用 TBM 安装方式，螺栓连接底座受力的结构形式，可有效防止中心滚刀异常损坏或掉落，如图 2.1-7 所示。

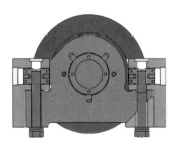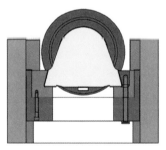

(a) 普通中心滚刀安装方式　　　　　　　　(b) 重型刀盘中心滚刀安装方式

图 2.1-7　中心滚刀安装结构改进

## 2.1.2　主驱动系统设计

主驱动系统的扭矩传动路线为：变频电机—减速机—小齿轮—主轴承内齿圈—刀盘，驱动箱上设置了 12 个安装孔，配置 10 组驱动功率 350kW 的变频电机，预留 2 个安装孔，总功率可达 3500kW。

### 1. 双速减速器设计

主驱动系统要求具备在敞开模式刀盘高转速、在土压模式刀盘大扭矩的双重功能，主驱动系统配置了双速减速器。在高速挡刀盘转速 0～7.7r/min，最大扭矩 10824kN·m，脱困扭矩 12989kN·m，如图 2.1-8（a）所示；在低速挡刀盘转速 0～3.4r/min，最大扭矩 24212kN·m，脱困扭矩 29054kN·m，如图 2.1-8（b）所示。

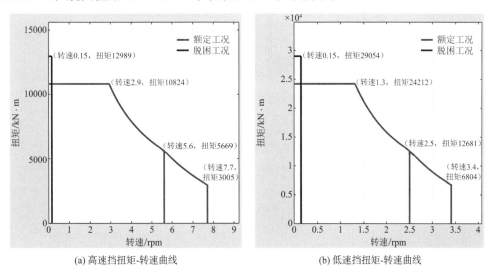

(a) 高速挡扭矩-转速曲线　　　　　　　　　(b) 低速挡扭矩-转速曲线

图 2.1-8　不同挡位扭矩-转速曲线

### 2. 大直径主轴承设计

掘进机主轴承配置一般要求大于开挖直径的 1/2 即可。但考虑到主驱动更高的承载能力以及模式转换时螺旋机移位具有足够的作业空间，掘进机配置了直径 $\phi$5020mm 的三排滚动轴承，轴承有效使用寿命 ≥15000h。主驱动中心预留足够大的中心孔，便于模式转换时螺旋机移位。主驱动箱结构如图 2.1-9 所示。

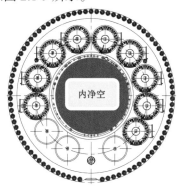

内净空

图 2.1-9　主驱动箱结构示意图

### 2.1.3 推进与铰接系统设计

推进系统的主要作用是为掘进机提供推力和调向，由多根布置在中盾与拼装成环管片之间的平行油缸组成；铰接系统的主要作用是配合推进系统实现掘进机调向，由多根连接中盾与盾尾的平行油缸组成，如图 2.1-10 所示。

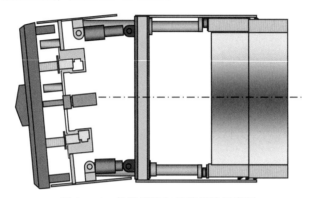

图 2.1-10　推进系统与铰接系统示意图

由于管片的分度不同，同时考虑掘进调向可操作性，需要将油缸进行分组，通过调整每组推进油缸的不同推进压力来对掘进机进行纠偏和调向。该掘进机配置了 32 根型号 $\phi280/\phi240$—2600mm 的推进油缸，最大可提供 81853kN 的总推力，分 6 组分别控制。该掘进机配置了 16 根型号 $\phi420/\phi300$—2600mm 的铰接油缸，总铰接力为 67889kN，行程满足主机 350m 转弯半径要求，分为 4 组分别控制，如图 2.1-11 所示。

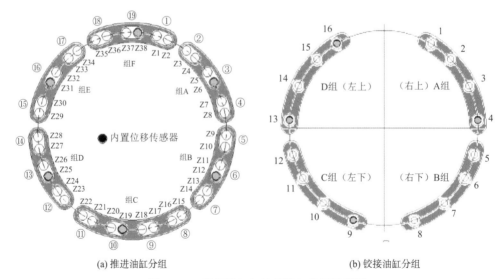

| (a) 推进油缸分组 | (b) 铰接油缸分组 |

图 2.1-11　推进油缸与铰接油缸分组示意图

### 2.1.4 盾体系统设计

盾体系统对挖掘出的还未衬砌的隧道段起着临时支护的作用，承受周围土层的土压、承受地下水的水压及将地下水挡在盾壳外面。盾体系统由前盾、中盾、尾盾等组成。

**1. 前盾**

前盾由主驱动连接法兰、螺旋输送机连接座、盾壳、土仓隔板、人舱连接座等组成。土仓隔板上设有 2 个被动搅拌棒,被动搅拌棒可与主动搅拌棒实现对渣土的强制搅拌;土仓隔板上配置有向土仓添加渣土改良材料的注入口。土仓隔板上配置有高灵敏度的土压力传感器 7 个,能在主控室内显示不同部位的土仓压力。此外隔板上还设有预留的电液通道、水气通道、保压孔等。

**(1) 人舱与材料仓**

土仓隔板上同时布置了人舱与材料仓,人舱是人员进入压力仓进行刀盘刀具修复及异物排除的通道,通过材料仓可为压力仓内作业人员提供所需的材料与工具等,如图 2.1-12 所示。人舱由主、副双舱并联结构组成,主舱与土仓隔板的法兰相连。主、副舱通过中间的舱门可以快速实现人员进出,提高工作效率。人舱安装在盾体右侧,可实现快速便捷地更换刀具或进行相关检查、维修等操作。主舱可容纳 3 人、副舱可容纳 2 人,主、副舱内外各设一套加、减压手动阀,一个流量计。可以实现主、副舱各自的加减压,同时可根据需要实现换气。进、排气口处设置消声器,以减低内外环境的噪声。人舱内安装有声能电话,在带压条件下能正常工作通话,并可不间断照明。另外,通过人舱送入低温、干燥的新鲜风,通过材料仓排出高温、高湿的污风,可实现压力仓快速降温降尘,如图 2.1-13 所示。

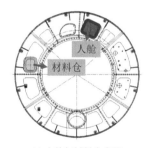  

(a) 人舱与材料仓布置　　　　　(b) 人舱实物图　　　　　(c) 材料仓实物图

图 2.1-12　人舱及材料仓示意图

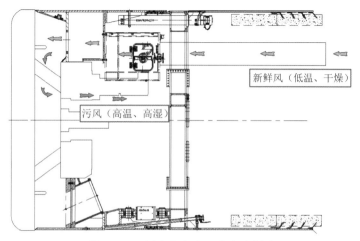

图 2.1-13　压力仓内降温除尘示意图

19

（2）土仓降温及排水设计

掘进机在敞开模式掘进时，由于刀盘转速较高，需要及时给刀具降温保证刀具的使用寿命，另外当土仓水量较大时，还需及时排水，防止涌水过大影响使用效率。前盾内刀盘背面设计有喷水降温管路，保证刀具时刻与水雾接触，降低刀具使用温度；土仓底部设计有箱体滤网结构，必要时可在内部设置抽水泵，进行土仓底部排水，如图 2.1-14 所示。

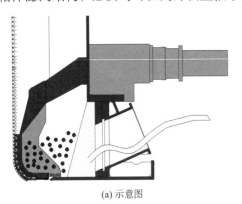 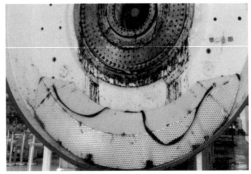

(a) 示意图　　　　　　　　　　　　　　　　　　(b) 实物图

图 2.1-14　土仓内部抽排水及滤网设计

箱体滤网装置用于敞开模式时焊接固定，仅安装应用在较大含水区间以进行辅助排水，其优势在于结构简单、体积小；而绝大部分含水区间，可依靠隔板上布置的 2 路 DN150 排水孔进行辅助排水。

（3）仓内可视化设计

为了作业人员进入压力仓作业之前能够及时掌握压力仓内的情况，盾构在土仓隔板上布置了一套压力仓可视化摄像装置，如图 2.1-15 所示。

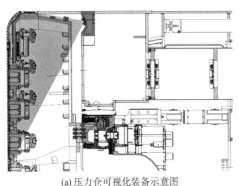 

(a) 压力仓可视化装备示意图　　　　　　　　　　(b) 摄像头与补光装置

图 2.1-15　压力仓可视化系统

2. 中盾

中盾和前盾通过焊接连接，沿中盾盾壳圆周设计有 9 个超前注浆管，在特殊工况下需要对地质进行加固时，可对地质进行超前钻探、注浆加固。中盾上的超前注浆管采用铰接方式。为了降低硬岩地层敞开模式下掘进机主机的振动以及盾体的滚转，在中盾配置了 2 个撑靴、前盾配置了 4 个稳定器，底部焊接了防滚条，如图 2.1-16 所示。

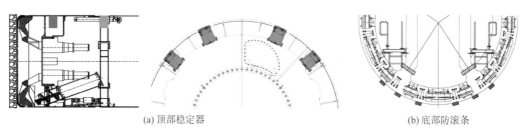

(a) 顶部稳定器      (b) 底部防滚条

图 2.1-16 顶部稳定器及底部防滚条设计

### 3. 盾尾

**（1）铰接密封与盾尾密封**

盾尾与中盾之间通过铰接油缸连接，中盾与盾尾之间设置了铰接密封，包括 2 道铰接密封和 1 道气囊密封，如图 2.1-17 所示；盾尾与拼装成环的管片之间设置了 4 道钢丝刷密封，盾尾与隧道围岩之间设置了 1 道盾尾止浆板，耐磨钢板制成的止浆板可以防止砂浆流入盾体前部，也可以防止盾体前部的泥浆影响注浆效果，如图 2.1-18 所示；盾尾与拼装成环管片之间布置了盾尾间隙自动测量装置，如图 2.1-19 所示。

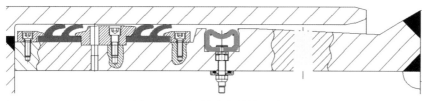

图 2.1-17 铰接密封结构示意图

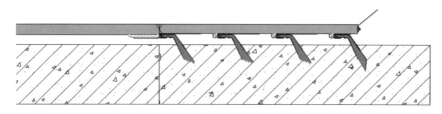

图 2.1-18 盾尾密封示意图

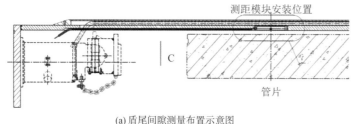

(a) 盾尾间隙测量布置示意图      (b) 盾尾间隙测量模块实物图

图 2.1-19 盾尾间隙测量装置

4 道盾尾密封形成的 3 个密封腔，各均匀布置了 11 路盾尾油脂注入通道，同步注浆管采用盾壳内置方式，同步注浆管共分 8 组，其中顶部两组为 1 根，其余 6 组均为两根，如图 2.1-20 所示。

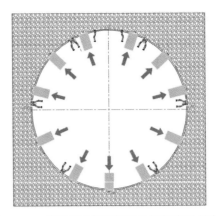

图 2.1-20　掘进机油脂通道及注浆管布置示意图

（2）护盾与围岩间隙充填

前、中、尾盾各布置整圈 10 个润滑孔，在掘进机盾体与围岩之间可以注入膨润土等改良剂，形成止水环，防止管片背后有水引起上浮；在复合地层掘进时也可以注入润滑剂，利于盾体脱困；在软土地层掘进时可以注入浓泥防止地表沉降，如图 2.1-21 所示。

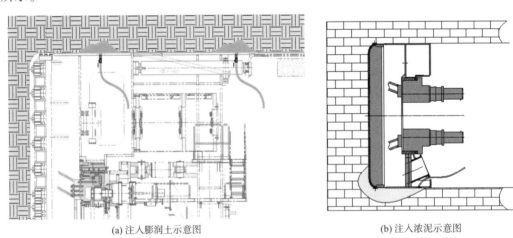

(a) 注入膨润土示意图　　　　　　　　　　　　(b) 注入浓泥示意图

图 2.1-21　护盾与围岩之间润滑剂注入示意图

## 2.1.5　出渣系统设计

该土压/敞开双模掘进机无论在土压平衡模式还是敞开模式下，均采用螺旋输送机将渣土从压力仓输送到皮带输送机进料段，仅螺旋输送机出渣位置不同，土压平衡模式时螺旋输送机从压力仓底部出渣；敞开模式时螺旋输送机从土仓隔板中心部位出渣。渣土再由皮带输送机输送到渣土车或连续皮带机。

### 1. 螺旋输送机设计

螺旋输送机（简称螺旋机）由螺旋轴、筒体、伸缩节、出渣节、驱动装置、前闸门、后闸门等组成。土压模式下，螺旋机倾斜安装于土仓隔板底部；敞开模式下，螺旋机近水平安装于土仓隔板中部，如图 2.1-22 所示。

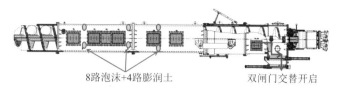

8路泡沫+4路膨润土　　　　双闸门交替开启

图 2.1-22　螺旋输送机示意图

（1）螺旋轴

螺旋轴前端外轮廓采用镶嵌硬质合金耐磨结构形式，提高连接强度，减少传统耐磨块的冲击损伤；螺旋轴后端外轮廓采用耐磨合金块，提高 HRC 硬度指标，增强耐磨性，提高叶片的耐磨性；螺旋输送机叶片迎渣面和背渣面均焊接耐磨层，传统螺旋输送机叶片只有迎渣面焊接有耐磨层，为提高叶片整体的使用寿命，迎渣面和背渣面均具备耐磨措施，螺旋输送机可通过最大粒径为 630mm × 390mm，如图 2.1-23 所示。

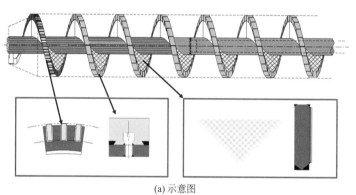

(a) 示意图　　　　　　　　　　　　　　　(b) 实物图

图 2.1-23　螺旋机轴耐磨设计

（2）螺旋机筒体

螺旋机筒体分节设计，前一节与土仓隔板底部出渣口焊接，与后一节筒体采用螺栓连接，模式转换时便于螺旋机拆卸；前一节筒体易磨损，筒体内壁焊接了耐磨条，而且前一节筒体可更换，如图 2.1-24 所示。

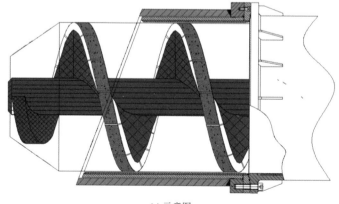

(a) 示意图　　　　　　　　　　　　　　　(b) 实物图

图 2.1-24　螺旋机前一节筒体可更换结构

螺旋输送机后一节筒体采用分半结构设计，筒体下半部分更易磨损，上下半筒可进行对调使用，不仅延长了筒体的耐磨寿命，且方便筒体的拆卸、更换，如图 2.1-25 所示。

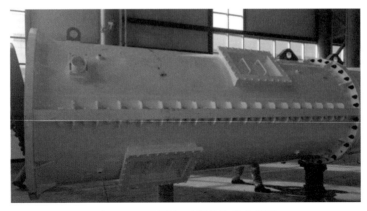

图 2.1-25　螺旋机后段筒体分半设计

另外，螺旋机筒体上布置了渣土改良和除尘装置。敞开模式下，中心螺旋机式双模掘进机属于闭式掘进，其破岩产生的粉尘均在闭式通道中排出且布置高压喷水装置，如图 2.1-26 所示，螺旋机筒体上也预留了除尘通道。

图 2.1-26　螺旋机筒体除尘设计

**2. 螺旋机驱动**

螺旋机采用中心驱动方式，螺旋机驱动主要包括液压马达（注：液压的一般叫马达，本书将液压马达与变频电机作区分）、减速机、轴承、密封等。螺旋轴采用驱动端固定，另一端浮动的支撑形式，螺旋输送机采用唇形密封保护驱动装置。螺旋机驱动功率 315kW，转速范围 0~22r/min，最大扭矩可达 230kN·m。当发生螺旋轴卡住现象时，可以通过控制液压马达正反转或伸缩机构来脱困。必要时可打开设置在螺旋输送机筒体上的观察窗对壳体内部进行清理。螺旋机前端 1 个闸门，后端 2 个闸门；前闸门位于土仓内，通过液压油缸来实现闸门的开启和关闭；突然断电时，后闸门会自动关闭，防止涌渣。

螺旋机与接渣斗一体式浮动可伸缩设计：TBM 模式下，刀盘上的溜渣板将渣土运至接渣斗，通过主机皮带机将渣土传输至后配套皮带机。为了方便组装和两种模式间的拆卸，接渣斗采用分块设计，如图 2.1-27 所示。

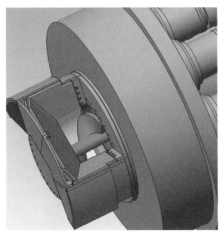

图 2.1-27　分块式接渣斗设计

掘进机在敞开模式掘进时，由于地层原因需要经常更换滚刀，而中心滚刀换刀位置被接渣斗占据，造成中心滚刀换刀空间极其狭小，给更换刀具带来了很大不便，采用中心螺旋输送机和溜渣槽整体浮动式设计，具有前后伸缩功能，如图 2.1-28 所示，在更换中心滚刀时可以迅速后退提供换刀空间，安全快捷。

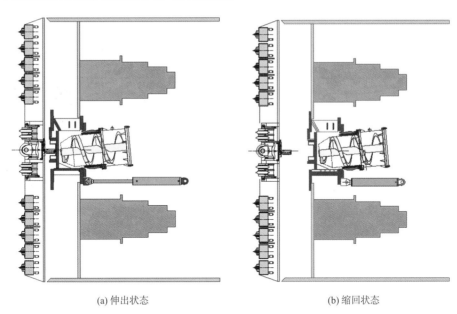

(a) 伸出状态　　　　　　　　　　　　　　　(b) 缩回状态

图 2.1-28　螺旋机与接渣斗一体式浮动可伸缩设计

### 3. 皮带运输机

主机皮带机采用固定式皮带输送机，由倾斜段、中间水平段、卸料段构成。倾斜段皮带输送机采用 9° 小倾角设计，输送稀渣的能力得到提高。在正常运行过程中，在回程皮带处设置有可调节的聚氨酯刮板、合金刮板，水清扫器，空段清扫器，用来清理粘在皮带上的渣土。皮带机配置有上、下挡辊来防止皮带跑偏；皮带输送机通过调整上、下托辊角度，改变托辊中心线与皮带机中心线角度防止皮带跑偏；可调节皮带机构架倾斜角度，有利于皮带跑偏时自动对中。

在皮带机从动托辊上安置打滑检测装置，当皮带打滑时会自动报警。在拖车上设置有皮带机跑偏开关，当皮带跑偏量过大时，皮带机自动停止。在皮带机两侧都设置有拉绳开关，紧急情况可以拉动拉绳使皮带机停止。当皮带松弛时，通过手扳葫芦带动土箱和主驱动滚筒后移实现张紧，如图 2.1-29 所示；另外，皮带机还配置了称重系统，用于出渣量的评估，如图 2.1-30 所示。

图 2.1-29　皮带张紧装置

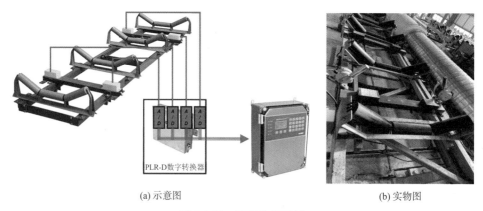

(a) 示意图　　　　　　　　　　　　　　　　(b) 实物图

图 2.1-30　皮带称重系统

## 2.1.6　连接桥及管片吊装系统设计

### 1. 连接桥及管片运输系统

连接桥为桁架结构，架设在主机与 1 号拖车之间。连接桥的纵向长度满足一环管片储存空间长度及 6m 长度钢轨延接要求，并且可以临时拆除外侧走台但不拆管路，满足始发边墙限界尺寸要求。

掘进机在始发时管片小车无法使用，需要通过其他措施拖运管片至拼装区域。另外，一旦在富水地层发生喷涌，管片小车附近清理比较困难。因此采用了无管片小车设计，无需管片小车，通过吊机将管片直接输送至拼装区域。管片吊机采用双轨梁式结构，链轮链条传动，运动平稳、制动可靠，适应大坡度的掘进机施工要求。使用机械抓举形式抓取管片，管片吊机主要包括两套电动葫芦、驱动装置、电缆系统等。管片吊机可以通过有线/无线方式控制，提升具备慢速/快速两种挡位，如图 2.1-31 所示。

图 2.1-31　连接桥及管片运输系统示意图

**2. 管片拼装机**

盾尾内设置有管片拼装机，在盾尾的保护下进行管片拼装作业。管片拼装机结构形式为中心回转式，具有 6 个自由度。管片拼装机由平移机构、回转机构、举升机构、管路支架、工作平台等组成。拼装机抓举头形式采用真空吸盘式，管片拼装机旋转限位采用两套独立的判定系统来控制其旋转。一方面，在管片拼装机左上、右上方两个位置设置两个感应限位开关，其信号接入掘进机主控制室的 PLC，当管片拼装机在特定方向上旋转到相应限制位置时，PLC 根据限位信号进行逻辑判断，达到限制其继续在此方向旋转的条件后，即刻关闭此动作的输出。当向相反方向动作一定区间后，限位信号自动解除；另一方面，管片拼接机上配置的绝对值型旋转编码器同步跟随其旋转动作，并记录抓举头的旋转位置，即使掘进机异常断电等极端特殊的情况下，在系统恢复正常后编码器仍能准确记录安装机的旋转位置，当超出旋转限定区域时，控制关闭相应的旋转动作；两个限位系统相互独立工作，任一判定系统给出限制动作的信号，相应动作即刻被关闭，从而在双重保护模式下确保系统安全可靠运行。

## 2.1.7　渣土改良系统设计

**1. 泡沫注入系统**

泡沫注入系统的作用主要包括：①改善渣土特性，使掘进机前方土体均匀便于施工；②降低土的渗透系数，稳定掌子面；③降低刀盘扭矩，减少机具磨损；④减少土的黏性，防止结"泥饼"现象。

泡沫系统组成主要包括：泡沫原液箱、泡沫混合箱、流量计、电动调节阀、泡沫发生器、管路球阀等。

泡沫系统控制方式有手动、半自动、自动三种控制方式。手动控制是通过上位机手动控制电动调节阀来控制流量，在这种状态下需要设置泡沫原液与水的混合比；半自动控制是根据设置定量注入泡沫混合液和空气，在半自动操作方式中，要求的泡沫流体将根据开挖仓中的支承压力注入，泡沫泵流量将一直变化直到要求的设定值显示在指示表上；自动控制是根据推进速度和注入设置，自动注入泡沫混合液和空气。

**2. 膨润土注入系统**

膨润土可以改善砂卵石地层特性，以增强渣土的流动性、可塑性。添加膨润土的原因包括：①渣土流动性增强，黏稠度降低，渗透性降低；②降低刀盘和土仓粘住和堵塞的风险；③增加掘进机在 EPB 模式下的压力稳定性；④降低刀盘和螺旋输送机的驱动力矩，更经济；⑤降低刀盘和螺旋输送机的功率损耗。

膨润土注入系统由膨润土罐、膨润土输送泵、流量传感器、过滤器和刀盘及螺旋机注入点等组成。同时在盾壳周圈设有膨润土注入口，在需要时可以注入膨润土以降低推进阻力。该系统具有手动和自动控制功能，手动控制是根据需要任意调节膨润土的注入量；自动控制是根据推进的速度和注入设置，自动注入膨润土。膨润土注入系统如图 2.1-32 所示。

图 2.1-32　膨润土注入系统

### 2.1.8　注浆系统设计

同步注浆管路均为 6 用 8 备，配备 3 台德国施维英双出口注浆泵 KSP-12；系统配有清洗功能，可通过膨润土或水进行冲洗，防止管路堵塞，注浆泵出口压力达 30bar，砂浆罐 2 个，总储浆量 15m³，储浆量及注浆泵性能满足使用要求。注浆系统如图 2.1-33 所示。掘进机均配备了二次补强注浆系统，配备两台柱塞泵，注浆流量为 90L/min，注浆压力为 70bar，必要时可以在设备桥两侧同时注浆施工。

图 2.1-33　注浆系统实物图

盾尾同步注浆管孔径 50mm，根据同配置设备的使用情况，在注入合理初凝时间的浆液时，盾尾同步注浆管在注浆完毕后，其管道可以注入膨润土等介质，防止浆液回窜堵塞注浆孔；盾尾同步注浆管配置有可拆卸观察窗，如出现管道堵塞等特殊情况时，可打开观察窗，使用钢钎等工具疏通；同步注浆泵设有反泵功能，盾尾处设有注浆传感器，出现注浆压力过大注不进去浆液时，使用反泵功能，可以及时有效地将盾尾堵塞段疏通。

## 2.1.9　电液动力系统设计

### 1. 动力供电系统

动力供电系统由高压电缆、箱式变电站等组成；隧道高压供电等级为 10kV，低压动力电等级为 400V，控制系统供电为 230VAC、24VDC 等。驱动刀盘回转的变频电机以及液压泵站的动力通过电控柜提供。

（1）箱式变电站

箱式变电站放置在后配套拖车，如图 2.1-34 所示，集成高压开关柜、干式变压器、无功补偿和低压馈电系统，可将隧道高压电转换为设备所需的低压电，为设备提供动力；为进一步降低主驱动系统变频器高次谐波对电网的影响，特采用 Dyn11d0 三绕组整流变压器；配置的无功功率自动补偿系统，补偿控制器自动控制补偿电容组的投切，可以确保功率因数 ≥ 0.9，并在主控室上位机远程显示；在馈电盘面板上装有电力参数仪，通过通信总线将所有电量参数远程传输给主控室，并在上位机界面上显示。

图 2.1-34　箱式变电站实物图

（2）电控柜

电控柜位于后配套拖车上，布置在便于操作的位置，集成刀盘驱动变频器和液压泵站等其他设备驱动回路，为用电设备提供动力分配及保护等。所有配电柜的防护等级不低于 IP55。

### 2. 液压动力系统

掘进机液压动力系统主要包括：推进液压系统、铰接液压系统、螺旋输送机液压系统、管片拼装机液压系统、同步注浆液压系统、辅助液压系统、循环冷却液压系统、仿形刀液压系统等。

（1）推进和铰接液压系统

推进液压系统是为掘进机掘进过程中提供前进动力的关键部件，考虑到推进调向的可靠性，将推进油缸在圆周方向分成 6 组，每组推进油缸中均有一根安装内置式位移传感器，位移信号通过 PLC 显示在上位机上；装有位移传感器的推进油缸控制阀组上还装有压力传感器。通过调整每组油缸的不同推进压力来进行掘进机纠偏和调向。

推进液压系统是一个压力流量复合控制系统，其通过比例减压阀和电比例控制泵分别对每组推进油缸的压力和流量进行控制。比例减压阀控制本组的推进压力，通过调节每组不同的推进压力来实现掘进机的转向；电比例控制泵实现流量的精确控制，提供推进油缸正常推进所必需的流量。同时，推进系统也是一个电控负载敏感系统，泵源为远程动态电比例控制泵，通过装到泵上的电比例溢流阀控制泵出口压力。推进油缸控制阀组装有压力传感器，将其检测到的负载压力输入 PID 模块计算后输出控制信号，输出的信号经放大板后控制变量泵上的比例压力阀，从而泵出口压力随之改变。推进泵采用轴向柱塞变量泵；方向控制阀选用电液换向阀，单独的控制泵为其提供换向的控制油压；每组控制阀都设有安全阀，保证工作压力安全稳定，如图 2.1-35 所示。

(a) 推进油缸          (b) 控制阀

图 2.1-35　推进系统及控制阀

主动铰接油缸连接中盾和盾尾，通过调整铰接油缸的伸缩行程辅助推进系统实现掘进机的转弯要求。油缸分组控制，有效辅助掘进方向的调整；对称布置的位移传感器，更好地测量掘进机偏转角度；压力传感器监测每组铰接油缸压力。

（2）螺旋输送机液压系统

螺旋输送机液压系统为螺旋输送机提供动力，使螺旋输送机实现旋转运动。螺旋输送机为中心驱动的方式，采用高速液压马达驱动螺旋轴旋转。螺旋输送机转速比例控制，通过电比例控制泵的排量，通过比例溢流阀控制马达排量。在 0~22r/min 转速范围内，螺旋机可实现无级调速。通过改变螺旋输送机泵斜盘的工作象限，实现对螺旋输送机正反转的控制，可在卡轴时配合螺旋轴的伸缩来实现脱困的目的。为实现转速的实时监控，系统中设有一个转速传感器。为了满足安全、可靠和自动控制的要求，系统中设有压力传感器，PLC 采集压力数据后经计算得出螺旋输送机的旋转扭矩。马达的泄油管路上设有温度传感器，提供给 PLC 进行实时监控，如图 2.1-36 所示。

(a) 后料门伸缩油缸          (b) 液压蓄能器

图 2.1-36　螺旋输送机及控制阀

工作中可根据施工要求通过油缸的伸缩来改变后料门开度，调整螺旋输送机内土塞密实度，从而起到防喷涌、喷水效果。在紧急断电情况下，后料门可通过液压蓄能器配合液压阀的动作完成紧急关闭的动作，从而有效地防止由于断电造成的喷涌现象。

（3）管片拼装机液压系统

管片拼装机是掘进机施工中用来安装管片的设备，管片由机车从隧道外运到 1 号拖车，再由管片吊机将管片吊到拼装区域，再由拼装机抓取管片按顺序依次安装；管片拼装机可以实现遥控和在线控制。

管片拼装机周向回转运动采用马达作为执行机构，通过电液比例多路阀无极控制回转速度，多路阀带有进口压力补偿器，可使运行速度不受负载变化的影响，马达平衡制动模块的使用有效降低由于管片质量较大而引起的超越负载的影响，减速机带有制动器，保证回转运动的安全可靠。

管片拼装机的提升动作采用比例多路阀控制，每根提升油缸可以通过遥控手柄单独控制伸缩，可以保证动作的平稳性、连续性和准确性，并且油缸两腔设有自锁式它控平衡阀，具有双向液压锁和平衡阀的组合功能，可以解决负向负载和锁紧保持问题。

管片拼装机轴向移动油缸通过电液比例多路阀控制其伸缩，既可以满足大范围快速移动的要求，又可以兼顾轴向精确定位的要求。油缸伸缩设有安全保护阀，用来防止运动过程中出现挂拉卡死、损坏设备等现象，如图 2.1-37 所示。

图 2.1-37　电液比例多路阀

管片的摆动和回转运动分别由安装于抓举头上的两只小油缸的伸缩来实现。由于调整行程很短，选用小流量的电磁换向阀就可满足其对姿态调整精度的要求。平衡阀用来解决负向负载和锁紧保持问题。

（4）同步注浆液压系统

注浆液压系统采用轴向柱塞泵为同步注浆提供液压油源，柱塞泵的流量满足掘进机最大推进速度时需要的流量。同步注浆泵是阀控式混凝土泵，设计上通过比例调速控制注浆泵液压油缸的运动速度，来达到调节同步注浆量的目的。注浆泵控制阀组两侧各有一个节流阀，调节其开口大小，可以控制注浆泵主推油缸的换向时间，这将影响进出料门的关闭，如图 2.1-38 所示。

图 2.1-38　同步注浆泵控制阀

（5）循环冷却液压系统

循环冷却液压系统主要作用是对泵站油箱中的液压油进行循环过滤和冷却，以保证掘进机液压系统的正常运行。油箱从中间隔断，前部为吸油区，后部为回油区，循环泵从油箱回油区吸油，经过过滤器过滤和冷却器降温后，回到油箱吸油区。循环过滤器，可手动更换滤芯，并带有压差报警装置。冷却器采用的是板式水冷换热器，冷却效率高，可根据实际情况增减板片，其前后设有压力表和温度表，可随时观察冷却效果。

油箱上装有三个液位传感器，最高为高液位报警，中间为低液位报警，最低为停机液位报警；油箱上还装有温度传感器，在主控室上位机上可实时显示油箱温度。在循环泵之后过滤器之前的管路上设有加油口，在为油箱加油时，可将加油管路连接到此处，打开加油球阀，油液就可通过过滤器加到油箱中。油箱前部设有两个观察孔，可通过此处进入油箱进行清洗；油箱上部前后设有两个空气滤清器，完成与大气的流通，保持油箱内气压稳定，如图 2.1-39 所示。

(a) 液压油箱

(b) 冷却系统

图 2.1-39　液压油箱及液压油冷却系统

（6）仿形刀液压系统

由于仿形刀安装在刀盘上，管路需通过回转接头，增加了系统受污染的可能性，为避免与其他系统受到交叉污染，仿形刀系统使用独立的泵站。为使仿形刀具有仿形功能，必须实时检测仿形刀的位移量，由于直接检测信号需通过回转接头，传输不便，系统在盾体回路中增设一个检测油缸。仿形刀油缸有杆腔与检测油缸无杆腔相通，两油缸位移呈线性关系，利用检测油缸位移信号通过计算得出仿形刀的位移量。由于顺序阀的作用，当需要仿形刀缩回时，仿形刀油缸完全缩回后，检测油缸才开始缩回。这样保证每次伸出时两个油缸行程均为零，从而消除因内泄等原因造成的累积误差。

由于刀盘及刀具安装位置的特殊性，不能方便直接观察它们的磨损情况，因此，设计了油压式的刀盘刀具磨损检测系统。监测点内设有盲孔，此盲孔通有高压油，当监测点不断磨损，盲孔被磨穿时，检测点内的高压油泄漏，压力降低，回油中的压力传感器检测到压力低于设定值时，上位机就发出报警提示。系统设有蓄能器，用来补充管路接头等位置的油液渗漏，保证监测点长时间压力稳定，以免出现误报信息，如图 2.1-40 所示。

(a) 仿形刀

(b) 独立液压泵站

图 2.1-40　仿形刀及独立液压泵站

### 2.1.10　主控室及控制系统

#### 1. 主控室

主控室被分为前后两个独立的部分，前部为控制仓，后部为操作室。操作室主要包括操控台、监控触摸屏、导向系统控制终端、电话、书写台等。控制仓主要布置了 PLC 主控制系统、控制电源、继电器等，如图 2.1-41 所示。

(a) 外部结构　　　　　　　　　(b) 操控台　　　　　　　　　(c) 控制仓

图 2.1-41　主控室示意图

#### 2. PLC 控制系统

控制系统以 Siemens PLC 为核心，以就近控制为原则，实施分布式 I/O 控制。各拖车之间连接的电缆只有通信电缆及电源电缆，使掘进机拆装机工作更加便捷。控制线路的简化降低了设备的故障率。I/O 控制点在控制对象的附近，有利于设备故障的排查处理。将 PLC 模块、继电器等元件由主控室分散到掘进机各个部位，主控室将有更大的操作空间。由于延长线缆的减少，更有利于设备的分体始发，降低了项目施工成本和时间。可编程控制器的硬件参数和 I/O 控制点的配置考虑了必要的冗余，使得可编程控制器运行更加可靠，并方便后续系统的扩展和改进。PLC 控制示意图如图 2.1-42 所示。

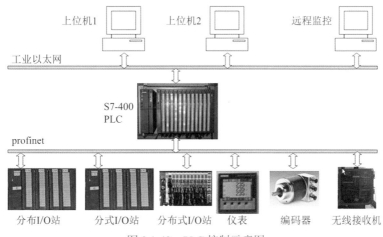

图 2.1-42　PLC 控制示意图

### 3. 数据采集及监控系统

数据采集及显示系统由两台工业电脑组成，硬件采用专业触摸屏工控机，可满足长期24h 不间断运行。工业电脑屏能实时地显示当前时刻掘进机的各项数据，同时还能对重要保护参数进行设置；系统的报警页面，能实时显示当前设备存在的故障。报警信息与采集数据均提供实时显示与历史数据显示两种方式，便于维保人员进行处理。数据采集系统如图 2.1-43 所示。

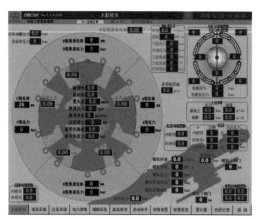 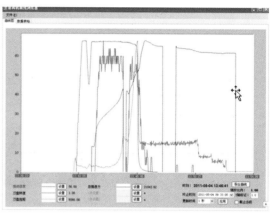

图 2.1-43　数据采集系统示意图

两台电脑的数据同步显示，并具有互换性，互为备份，可防止因工业电脑故障造成设备停机。设备采用的数据采集系统可将每日的掘进数据以数据文件的形式自动保存，可通过曲线和表格等形式实现对设备掘进状态和参数的分析。

在螺旋输送机出渣口、砂浆罐、皮带机出渣口及管片拼装区域各安装一部网络摄像头，主控室内安装一台工控机，可实时监视以上区域的图像，如图 2.1-44 所示。

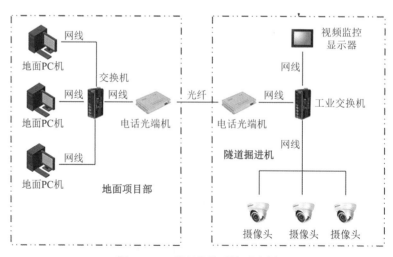

图 2.1-44　视频监控系统示意图

系统还配置远程通信设备，通过光纤将掘进机数据传输到地面监控系统，并具备数据存储和打印功能。地面监控电脑还可以监视掘进机上配置的各个摄像头采集到的图像信息。

可提供软件用于地面及远程监控。

### 4. 导向系统

导向系统硬件由自动测量全站仪、倾斜仪、测量目标、后视棱镜、无线电台、供电系统、机头控制盒、驾驶室控制盒、工业电脑、供电通信线缆等硬件和采集处理数据的软件组成。

导向系统可以实现对掘进机掘进位置和姿态的即时测量与显示，显示的测量参数主要有前盾、中盾、盾尾中心点的坐标、俯仰角、方位角、滚动角、掘进里程、环数等。设备位置及姿态信息还通过直观、形象的图形在主界面显示。测量所有的原始数据及结果都被存储到数据库中。系统可通过标准的线形设计要素计算隧道设计轴线，并具有自动计算扭偏曲线功能。

### 5. 通信系统

在主机及后配套系统上配置 3 部防爆电话和 3 部声能电话，分别安装在前盾人员舱、工具仓、人舱外，另有 1 部电话安装于主控室。防爆电话可与主控室电话互通，均可与地面通话。声能电话可实现任何情况下相互对讲。设备上还提供声光报警装置，包括皮带机启动前报警、管片安装旋转报警及管片安装机抓取状态报警等，如图 2.1-45 所示。

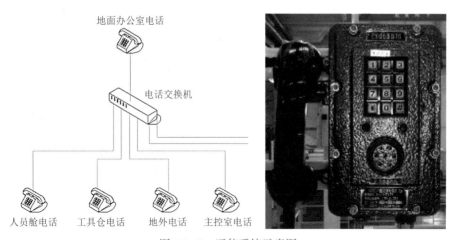

图 2.1-45　通信系统示意图

## ⚙ 2.2　EPB/SPB 双模掘进机结构特点及关键设备部件设计

串并联双通道土压/泥水双模掘进机主机设备主要由：刀盘、前盾、中盾、盾尾、主驱动、推进油缸、铰接油缸、管片拼装机、进浆管、螺旋机、排浆管（包括压力仓处排浆管、螺旋机尾部排浆管）、稀释箱等组成，如图 2.2-1 所示。该土压/泥水双模掘进机与土压或泥水单模掘进机最大的区别是出渣系统。本节以深大城际工程与主区 EPB/SPB 双模掘进机为例，主要介绍刀盘刀具系统、双通道出渣系统、泥水环流系统、主驱动系统等，其他系统与 EPB/TBM 双模掘进机类似，不再重复介绍。

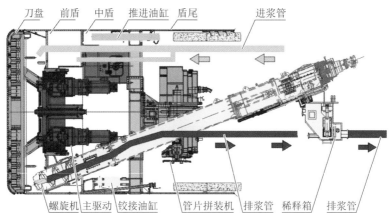

图 2.2-1　双通道土压/泥水双模掘进机主机配置示意图

### 2.2.1　刀盘刀具系统设计

土压/泥水双模掘进机采用八主梁＋八副梁＋外圈梁的结构形式，刀盘正面焊接耐磨钢板、刀盘外圈梁焊接耐磨合金块用于保护刀盘本体。刀具布置采用滚刀（可替换撕裂刀）、切刀分离的布局形式，便于渣土的流动，降低结泥饼的风险。刀盘结构如图 2.2-2 所示。

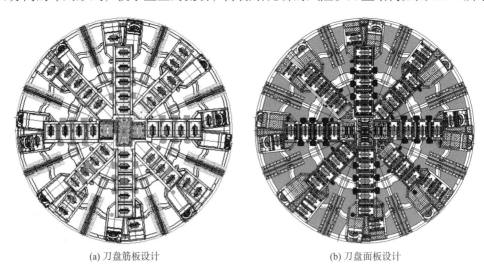

(a) 刀盘筋板设计　　　　　　　　　　　　　(b) 刀盘面板设计

图 2.2-2　刀盘结构示意图

#### 1. 刀具布置

刀盘开挖直径 $\phi$9130mm，配置了 4 把 19 寸的双联滚刀、54 把 19 寸的单刃滚刀，中心滚刀刀间距 100mm、正滚刀刀间距以 75mm 为主，保证岩石地层强劲的破岩能力；弧形区域边滚刀刀间距依次减小，最外 2 把滚刀同轨迹，两把保径刀在该掘进区间 $R$400m 小曲线半径转弯时能保证开挖半径；配置一把合金式超挖刀，独立泵站控制，最大超挖量 20mm，在小曲线转弯必要时进行超挖。刀盘配置了 104 把宽刃切刀、16 把边刮刀，切刀采用宽刃加强设计增强了刮削效果，大切刀刀间距利于渣土流动。刀盘布置如图 2.2-3 所示。

(a) 刀间距设置示意图

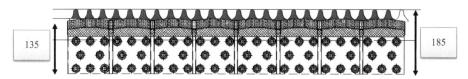

(b) 刀高差设置示意图

图 2.2-3　刀具布置示意图

## 2. 防结泥饼设计

刀盘整体开口率 32%、中心开口率 34%，刀盘中心大开口、环筋采用弧形设计，利于渣土顺利流入土仓；刀盘背部配置 6 根主动搅拌棒，主驱动隔板和盾体隔板配置 3 根被动搅拌棒，交错布置提高渣土流动性。刀盘正面布置了 10 个泡沫口和 2 个膨润土口，均为单管单泵形式，通过渣土改良改善流动性；中心隔板位置和排浆孔位置各配置了 2 路高压水冲刷，通过对刀盘中心和压力仓底部的渣土冲刷来防止刀盘背面结泥饼。刀盘中心冲刷设计如图 2.2-4 所示。

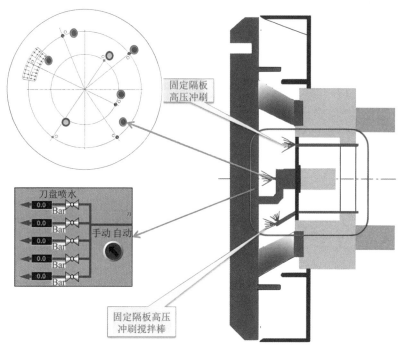

图 2.2-4　刀盘中心冲刷设计示意图

### 2.2.2 双通道出渣系统设计

土压平衡模式下，压力仓内的渣土通过螺旋输送机出渣，再通过皮带机转运。泥水平衡模式下，渣土的排出有两种方式，一种是通过与螺旋机并联布置在压力仓隔板上的排浆管直接出渣，如图 2.2-5（a）所示；另一种是先通过螺旋机出渣，再通过与螺旋机串联布置的排浆管接力出渣，如图 2.2-5（b）所示。

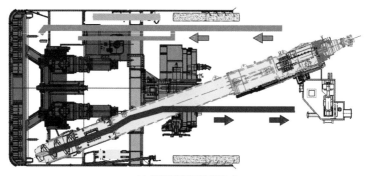

(a) 排浆管直接排渣模式

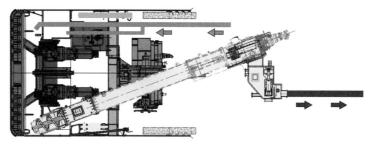

(b) 螺旋机 + 排浆管排渣模式

图 2.2-5　泥水模式的两种出渣示意图

压力仓隔板底部螺旋机与排浆管并联布置，两根排浆管对称布置于螺旋机出渣口两侧，如图 2.2-6 所示。螺旋机在压力仓内设置 1 道闸门，尾端设置 2 道闸门，均能够紧急关闭；螺旋机轴采用可伸缩设计，模式转换时螺旋机轴前端可缩回至压力仓隔板后方，前端闸门关闭螺旋机进渣口。

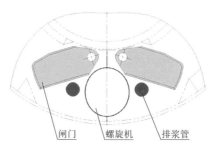

闸门　　螺旋机　　排浆管

图 2.2-6　螺旋机与排浆管并联布置示意图

泥水平衡模式下，压力仓由泥水仓和气垫仓构成，两者通过连通管连接，可通过气垫仓内加入压缩空气或泥浆来控制泥水仓压力，也可通过泥水仓内注入泥浆直接控制泥水仓压力；排浆管直接伸入泥水仓，缩短了排渣距离，排渣更高效、不易滞排，如图 2.2-7 所示。

图 2.2-7　压力仓气垫式直排结构示意图

掘进机采用压力仓处螺旋机 + 螺旋机尾部排浆管出渣的泥水平衡模式出渣时，螺旋机与排浆管之间配置稀释箱，稀释箱中部布置颚式破碎机，如图 2.2-8 所示；相对常规泥水掘进机压力仓内布置破碎机的方式，该土压/泥水双模掘进机采用了破碎机外置的设计，后期维护更方便。

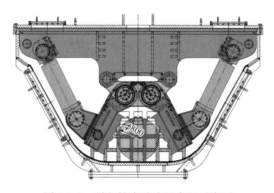

图 2.2-8　稀释箱内破碎机布置示意图

螺旋机叶片耐磨设计：螺旋轴前部叶片外圆焊接耐磨合金块，螺旋叶片迎渣方向堆焊耐磨网格；螺旋机筒体耐磨设计：螺旋机安装座内设计可更换耐磨筒体，内套表面贴有耐磨复合钢板，如图 2.2-9 所示。

(a) 螺旋机轴耐磨设计　　　　　　　　　(b) 螺旋机筒耐磨设计

图 2.2-9　螺旋机轴和螺旋机筒耐磨设计实物图

掘进机采用压力仓处螺旋机＋螺旋机尾部皮带出渣的土压平衡模式时，皮带机采用10°小角设计，并在斜坡段两侧设计挡板及橡胶护板，解决稀渣在斜坡段的飞溅问题；皮带机采用变频电机驱动利于带载启动，配置渣土计量装置便于及时掌握出渣量，如图2.2-10所示。

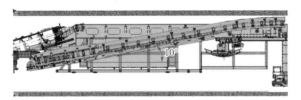

图2.2-10　皮带机示意图

## 2.2.3　泥水环流系统设计

泵的出口及重要90°弯头处采用高铬合金钢整体铸造而成，具有高合金钢的高抗磨性、较高机械强度和较高的抗冲击性能。泵的短接采用进口的天然橡胶进行内衬，用于泵的进出口连接，具有良好的耐磨性能和抗冲击性能。对于常规弯头采用覆板设计，增加了弯头处强度，提高了泥浆管的使用寿命，并且配置了磨损检测装置；膨胀节承担着泵进出口管路连接的减震作用，膨胀节采用独有的内衬耐磨管，提高了使用寿命，同时外层增加保护套，防止膨胀节破损时泥浆泄漏（图2.2-11）。

(a) 弯头覆板设计　　　　　　　　　　(b) 磨损检测装置

图2.2-11　泥水环流管路耐磨处理

为满足正常掘进时泥浆管不断向前延伸，配置了一套卧式软管式管路延伸装置，通过延伸装置周期性对进浆和排浆管路进行加长。为了解决以往管路延伸时泥浆外流污染隧道作业环境的问题，配置了一套泥浆收集系统（图2.2-12），在拆解管路前将进浆管和排浆管内的泥浆排送至气垫仓和临时收浆罐，实现零排放、零污染。

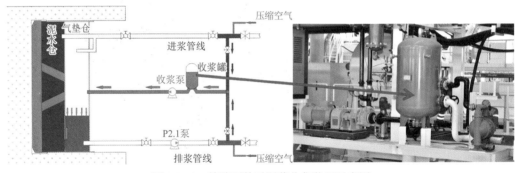

图2.2-12　管路延伸时泥浆收集装置示意图

泥水环流系统有五个主要工作模式：旁通模式、掘进模式、泥水仓/气垫仓逆冲洗模式、停机保压模式和管路延伸模式等，模式间的转换通过旁通模式或停机模式进行过渡转换。泥水环流系统五种工作模式相互转换示意图如图 2.2-13 所示。

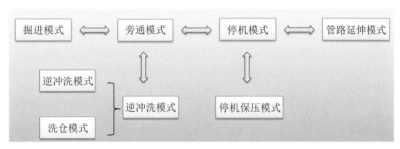

图 2.2-13　泥水环流系统模式转换示意图

### 2.2.4　主驱动系统设计

主驱动系统采用变频电机驱动，总功率 3150kW，扭矩性能如图 2.2-14 所示；主轴承采用三排大模数轴承，主轴承直径 4802mm，驱动组数 10 组（预留 2 组），如图 2.2-15 所示，满足在全断面硬岩及复合地层主轴承能承受较大轴向载荷及偏载；密封承压 10bar，满足本区间深埋地层。

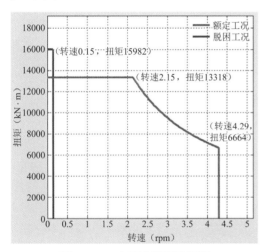

图 2.2-14　主驱动扭矩性能图

图 2.2-15　主驱动布置示意图

主驱动密封系统包括外密封系统和内密封系统，均为 1 道端面聚氨酯密封 + 1 道径向聚氨酯密封 + 1 道 VD 密封，如图 2.2-16 所示。具体是 3 道密封形成 4 个腔，承压能力为 10bar，能适应本区间的高水压，其中靠近土仓侧的迷宫腔注入 EP2，第一道密封和第二道密封之间的腔注入 EP2，第二道密封和第三道密封之间的腔注入 EP2。油脂注入腔都设计有压力检测，实现对主驱动密封油脂压力的实时检测，保证主驱动密封的可靠使用。

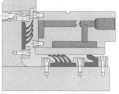

图 2.2-16　主驱动密封示意图

## 2.3 EPB/SPB/TBM三模掘进机结构特点及关键设备部件设计

以广州轨道交通7号线2期工程萝岗站—水西站区间采用的EPB/SPB/TBM三模掘进机为例介绍该机型。该掘进机为国内首台三模掘进机，存在土压模式、泥水模式和泥水敞开模式。掘进机总长约120m，主机长度约10.3m，最小转弯半径250m，共1节连接桥、9节拖车和拖车尾部平台。该三模掘进机主机结构示意图如图2.3-1所示。

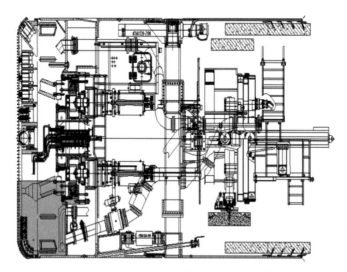

图2.3-1　EPB/SPB/TBM三模掘进机主机结构示意图

### 2.3.1　刀盘刀具系统设计

#### 1.刀盘整体结构设计

该掘进机刀盘配置复合式刀盘，开挖直径为$\phi$6280mm，主要考虑兼顾岩层、圆砾层、砂层及软土层。采用6主梁＋6副梁结构，可布置较多数量的滚刀或者撕裂刀，同时又具有合适的开口率，并且刀盘的刚度和强度设计安全余量也较大。开口在整个盘面均匀分布，

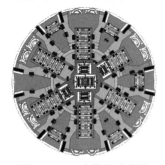

图2.3-2　刀盘结构示意图

保证刀盘掘进过程中渣土顺利进入泥水仓。正常掘进情况下，能够实现渣土径向方向的顺利流动，使渣土在刀盘中心区域不易形成因流动不畅而引起的堵塞和堆积，从而有效降低中心结泥饼的概率。刀盘的开口位置分散均匀，尺寸适中能够防止大块岩石进入泥水仓；切刀宽度200mm，可同时保证切刀轨迹覆盖整个掌子面以及顺利进渣的前提下，尽量减少渣土对面板造成二次磨损；刀盘开口形状设计利于渣土径向流动。主梁加厚加高，刀盘大圆环加厚，中心板整体锻件焊接，刀盘总重量约75t，开口率为30%，刀盘结构示意图如图2.3-2所示。

#### 2.刀具布置与配置

刀盘刀间距采用小刀间距设计，正面滚刀刀间距75mm，中心刀刀间距90mm，边缘滚刀刀间距10～67mm，滚刀刀高165mm，正面刮刀刀高115mm，边缘刮刀刀高115mm，刀

间距布置如图 2.3-3 所示。主切削刀具包括 4 把 18 寸中心双联滚刀，38 把 18 寸单刃滚刀；其他刀具包括 47 把刮刀和 12 组边刮刀，边刮刀采用分块设计，更换方便且磨损后可分块更换，节约成本。刀盘配置多处油压式磨损检测装置，对刀盘磨损情况进行监控；刀盘面板上焊接耐磨复合钢板并堆焊耐磨网格；在大圆环外圈焊接耐磨复合钢板及保护刀，增加耐磨性。

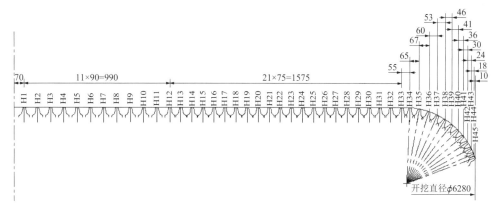

图 2.3-3　刀间距布置图

### 3. 刀盘防结泥饼设计

刀盘开口率 30%，开口分布均匀，保证刀盘掘进过程中渣土顺利进入土仓。正常的进渣情况下，能够实现渣土径向方向的顺利流动，使渣土在刀盘中心区域不易形成因流动不畅而引起的堵塞和堆积，从而有效降低中心结泥饼的概率。刀盘中心背部设计有中心冲刷管路，可有效降低刀盘中心区域和中心背部结泥饼的概率。刀盘正面设计有均匀布置的泡沫喷口和膨润土喷口，可保证整个掌子面的渣土改良充分。

## 2.3.2　主驱动系统设计

主驱动是掘进机最核心的部件之一，其设计的可靠度对掘进机整体表现至关重要。主驱动设计能力充分考虑本工程地质条件要求，并预留一定的能力储备。三模掘进机配置三排重型滚柱轴承，直径 3060mm，主轴承有效使用寿命 ≥10000h，配置大功率电机和稳定的传动体系；兼顾土压模式高扭矩低转速及 TBM 模式高转速低扭矩的运行需求。三模掘进机刀盘由 7 组 200kW 变频电机驱动，出厂时刀盘额定扭矩 5664kN·m，最高转速 5.36r/min，刀盘最大（脱困）扭矩 6796kN·m；主驱动密封采用唇形密封，内密封 3 道，外密封 4 道，密封最大承压力 5bar。主驱动结构如图 2.3-4 所示。

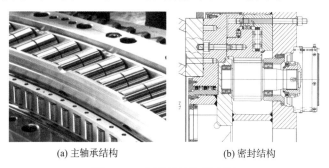

(a) 主轴承结构　　　　　(b) 密封结构

图 2.3-4　主驱动结构示意图

主轴承外密封为一道迷宫密封加四道唇形密封。迷宫密封使用的是 HBW 密封油脂，油脂直接用气动油脂泵从拖车的油脂桶里输送到注脂点；第一道和第二道之间的密封腔内注入的是 EP2 油脂，油脂通过环区的定距环不停地将油脂分配出去；第二道与第三道密封之间的密封腔注入的是齿轮油，能够保持一定的压力（一般设置为 0.2Bar），并对密封唇口进行润滑；第三道与第四道密封之间做泄漏检测腔。由于油脂比较黏稠，泵送不便，故使用高压缩比的气动泵泵送 HBW 及 EP2 油脂，可以产生很高出口压力，而且通过调节空气流量可以控制油脂注入量，节约施工成本，安全可靠，故障率低。内密封由两道唇形密封组成。第一道密封和第二道密封之间的密封腔内注入 EP2 油脂。

### 2.3.3 盾体系统设计

#### 1. 前盾

前盾由壳体、隔板、主驱动连接座、螺旋输送机连接座、进排浆管连接座、人舱连接座和连接法兰等组成，盾壳圆周设有 6 个径向膨润土孔。前盾切口焊有 5mm 耐磨层，增加耐磨性；为了改善渣土的流动性，前仓隔板上设有 2 个搅拌棒，在具有搅拌作用的同时，还能通过搅拌棒注入添加材料，增强渣土的和易性；搅拌棒表面用耐磨焊条堆焊，增加耐磨性；配置了 5 个土压传感器，可以将压力信号传给 PLC，并直观地显示在主控室内的显示屏上；前盾有泥水仓/土仓、气垫仓两个仓室，土压模式下只用土仓，泥水模式下用泥水仓和气垫仓；前仓压力隔板布置有电、气、液接口，方便带压进仓换刀时使用。

在硬岩地层掘进时，由于主机与围岩之间存在间隙，地层包裹力小，在掘进时主机容易发生滚转；同时，在高转速下，会产生一定的振动。在围岩较稳定且主机振动较大地层中施工时，操作人员可操作前盾稳定器伸出顶紧隧道壁，增大主机与围岩的摩擦力，减缓主机滚动；稳定器伸出也减小了盾体与隧道间隙，一定程度上可减小主机振动。前盾稳定器共 4 个，分布在前盾上半部，稳定器油缸大小为 $\phi220/\phi170$—40mm，油缸行程为 40mm。掘进机司机可以在主控室内操作稳定器油缸伸出盾体一定距离，并可以看到稳定器油缸的压力。稳定器的最大油压可达 35MPa，压力值可根据地层强度、设备振动情况进行调节设定。

#### 2. 中盾

中盾和前盾之间采用螺栓连接，中盾由壳体、连接法兰、两道隔板和 1 个米字梁组成。采用主动铰接形式。盾体圆周设有 9 个超前注浆孔、6 个盾壳径向膨润土孔。

在地质为岩层的隧道掘进中，刀具会进行频繁的更换。为便于刀盘换刀，在换刀前，铰接油缸将刀盘与前盾拉回，使刀具距离掌子面有一定的换刀空间。在围岩较稳定的地层中，由于刀盘与前盾较重，为克服铰接油缸将刀盘与前盾拉回的反作用力，将中盾后退撑靴伸出，撑紧隧道壁，伸入到隧道壁内，增大中盾后盾体与围岩的摩擦力或撑靴与围岩相互作用力。中盾后退撑靴共两个，分布在中盾后上半部，稳定器油缸大小为 $\phi220/\phi170$—120mm，油缸行程为 120mm。当刀盘需要换刀时，掘进机停机状态下，掘进机司机可以在主控室内操作中盾后退撑靴油缸伸出盾体一定距离，并可以看到稳定器油缸的压力。中盾后退撑靴的最大油压可达 35MPa，压力值可根据地层强度情况进行调节设定。中盾后退撑靴的主要目的在于保证刀盘与前盾能够正常后退，保证刀盘正常换刀。当刀盘换刀完成后，首先将中盾后退撑靴回收到 0 位，然后进行掘进，切不可中盾后退撑靴伸出时，掘进机掘进。

### 3. 盾尾

盾尾所有注浆管及油脂管路都为内置式。每根注浆管均设置有观察孔，利于管路保护、清洗、维修。注浆管 4 用 6 备共 10 根。油脂管共 24 根，通向三个密封油脂腔。盾尾密封由焊接在壳体上的 4 道密封刷组成，防止注浆材料和水漏进盾体内部，在泥水/土压平衡时还有保持其各自压力的作用。最后一道尾刷采用特殊设计，特制的弹簧板能够有效防止砂浆进入尾刷内部。尾盾尾部外表面有一道止浆板。耐磨钢板制成的止浆板可以防止砂浆前窜，也可以防止盾体前部的泥浆影响注浆效果。盾尾间隙满足安装管片及调向要求。盾尾密封刷和止浆板示意图如图 2.3-5 所示。

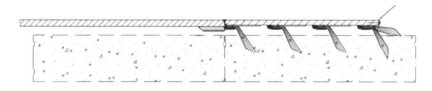

图 2.3-5　盾尾密封刷和止浆板示意图

## 2.3.4　推进及铰接系统设计

推进系统采用单双缸规则布置，共 21 根油缸，分为上下左右 4 组（5＋6＋5＋5），油缸最大行程 2100mm，最大推进速度 80mm/min，最大工作压力 35MPa，最大推力 3900t，推进油缸分布如图 2.3-6 所示。通过调整每组油缸的不同推进速度对掘进机进行纠偏和调向。每组油缸安装了 1 个内置行程传感器。通过这 4 根均布的带传感器的油缸行程显示，可以判断此时掘进机的掘进姿态。推进油缸行程满足安装管片的需要。所有油缸撑靴都装配有安全链，避免坠落伤人。

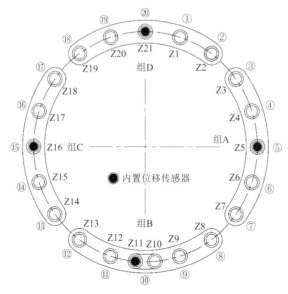

图 2.3-6　推进油缸分布示意图

三模掘进机采用主动铰接形式，14 根铰接油缸φ300/φ240—190mm，最大拉力 3460t，在曲线段掘进时具有较大的调节能力。在 4 个不同位置的铰接油缸配置了内置位移传感器，用来监测圆周方向不同位置的铰接油缸行程。中盾和盾尾之间采用主动铰接形式，设计有两道聚氨酯密封 + 紧急气囊设计。铰接部位设有 3 种注入口，A 孔：往两道密封之间注油脂（为自动注脂），形成一个密封腔体；B 孔：紧急情况下用于加注聚氨酯密封；C 孔：使用气囊式密封时，从 C 孔向气囊注入工业压力气体，C 孔有 1 个，孔径为φ14mm，用于安装气囊阀，气囊阀上和外部充气管连接的外螺纹为 M10。铰接油缸分布示意图如图 2.3-7 所示，铰接密封系统结构示意图如图 2.3-8 所示。

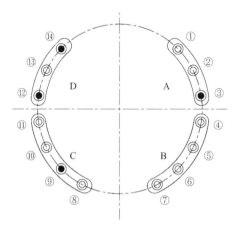

图 2.3-7　铰接油缸分布示意图

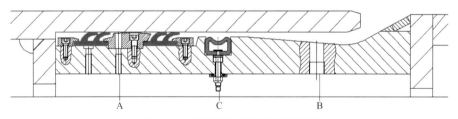

图 2.3-8　铰接密封系统结构示意图

### 2.3.5　螺旋输送机设计

螺旋输送机安装在前盾的底部，采用对止水性更为有利的轴式螺旋输送机，最大通过粒径为φ290×560mm，筒体内径φ800mm，出渣能力为 348m³/h。螺旋输送机筒体圆周设有膨润土、泡沫或聚合物的注入孔。螺旋输送机设有两道下出渣闸门，可根据掘进速度在主控室控制闸门的开启度，通过调节排土量来实现土塞效应，形成良好的排土止水效果，在土压平衡模式掘进时，可起到调节土仓压力的作用。另外预留保压泵接口，发生喷涌时，及时关闭闸门，接保压泵调节土仓压力。

当发生螺旋轴卡住现象，可以通过控制液压马达正反转来摆脱。必要时可打开设置在螺旋输送机筒体上的观察窗门来对壳体内部进行清理。伸缩油缸行程设计为 200mm + 700mm（安装油缸卡块时，油缸行程为 700mm），伸缩油缸可推动伸缩节伸出，带动螺旋轴退出前闸门。螺旋输送机前、后部均设有土压传感器，共 2 个，渣土改良口 9

个，观察窗 5 个。螺旋轴及叶片外圆焊有耐磨合金块及耐磨层。螺旋输送机前闸门位于前盾隔板前部，通过液压油缸来实现闸门的开启和关闭；突然断电时，后闸门会自动关闭，以防止喷涌。后闸门必须定期手动注脂以保证其正常工作。螺旋机采用中心驱动方式，主要包括高速马达、减速机、关节轴承等。螺旋机驱动前部共采用三道唇形密封保护驱动装置，通过关节轴承圆周上的几个孔用递进式分配阀将油脂持续注入。油脂由拖车上的油脂桶泵送供应，同时也用于刀盘驱动的润滑作用。

## 2.3.6　管片拼装机设计

管片拼装机主要作用是安装管片，除此之外，如果需要进行超前地质钻探，可在管片拼装机的预留位置上安装超前钻探设备。管片拼装机的伸缩、旋转和移动等功能都是比例控制的，可以对管片实现精确定位。管片拼装机通过遥控器进行控制。管片拼装机为中心回转式，驱动功率 55kW，具有 6 个自由度，回转角度为 ±200°，回转速度为 0～1.5rpm，并可实现微调。所有动作可遥控，便于拼装司机观察和操作。管片拼装机轴向油缸行程 2000mm，举升油缸行程为 1200mm，能实现洞内更换两道盾尾刷。管片拼装机管片提升力为 120kN·m、旋转扭矩为 300kN·m，管片拼装机结构如图 2.3-9 所示。

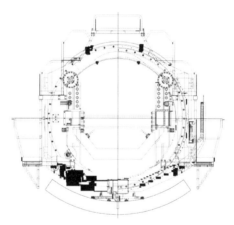

图 2.3-9　管片拼装机结构示意图

## 2.3.7　人舱及保压系统设计

配备人舱（双舱并联）可容纳人数 5（3＋2）人，并且有 5 个铰链式的铁质门。主舱的前端部有 2 个门，两舱之间有 1 个门，每个舱后端各有一个门。两舱内外各设 1 套加、减压手动阀，1 个流量计。可以实现主、副舱各自的加减压，同时可根据需要实现换气。进、排气口处设置消音器，以减低内外环境的噪声。人舱内安装有声能电话，在带压条件下能正常工作通话，并可不间断照明。人舱气压调节，控制外部进气阀门及外部排气阀门一边进气一边排气，进气管路装置金属转子流量计，可以观察人舱进入气体流量，外部装置有压力表，可以观测人舱内压力。保压系统配置德国萨姆森公司生产的全气动压力调节装置，在网络断电时系统仍能正常工作，确保带压换刀时舱内人员安全撤离；人舱的工作压力为 5bar。人舱结构示意图如图 2.3-10 所示。

(a) 人舱结构

(b) 人舱内部

图 2.3-10　人舱结构示意图

## 2.3.8　泥水循环系统设计

泥水循环系统由进浆系统、排浆系统、冲刷系统、收浆系统及延伸系统组成，其中冲刷系统布置在盾体内部，实现仓内泥浆短循环，有效翻滚仓内泥浆，提高排浆系统渣土携带能力；收浆系统主要为管路延伸设计，将管路内泥浆泵送至土仓确保管路延伸时无泥浆外漏。

### 1. 进排浆泵及管路设计

泥浆泵配置 1 台进浆泵和 2 台排浆泵，进浆泵设计功率 315kW，排浆泵设计功率 400kW。泥浆泵采用知名品牌的重型渣浆泵，充分考虑泵的耐磨性能等。泥浆钢管采用 Q345B 材质，管路布置中尽量减少弯头数量，避免 90°急转弯设计，所有弯头均采用外包加厚钢板的耐磨设计。由于泥浆管需要随着掘进不断向前延伸，需要设计一套管路延伸装置，配置了一种卧式软管式管路延伸装置，可周期性增加隧道内泥浆管。拖车中部设置有泥浆管吊机，用于泥浆管路的吊装、转运（图 2.3-11）。

图 2.3-11　管路延伸装置示意图

### 2. 泥水循环模式设计

泥浆循环工作模式主要包括泥水模式、TBM 模式、旁通模式、逆冲洗模式、小循环冲刷模式等。

（1）泥水模式

泥水模式时，从上部进浆，下部排渣，设置气垫式泥水仓确保压力控制精确，可以更好地控制沉降。根据气垫室里泥浆的液位以及所要求的排渣流量，对伺服的泵 P1.1 和 P2.1 的转速分别进行调整，调整 P1.1 泵的转速用以校正泥浆/气垫界面液位达到所要求的值。调整 P2.2 泵的转速，用以校正排渣流量达到所要求的排渣模式的值（图 2.3-12）。

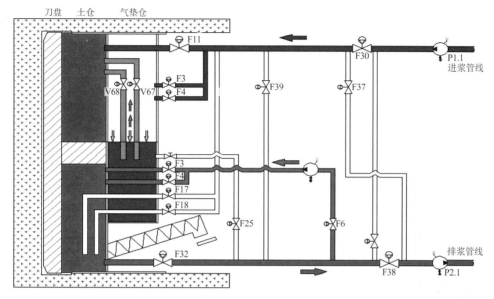

图 2.3-12　泥水掘进模式示意图

（2）TBM 模式

TBM 模式时，从下部进浆，下部排渣，泥浆液位约控制在土仓的 1/3 液位，确保液位覆盖排浆口。进浆管从底部进浆，翻滚土仓底部泥浆，提高排浆管的携渣效率（图 2.3-13）。

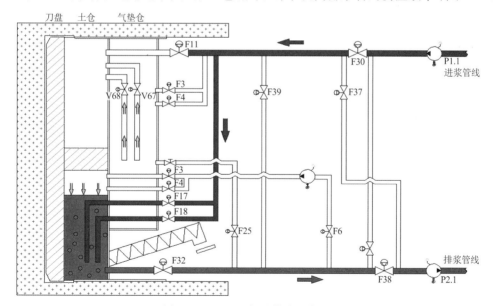

图 2.3-13　TBM 掘进模式示意图

（3）旁通模式

这个模式是待机模式，用于掘进机不进行开挖时执行其他功能（图 2.3-14）。特别是管片安装时，使开挖仓被隔离。在旁通模式时，各泥浆泵都根据泵的超载压力和要求的排渣流量所控制的转速保持旋转。由于此时开挖室没有泥浆的供给，因此，理论上并不需要控制泥浆/气垫界面液位。然而泥浆/气垫界面的液位可能由于水从界面上流失或进入而发生变动。在这些情况下，可能需要补充泥浆（只要注入管道压力许可的话）或排出泥浆以调整这个液位。

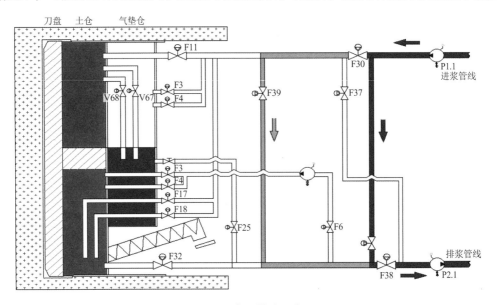

图 2.3-14　旁通模式示意图

（4）逆冲洗模式

此模式使土仓内的泥浆逆向流动（图 2.3-15）。仅用于一些特别的情况，特别是在土仓内发生阻塞，或用于清理掘进机内的排渣管道时。为了不让泥浆充满土仓，气垫压力与泥浆/气垫界面液位的控制仍需维持。

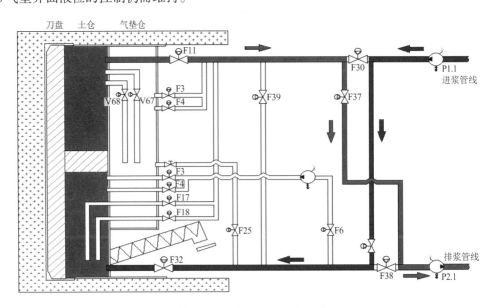

图 2.3-15　逆冲洗模式示意图

（5）小循环冲刷模式

主机段内小循环设计，通过 P0.2 泵从排浆管引浆，回入土仓/气垫泥水仓，可以额外增加 300m³/h 的进浆冲刷量和排浆流量，增大仓内泥浆循环力度，降低渣土滞排概率同时降低仓内结泥饼的概率。小循环冲刷模式见图 2.3-16。

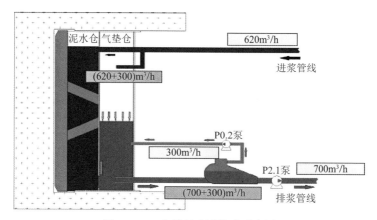

图 2.3-16　小循环冲刷模式示意图

## 2.3.9　注浆系统设计

三模掘进机配置新型双液同步注浆系统，B 液通过软管输送。配置 8m³ 砂浆罐、2 台柱塞泵，采用压力或流量控制模式控制同步注浆量。每个泵有两个出口，常规注浆口设计在尾盾左上、右上、左下、右下位置，特别在砂卵石地层中，由于渗透性好，注浆填充率不够时，拱顶空洞往往不能得到有效回填。地面后期沉降大。在盾尾顶部增设 2 个注浆口（具备双液注浆功能），可直接对顶部空洞进行回填并快速固结，盾尾注浆管共有(4×2＋2)根，正常情况下 4 用 6 备。注浆时根据超挖情况，调整管路连接位置进行作业。有利于减少地面沉降，也有利于减少管片上浮。为了保证注浆效果，在管路的注入端安装了压力传感器，用于检测注浆压力。注浆系统工作原理如图 2.3-17 所示。

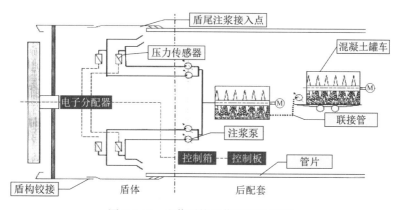

图 2.3-17　注浆系统工作原理示意图

三模掘进机设置了二次注浆系统，配置了 50L/min 的双液注浆泵，管片拖出盾尾时可以及时补充空腔。

### 2.3.10 渣土改良系统设计

三模掘进机配有两套渣土改良系统：泡沫系统和膨润土系统，分别通过输送管路从刀盘喷出来有效改善土质。

泡沫系统采用 6 路单管单泵的形式，在刀盘面板配置了 6 路泡沫喷头。泡沫注入系统回路由清洗水和泡沫泵提供泡沫混合液进入搅拌箱，混合后通过螺杆泵泵入泡沫发生器，与空气混合后形成泡沫。泡沫注入系统控制泡沫混合液中的水量和压缩空气的流量，由流量传感器进行检测，PLC 控制电控阀门的开度，得到最佳的混合比例。泡沫发生器出来的泡沫压力由压力传感器进行检测，反馈到 PLC，使泡沫的注入压力低于上位机设定的压力。泡沫系统示意图如图 2.3-18 所示。

图 2.3-18 泡沫系统示意图

膨润土系统配置有 1 台 18.5kW + 1 台 7.5kW 膨润土泵用于渣土改良；两台泵可通过单独管路注入刀盘前部，同时可接入盾壳及螺旋机系统。

### 2.3.11 空气制冷系统设计

为了解决三模掘进机掘进过程中的高温问题，设备配置空气制冷系统，降低隧道内工人作业区域的环境温度，使设备操作环境更人性化，体现以人为本。空气制冷系统示意图如图 2.3-19 所示。

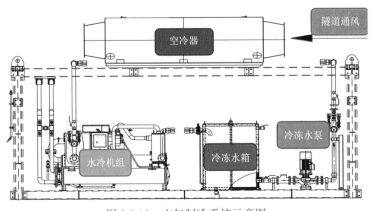

图 2.3-19 空气制冷系统示意图

### 2.3.12　通风系统设计

隧道的通风采用洞外压入式通风,将拖车上的通风管直接与主风管连接,将洞外新鲜空气送入主机区域。综合考虑稀释有害气体、供氧、散热和漏风率等诸多因素后,最终确定通风量的大小。确保空气中污染物浓度不会对人体造成危害。在后配套上配有软管储存器及其吊装机构,为了增加风速,配置有二次通风机。软管储存器与二次风机如图 2.3-20 所示。

图 2.3-20　软管储存器与二次风机

### 2.3.13　液压系统设计

掘进机液压控制系统主要包括推进液压系统、管片拼装机液压系统、同步注浆液压系统、辅助液压系统、循环冷却液压系统、仿形刀液压系统、泥水球阀液压系统等。

**1. 推进液压系统**

推进液压系统为掘进机提供向前掘进的推力,推进油缸圆周方向分成若干区,通过调整每区油缸的不同推进压力来进行掘进机的纠偏和调向。系统采用动态负载敏感控制,可降低电机功耗。系统设计有大流量回路,可使推进油缸在管片拼装模式中快速伸缩,提高管片拼装效率。每组控制阀组设有安全阀,保证推进油缸工作压力安全稳定。

**2. 管片拼装机液压系统**

管片拼装机液压系统通过电液比例多路阀控制回转运动、平移及提升缸的伸缩动作,速度无级可调,提高管片的拼装精度,实现快速拼装。回转驱动减速机带有机械制动装置,保证回转运动的安全可靠。抓持的状态信息由压力继电器提供,未抓紧时会有报警。在抓持缸控制块中还设有安全阀,用以防止压力过高,损坏管片和设备,系统中的液控单向阀有防泄漏的功能,保证管片在长时间内可靠抓持。管片拼装机液压系统阀块如图 2.3-21 所示。

图 2.3-21　管片拼装机液压系统阀块

53

### 3. 螺旋输送机液压系统

螺旋输送机液压系统为螺旋输送机及料门提供动力，使螺旋输送机实现旋转运动，以及控制各种油缸的伸缩运动。螺旋输送机为中心驱动式，采用高速液压马达驱动螺旋轴旋转，转速比例控制。采用变量泵和变量马达的容积调速回路，通过电比例控制泵的排量，通过比例减压阀控制马达排量。在转速范围内，螺机可实现无级调速。通过改变螺旋输送机泵斜盘的工作象限实现对螺旋输送机正反转的控制，可在卡轴时配合螺旋轴的伸缩来实现脱困的目的。为实现转速的实时监控，系统中设有一个转速传感器。为了满足安全可靠和自动控制的要求，系统中设有压力传感器，PLC 采集压力数据后经计算得出螺旋输送机的旋转扭矩。马达的泄油管路上设有温度传感器，提供给 PLC 进行实时监控。

可根据施工要求通过油缸的伸缩来改变后料门开度，调整螺旋输送机内土塞密实度，从而起到防喷涌、喷水效果。在紧急断电情况下，后料门可通过液压蓄能器配合液压阀的动作完成紧急关闭的动作，从而有效地防止由于断电造成的喷涌现象。螺旋输送机油缸及阀块如图 2.3-22 所示。

图 2.3-22　螺旋输送机油缸及阀块

### 4. 同步注浆液压系统

同步注浆液压系统是采用力士乐的轴向柱塞泵为同步注浆提供液压油源，柱塞泵的流量满足掘进机最大推进速度时需要的流量。同步注浆泵是阀控式混凝土泵，设计上通过比例调速控制注浆泵液压油缸的运动速度，来达到调节同步注浆量的目的。注浆泵控制阀组两侧各有一个节流阀，调节其开口大小，可以控制注浆泵主推油缸的换向时间，这将影响进出料门的可靠关闭（图 2.3-23）。

图 2.3-23　注浆泵及阀块

### 5. 辅助液压系统

辅助液压系统主要为管片小车、后配套拖拉、管路延伸装置、马达、换管吊机等系统提供动力源。管片输送小车的举升运动采用分流集流阀进行流量平均分配，保证动作的同步性；后配套拖拉油缸采用主动拖拉控制方式，可实现后配套的前后移动（图 2.3-24）。

图 2.3-24　管片小车及后配套拖拉油缸

### 6. 循环冷却液压系统

循环冷却液压系统主要作用是对泵站油箱中的液压油进行循环过滤和冷却，以保证掘进机液压系统的正常运行。冷却器采用的是板式水冷换热器，冷却效率高，可根据实际情况增减板片。油箱上装有液位传感器及温度传感器，在主控室上位机上设有液位及温度报警（图 2.3-25）。

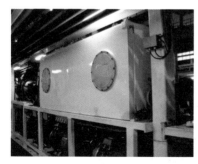

图 2.3-25　油箱与油箱过滤

### 7. 仿形刀液压系统

仿形刀液压系统采用独立的泵站，避免了主液压系统受到仿形刀系统污染的可能。为使仿形刀具有仿形功能，系统在盾体回路中增设一个检测油缸，利用检测油缸位移信号得出仿形刀的位移量。系统设计有顺序阀，可自动消除测量累积误差（图 2.3-26）。

图 2.3-26　仿形刀泵站

### 8. 铰接液压系统

铰接液压系统为盾尾提供拖拉动力，同时可自动适应盾尾调向要求。采用高压定量泵作为油源，可实现高低压切换，具有较好的脱困功能，同时铰接可实现分组控制，更好地主动调节盾尾姿态。铰接泵站及铰接油缸如图 2.3-27 所示。

图 2.3-27　铰接泵站及铰接油缸

### 9. 泥水球阀液压系统

泥水球阀液压系统为泥水球阀的开启关闭提供可靠的动力，并且在断电的紧急情况下，可以自动关闭泥水管路输入输出的管路，开启旁通管路，保证紧急断电情况下泥水仓处于保压状态。泥水球阀实物图如图 2.3-28 所示。

图 2.3-28　泥水球阀实物图

# 第 3 章 »»»

# EPB/TBM 双模掘进机施工技术

本章要点：重点介绍 EPB/TBM 双模掘进机正常工况施工技术、双模掘进机穿越既有建筑物、直接穿越桩基施工技术、特殊地层双模掘进机施工技术。

## 3.1 EPB/TBM 双模掘进机选型及适应性分析

以深圳地铁工程为例，重点介绍 EPB/TBM 双模掘进机掘进技术。石芽岭信义体育公园—布吉站区间，共采用两台 $\phi$6980 EPB/TBM 双模掘进机施工，区间地质情况复杂，掘进机选型是掘进机施工的关键环节，直接影响掘进机隧道的施工安全、施工质量、施工工艺及施工成本，为了保证工程的顺利完成，对掘进机的选型工作需非常慎重。

布吉站—石芽岭站区间自布吉站出发，沿龙岗大道敷设，下穿既有地铁区间 5 号线、侧穿 3 号线桥桩、侧穿龙岗大道高架桥，随后往东北方向拐入南门墩村、布吉新村房屋，沿中兴路东西主干道敷设，侧穿布龙公路桥，到中间风井，其后侧穿慢城四期高层、下穿石芽岭学校风雨操场及学校教学楼，沿科技园路—盛宝路到达石芽岭站，布吉站—石芽岭站区间左线设计起点里程为 ZDK10 + 249.729，终点里程为 ZDK13 + 478.917，包含长链 1.987m，左线长度 3231.2m，右线设计起点里程为 DK10 + 249.729，终点里程为 DK13 + 478.834，包含短链 0.036m，右线长度 3229.1m，区间隧道采用双模掘进机施工，管片内径 6.0m，外径 6.7m，管片厚度 350mm。

布吉站—石芽岭站区间左线含有四个圆曲线，曲线半径分别为 550m、750m、750m 和 700m，区间左线出布吉站后先沿向下纵坡 0.2%、2.9166%，然后沿向上纵坡 2.9%、1.5%、2.9%、1.5% 及 2.9%，再沿向下纵坡 2.1%、1.5%，最后沿向上纵坡 2.9217% 至石芽岭站，区间右线出布吉站后先沿向下纵坡 0.2%、2.9166%，然后沿向上纵坡 0.9%、1.5%、2.9%、1.5% 及 2.9%，再沿向下纵坡 2.1%、1.5%，最后沿向上纵坡 2.9217% 至石芽岭站，区间隧道埋深 20~86.5m，区间共设 7 座联络通道，其中 5 号联络通道兼中间风井，1 号与 7 号联络通道兼废水泵房，中间风井兼掘进机始发井与接收井，中间风井往布吉站为始发，石芽岭站往中间风井为接收，中间风井长 32.1m，宽 25.2m，深 50.49m，布吉站—石芽岭站区间总平面图见图 3.1-1。

### 3.1.1 选型依据和原则

（1）掘进机选型主要依据招标文件、工程勘察报告、地铁隧道设计、施工规范及相关标准，对掘进机类型、驱动方式、功能要求、主要参数、铺设设备配置等进行研究。

（2）掘进机选型从安全性、可靠性、适用性、先进性、经济性等方面综合考虑，所选择的机型应能尽量减少辅助施工并能保持开挖面稳定和适应围岩条件。

（3）掘进机选型时，主要根据掘进机隧道的外径、长度、埋深、地质条件、围岩（土）性质、土体的颗粒级配、地层硬稠度系数、土层渗透率及弃土重度等特征以及线路的曲率半径、沿线地形、地面和地下构筑物等环境条件，以及周围环境对地面变形的控制要求，结合掘进和衬砌等诸因素。

（4）掘进机选型时，按照可靠性、安全性、适用性第一，技术先进性第二，经济性第三的原则进行，保证掘进机施工的安全、可靠。

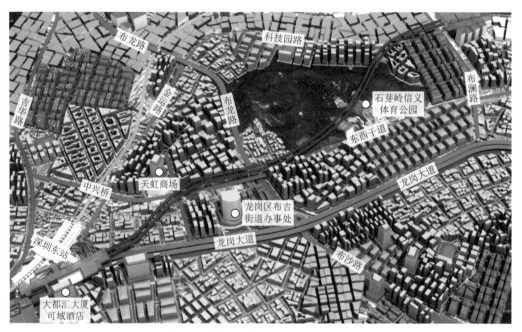

图 3.1-1　布吉站—石芽岭站区间总平面图

### 3.1.2　双模掘进机分析、选型

#### 3.1.2.1　双模掘进机形式的确定

不同类型的掘进机适用的地质类型也是不同的。所以针对不同工程的地质特点，必须选择相适应的掘进机类型，才能保证工程施工的顺利进行。在众多的掘进机类型中，双模掘进机的适应性较大，能够用于地质硬岩、软土交替存在的复合地层建设施工，施工速度较高，能有效地控制地表沉降。随着掘进机和辅助功能的完善与发展，如局部气压平衡系统的采用，加泥加泡沫系统的采用，以及防喷涌功能系统和保压泵渣装置的应用等，已使双模掘进机具有十分完善的功能和先进的技术性能。根据本标段的工程条件、地质特点、工期及施工要求，结合国内外类似工程掘进机的选型经验以及多年的地铁施工及掘进机应用经验，认为在本工程宜采用双模掘进机，即 TBM-土压模式双重应用。结构形式：通过对比上述不同工程中实际使用的刀盘结构形式，结合长期的掘进机施工经验，以及咨询相关

方面的专家,认为使用如图 3.1-2 和图 3.1-3 所示的刀盘形式是完全可以适应本工程需要的。

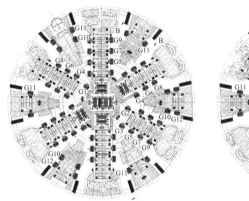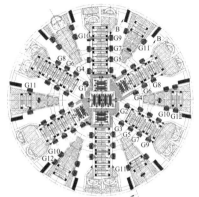

图 3.1-2　TBM 模式刀盘面板图　　　图 3.1-3　土压模式刀盘面板图

刀盘钢结构主要由六个主刀梁辅以小面板、十二个溜渣板、外圈梁和刀盘法兰等组成。刀盘大圆环焊有耐磨合金块,保护刀盘本体。整体设计适用于土压平衡模式和敞开模式两种模式掘进,敞开模式掘进时需要焊接可拆卸溜渣板和挡渣板,土压平衡模式时需要将其刨除,否则会与螺旋输送机产生干涉,刀盘背面的主动搅拌棒与前盾上的被动搅拌棒一起对土仓内渣土进行搅拌。刀盘设有改良渣土的泡沫和膨润土喷口。该类型喷口为背部可抽出式,通过抽出喷口内筒,可对堵塞喷口进行清理。通过螺栓将刀盘法兰与主轴承内齿圈连接。电机提供的扭矩通过减速机、小齿轮、主轴承内齿圈传递给刀盘。刀盘速度可实现双向无级调节。

刀盘标称直径 6980mm,刀盘厚度 700mm,从法兰盘底面到刀盘面板高 1680mm,刀盘总重约 96t。为了保证刀盘的整体结构强度和刚度,刀盘的中心部位采用整体铸钢铸造,周边和中心部件在制造时采用先栓接后焊接的方式连接。刀盘的开口形式:刀盘开口设计为对称的六个长条孔,开口尽量靠近刀盘的中心位置,以利于中心部位渣土的流动,刀盘中心开口率为 30%。渣土改良注入口设计:刀盘面板上共有 8 个泡沫注入口,2 个膨润土口,其中包括在刀盘的中心设置的两个泡沫注入口,两个膨润土口。耐磨设计:刀盘的周边焊有耐磨条,刀盘的面板焊接有格栅状的 Hardox 耐磨材料,充分保证刀盘在岩层掘进时的耐磨性能。刀座设计:刀盘上的滚刀刀座和齿刀刀座相同,安装方式也相同。这样的设计可以满足滚刀和齿刀的互换性要求。

刀盘驱动及支撑形式:刀盘驱动采用电力驱动,由七个电机驱动刀盘。刀盘驱动的配备功率为 1400kW,额定扭矩为 5920kN·m,脱困扭矩为 7100kN·m。刀盘的转速范围为 0～5.4r/min。

### 3.1.2.2　工程特点、重难点及双模掘进机的适应性分析

布吉站—石芽岭站区间自布吉站出发,沿龙岗大道敷设,下穿既有地铁区间 5 号线、侧穿 3 号线桥桩、侧穿龙岗大道高架桥,随后往东北方向拐入南门墩村、布吉新村房屋,沿中兴路东西主干道敷设,侧穿布龙公路桥,到中间风井,其后侧穿慢城四期高层、下穿

石芽岭学校风雨操场及学校教学楼，沿科技园路—盛宝路到达石芽岭站。双模掘进机需要有较强的适应能力。

**1.掘进机特殊地段通过能力**

针对掘进机穿越长距离微风化角岩、上软下硬等地层和在本标段可能出现的不良地质地段具有相对应的设施及施工措施，确保不良地质地段的顺利通过。

**2.掘进机设备的可靠性及使用寿命**

掘进机内各液压、电气元器件均采用国际知名品牌产品，充分保证掘进机的各部件质量。掘进机整体的设计使用寿命为掘进隧道10km，主轴承的设计寿命＞10000h。全新掘进机的寿命和安全可靠性完全能够满足本工程施工的需要。

**3.完备的工程质量保证设施**

（1）注浆系统

豆砾石用于填充管片与洞壁间隙，注入时由注浆孔注入，填充管片与洞壁间隙。豆砾石系统由豆砾石转运系统和豆砾石注入系统组成，豆砾石转运系统包括：豆砾石罐、豆砾石罐平移装置、豆砾石波纹挡边带式输送机、豆砾石分料螺机，豆砾石注入系统包括喷枪、耐磨胶管、配套管卡、遥控器和喷射机。

豆砾石罐由编组列车运入洞内，通过豆砾石罐平移装置放置在拖车左侧的安装座上。当需要注入豆砾石时，打开豆砾石罐气动阀门，豆砾石由波纹挡边带式输送机输送至分料螺机，可将豆砾石分送至两个豆砾石泵，通过豆砾石注入系统将豆砾石注入管片背后。

同步注浆系统能够及时填充管片背面的空隙，不但能减少地面的下沉，而且能及早稳定管片，保证隧道施工的质量。

（2）盾尾间隙测量及管片类型自动选择系统

掘进机的导向系统可以精确测量盾尾和最后一环管片之间的间隙，再由激光导向系统软件结合激光导向系统的隧道线路数据，自动选择下一环管片的类型。充分保证管片类型选择的合理性、正确性。

（3）激光导向系统

激光导向系统能够快速及时地测量并反馈掘进机姿态和理论隧道线路之间的关系，保证隧道施工线路方向的正确性。

（4）同步注浆管道疏通装备

同步注浆系统对保证掘进机隧道施工的质量和控制地表沉降是非常重要的。受各种因素的影响，同步注浆系统经常发生堵管以致使同步注浆系统无法正常工作。我们在掘进机配套设备中专门配备了一套同步注浆管道疏通设备，一旦发生堵管后可以快速将管道疏通，从而保证同步注浆系统的正常工作。

（5）PDV数据采集分析系统

PDV数据采集和分析系统能够对掘进机施工过程中产生的各种数据进行综合分析和对比，通过分析得到的数据可以协助土木工程师对目前的地质情况以及施工参数的选择进行正确的判断，且能为掘进机前方的地质条件的预测提供有用的参考数据。

## ✾ 3.2　EPB/TBM 双模掘进机始发

### 3.2.1　双模掘进机施工场地布置

**1. 施工始发场地布置图**

布吉站—石芽岭站区间始发场地布置图，根据业主下发的标准化建设要求及掘进机始发井、轨排井口结构位置，分为龙门式起重机行走区、砂浆站区、渣土存放区、管片存放区、消耗品存放区、材料存放区、材料周转区。主要围绕生产连续、施工方便的原则进行合理布置。石芽岭站掘进机施工场地布置图如图 3.2-1 所示。

**2. 隧道内布置**

隧道内布置主要包括风筒、水管、电缆、灯管、人行通道和轨道等，隧道内场地布置按照从上到下分层布置的原则，合理布置，做到美观、整齐。隧道布置断面图如图 3.2-2 所示。

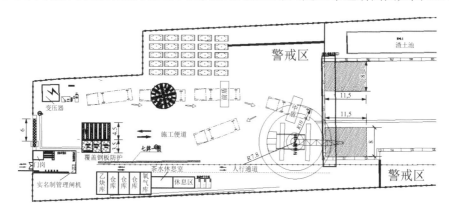

图 3.2-1　石芽岭站盾构施工场地布置图

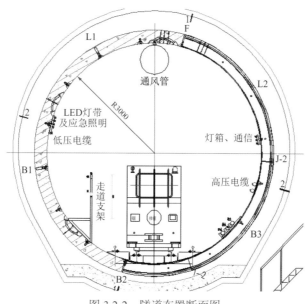

图 3.2-2　隧道布置断面图

### 3.2.2 掘进机及后配套供电

#### 1. 掘进机供电

供电系统由高压供电及低压供电系统组成,配置预装式户外箱式变电站。洞内变电站应具有高压进线、计量、出线综合开关柜和过流、速断等保护功能。10kV 高压出线进洞供掘进机使用,高压电通过电缆送入洞内,采用配备的 2 台容量为 2900kVA 变压器。配备发电机组以供工程前期及突然停电时应急使用。施工洞内用电情况(单台盾构)见表 3.2-1。

施工洞内用电情况(单台盾构) 表 3.2-1

| 序号 | 名称 | 数量 | 功率(kW) | 备注 |
|---|---|---|---|---|
| 1 | 推进系统 | 1 | 75 | |
| 2 | 刀盘驱动系统 | 7 | 7×200 | |
| 3 | 螺旋输送机 | 1 | 200 | |
| 4 | 铰接 | 1 | 18.5 | |
| 5 | 管片拼装机 | 1 | 55 | |
| 6 | 管片吊机 | 1 | 12 | |
| 7 | 皮带输送机 | 1 | 45 | |
| 8 | 同步注浆系统 | 1 | 55 | |
| 9 | 砂浆搅拌 | 1 | 5.5 | |
| 10 | 二次风机 | 1 | 90 | |
| 11 | 膨润土泵 | 2 | 2×18.5 | |
| 12 | 泡沫注入系统 | 1 | 20.6 | |
| 13 | 空压机 | 3 | 3×75 | |
| 14 | 其他 | | 159.2 | |
| 合计 | | | 2397.8 | |

#### 2. 后配套供电

洞外用电最大负荷按以上设备(除充电机以外)同时使用系数取 0.8,计算负荷为:$1620×0.8=1296kW$,加上充电机的 370kW,采用配备两台容量 800kVA,一台 630kVA 的变压器,满足要求,洞外主要施工用电情况(单台盾构)见表 3.2-2。

洞外主要施工用电情况(单台盾构) 表 3.2-2

| 序号 | 名称 | 型号 | 数量 | 功率(kW) |
|---|---|---|---|---|
| 1 | 门式起重机 | 60t | 2 | 570 |
| 2 | 通风机 | ZVN1-14-160/4 | 1 | 160 |
| 3 | 充电机 | | 2 | 370 |
| 4 | 抽水设备 | | 2 | 25 |
| 5 | 办公、生活用电 | | | 150 |
| 6 | 洞外照明 | | | 30 |
| 7 | 渣土场地 | | | 685 |
| 合计 | | | | 1990 |

### 3.2.3　掘进机后配套供水

**1. 掘进机施工用水**

隧道区间施工用水以 DN100mm 为主供水管路引至洞口，然后分两路分别引到掘进机上。另根据施工要求，在施工用水压力不足时，可在适当地点增设增压泵，以满足施工要求。

**2. 后配套施工用水**

后配套设施用水以 DN100mm 供水管为主管路，DN50mm、DN25mm 供水管为支线管路。分别引至搅拌站、洗车槽、渣土池等临时设施，在适当位置设阀门和三通接口，以便使用。

掘进机始发工艺流程：掘进机始发前进行端头地层加固，满足要求后，掘进机及其后配套设备进场，后配套台车从第 6 节到第 1 节依次下井组装，组装连接桥，吊装中盾，吊装前盾，吊装刀盘，组装管片拼装机，组装螺旋输送机及尾盾，连接液压管路、动力电缆、控制电缆、水管、风管、气管，调试掘进机；同时进行垂直运输系统和水平运输系统、制浆系统等安装调试。在上述工作期间可交叉作业，完成洞门密封安装；最后，完成反力支撑并开始拼装负环管片后形成掘进机始发状态，开始掘进机始发掘进。

### 3.2.4　端头加固

施工区间双模掘进机共需进出洞 8 次。其中石芽岭站至布石区间风井段接收和布石区间风井至布吉站段始发及接收均处于硬岩中，不需要端头加固，只有石芽岭站至布石区间风井段始发需要进行端头加固。掘进机在进出洞时，工作面将处于开放状态，这种开放状态持续时间较长。如果处理不当，地下水、流砂、涌泥等就会进入工作井，严重情况下会引起洞门塌方。因此，端头加固工作在掘进机施工中显得极为重要。

布吉站—石芽岭站区间位于石芽岭站的始发端头以及位于布吉站的接收端头，根据设计图纸采用 $\phi600@450$ 双管旋喷桩进行端头地层加固（图 3.2-3 和图 3.2-4），注浆水泥用 42.5 级的普通硅酸盐水泥。加固范围沿隧道始发掘进前方 6m、到达后方 6m、左右各 3m。

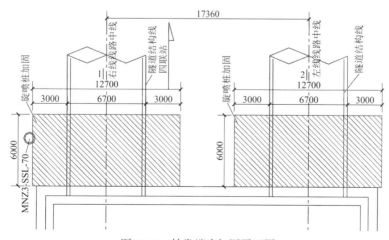

图 3.2-3　始发端头加固平面图

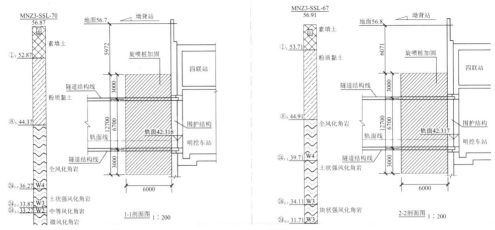

图 3.2-4　始发端头加固剖面图

## 1. 加固的原则

掘进机进出洞端头土体加固的原则：

（1）根据隧道埋深及掘进机隧道穿越地层情况，确定加固方法和范围。

（2）在充分考虑洞门破除时间和方法上，选择合适的加固方法和范围，确保掘进机进出洞的安全和洞门破除的安全。

## 2. 掘进机进出洞端头加固方法

布石区间始发端头根据设计图纸采用 φ600@450 双管旋喷桩进行端头地层加固，注浆水泥用 42.5 级的普通硅酸盐水泥。加固范围为沿线路方向加固长度为 6m，横向加固范围为隧道外轮廓 3m，竖向加固范围为隧道顶部外轮廓 3m，底部为隧道底以下 2m。

## 3. 施工工艺

端头加固采用双管旋喷桩加固土体，施工工艺如下：

（1）旋喷桩采用双重管高压喷射注浆工艺，桩径 600mm，间距 450mm。

（2）旋喷桩平面布置采用梅花形布置（图 3.2-5），施工时采用跳孔法施工。

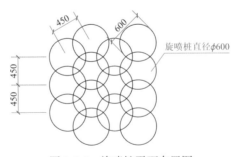

图 3.2-5　旋喷桩平面布置图

（3）旋喷桩的现场定位误差不得大于 50mm，钻孔倾斜度不得超过 0.5%，钻孔深度误差不得超过 100mm。

（4）双重管旋喷要求浆液的喷射压力大于 20MPa，压缩空气压力为 0.7MPa，注浆宜采用 42.5 级的普通硅酸盐水泥，可根据需要加入适量的外加剂及结合料，水泥用量应通过试验确定，水泥浆液的水灰比一般为 1：1～1.5：1，并根据施工实际情况确定。

（5）加固后土体 28d 无侧限抗压强度不得小于 1MPa，渗透系数不大于 $1 \times 10^{-6}$ cm/s。

## 3.2.5　始发托架安装

（1）始发托架结构设计

始发托架采用钢结构形式，主要承受掘进机的重力以及推进时掘进机产生的摩擦力和扭转力。结构设计考虑掘进机前移施工的便捷和结构受力，以满足掘进机在组装时对主机进行向前移动的需要。掘进机主机＋后配套总重达 650t，始发托架必须具有足够的强度、刚度和稳定性。

区间始发段为直线，掘进机进洞方式为直线进洞，为避免掘进机始发出现栽头现象，掘进机始发姿态拟抬头始发，始发掘进机姿态控制在 ±20mm，始发托架布置和安装结构示意图如图 3.2-6 和图 3.2-7 所示。

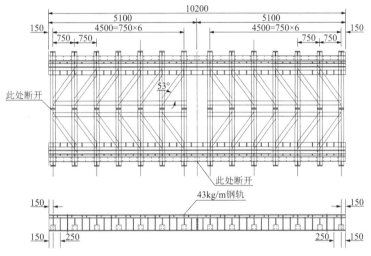

图 3.2-6　始发托架布置图

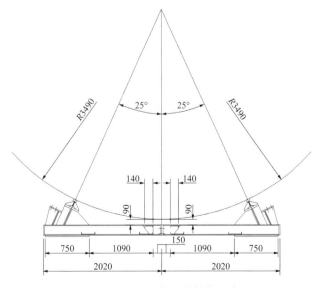

图 3.2-7　始发托架安装结构示意图

（2）始发托架安装

始发托架安装根据现场实际测量底板的标高与洞门圈的位置关系确定，根据始发井端结构设计图纸及托架尺寸综合合计，预计采用 200H 型钢、100 工字钢配合钢板进行垫充，具体垫高的高度以现场测量数据为准进行调整（图 3.2-8）。

图 3.2-8　始发托架示图

### 3.2.6　基座及反力架加固

掘进机托架和反力架应具有足够的刚度和强度；托架定位好后必须加支撑，防止其移动；反力架必须牢固地支撑在始发井结构上，避免托架和反力架失稳而造成掘进机轴线偏差（图 3.2-9）。

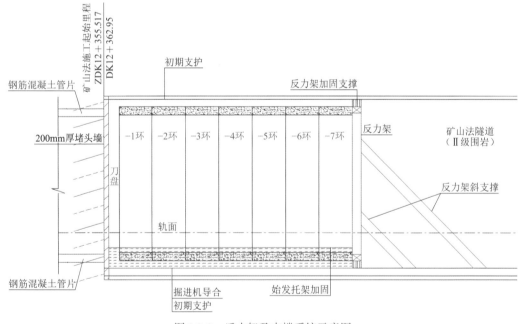

图 3.2-9　反力架及支撑系统示意图

钢反力架稳定性计算反力架由钢板组焊而成，截面尺寸如图 3.2-10 所示，反力架后靠支撑采用 400mm × 400mm 的 H 型钢作为斜撑。掘进机始发时反力支撑需提供 1800t（额定推力，最大推力为 5060t）的反力，反力架支撑考虑底部和上部水平直支撑，中间斜撑的方式。

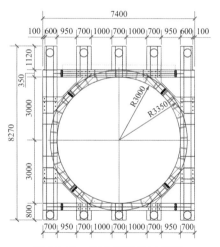

图 3.2-10　反力架结构示意图

掘进机接收托架具有足够的刚度和强度，接收托架轴线应根据掘进机接收的接收轴线放置到位，托架定位好后必须加支撑，防止其移动（图 3.2-11 和图 3.2-12）。

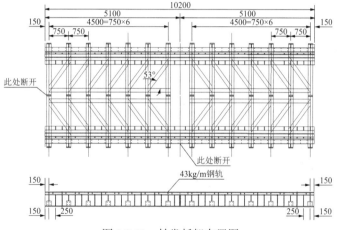

图 3.2-11　始发托架布置图

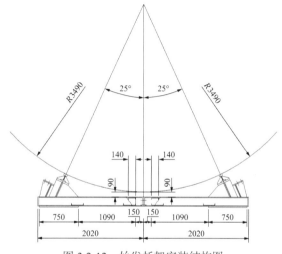

图 3.2-12　始发托架安装结构图

### 3.2.7 洞门封固

在掘进机始发掘进时，为了防止洞内水和回填注浆沿着掘进机外壳向洞口方向流出，在内衬墙上的掘进机入口洞圈周围安装环形密封橡胶板止水装置，该装置在内衬墙入口洞圈周围安装设有 M20 螺孔的预埋板 A，用螺栓将密封橡胶板、压紧环板 B 和折页压板栓连在预埋环板 A 上，折页式密封压板结构见图 3.2-13。

当掘进机沿推进方向掘进时，带铰接的扇形压板被掘进机带动向顺时针方向转动，并支撑密封橡胶板，封闭在 $\phi$6980mm 的盾体外径处，防止水向始发井内流入。当盾体通过洞门密封装置后，橡胶帘布紧缩，压住扇形压板，防止水流沿管片外径向始发井内流入，同时也防止同步注浆浆液外溢。在试掘进 100m 完成、拆除负环管片后，将 B 压板、扇形压板、密封橡胶帘布和螺栓拆除清洁后，按同样的安装方法将密封装置安装至到达洞门，为掘进机到站的密封止水使用。始发洞口密封原理见图 3.2-14。

密封环的安装安排在掘进机下井组装调试完成、洞门外层混凝土凿除之后、围护桩最后一层钢筋拆除之前进行。洞门密封装置安装时，需注意橡胶帘布及扇形压板的安装方向。橡胶帘布端头的凸起方向与掘进机掘进方向相同。

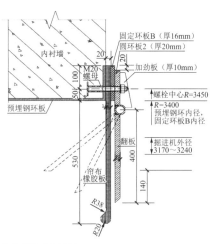

图 3.2-13　折页式密封压板结构

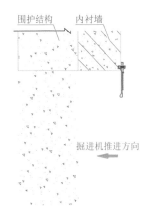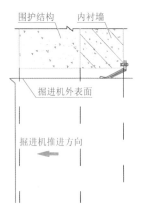

图 3.2-14　始发洞口密封原理

### 3.2.8　始发洞门探孔及凿除

根据设计要求，布吉站—石芽岭站掘进机区间只有在布吉站接收端要进行洞门凿除作业。

始发、接收洞门探孔：掘进机始发、接收，在凿除洞门前，在洞门上均匀钻设 9 个洞门探孔，孔径 8cm，孔深需深入结构侧墙外侧后方不少于 3m（图 3.2-15）。若探孔无明显的渗漏水、泥情况，即可开始洞门破除工作，洞门破除工作秉承工序明确、工作连续、施工快捷的原则。

图 3.2-15　洞门探孔布置图

洞门凿除：始发和接收洞门凿除前，始发和接收端头加固的土体，须达到设计所要求的强度、渗透性、自立性等技术指标后，方可开始洞口凿除工作（加固后的土体，其无侧限抗压强度不小于 1.0MPa，注浆后的土体渗透系数应小于 $1 \times 10^{-6}$cm/s）。接收洞口洞门围护结构的混凝土为粉碎性凿除，采用人工高压风镐进行作业。为保持掌子面稳定，减少土体暴露时间，分两步凿除端头围护结构混凝土地下连续墙。

第一步：凿除洞门范围内的灌注桩。（凿除喷锚面层）整体凿除前，先在端头墙拱顶和拱底位置凿出长 1000mm、高 500mm、深 500mm 的孔洞，观察掌子面稳定情况，一旦发现严重渗漏水现象，必须立即封堵，等待处理方案。若无渗漏现象，开始分块凿除。凿除时从中间开始凿除端头墙的混凝土，宽度不超过 500mm；然后，从中间向上方凿除，上半部分凿除完成后，凿除下半部分。在凿除的过程中要不断观察端头的稳定情况，一旦发现问题要及时进行封闭处理，凿除的混凝土及时通过龙门式起重机吊运至地面（图 3.2-16）。

第二步：在第一步完成后，此时已经具备施工洞门密封施工条件，完成洞门密封后，以风镐露筋为准，把洞门划分为 9 块（图 3.2-17）。凿除之前用钻机钻透 300mm 厚灌注桩，观察渗水、漏水情况，一旦发现渗、漏水严重，必须立即封堵，等待处理方案。若无渗漏现象，开始分块凿除。洞门凿除中，有坠落的混凝土块，此时要对洞门下部的橡胶帘布做好防护，以免砸坏帘布。混凝土渣清理时，也要做好帘布防护。

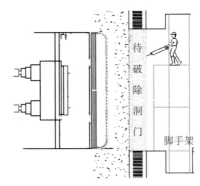

图 3.2-16　接收洞门凿除

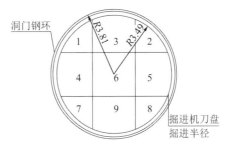

图 3.2-17　洞门破除顺序示意图

渣土清理：洞门破除完成后，会有大量渣土掉落在洞门圈内和洞门外。施工人员清渣前必须先认真观察洞门圈内是否有松散的混凝土块或渣土等，清除危险物后再进行渣土清理。

洞门预留钢筋割除：渣土清理完后，割除洞门凿除时预留的钢筋。割除钢筋注意事项如下：

（1）首先，需要认真检查洞门上部稳定情况，检查内容包括：刀盘周围地层稳定情况。

（2）经过检查确认没有危险且割除钢筋后，再割除预留钢筋。

（3）钢筋割除时，由两边向中间，先割除底部，再割除上部。

（4）钢筋割除时必须将钢筋根部的混凝土凿除干净，保证钢筋割除后满足掘进机通过净空要求。

（5）钢筋割除完后，再次检查并清除侵入掘进机通过净空内的钢筋和混凝土，确保掘进机顺利通过。

（6）洞门迎土侧钢筋割除时机需根据现场实际施工情况进行调整，保证掘进机安全顺利接收。

洞门破除应急措施：洞门在破除过程中若发生洞壁漏水、失稳应采取以下措施：

（1）洞门破除时，若发生漏水现象，及时对破除部分进行封堵，然后进行注浆加固，加固完成以后重新探孔取芯，观察渗水情况，满足要求后再开始破除洞门。

（2）若洞门破除时发生小范围失稳坍塌，则先疏散人员，待稳定后组织人员对端头部位和洞门进行加固，若坍塌范围较大，则先将人员疏散至安全区，坍塌情况稳定后立即展开抢险工作。

### 3.2.9　盾尾通过洞门密封后进行回填注浆

当掘进机拼装完成正 4 环后，利用同步注浆管往盾尾注入少量的同步砂浆，掘进机往前掘进逐步增加同步注浆量，掘进至正 9 环时，采用二次注浆对洞门进行封堵。二次注浆采用水泥-水玻璃双液浆。封堵过程控制好注浆压力确保洞门填充密实。以避免洞门间隙处产生水土流失，造成掘进机始发地面沉降过大。

### 3.2.10　始发掘进控制

#### 1. 掘进机始发掘进

掘进机掘进的前 100m 作为试掘进段，通过试掘进段拟达到以下目的：

（1）用最短的时间对新掘进机进行调试、熟悉机械性能。

（2）了解和认识工程的地质条件，掌握各地质条件下双模式掘进机的施工方法。

（3）收集、整理、分析及归纳总结各地层的掘进参数，制定正常掘进各地层的操作规程，实现快速、连续、高效的正常掘进。

（4）熟练管片拼装的操作工序，提高拼装质量，加快施工进度。

（5）通过本段施工，加强对地面变形情况的监测分析，反映掘进机出洞时以及推进时对周围环境的影响，掌握掘进机推进参数及同步注浆量。

（6）摸索出在掘进机断面处上软下硬地层中，掘进机掘进过程中土压平衡建立控制规律。

#### 2. 掘进机始发施工参数取值

刀盘刀具碰壁的准备工作：刀盘开始转动，最大不超过 0.6r/min 开始推进，推进速度控制在 10～20mm/min，根据现场状况逐步调整。刀盘处于加固区时，刀盘转速 0.5r/min，推进速度 10～15mm/min，推力 800～1000t。出加固区后，推力 1000～1200t，速度提高至 20～30mm/min，刀盘转速在 0.7～1r/min，保证贯入度同刀盘转速相匹配。

布吉站—石芽岭站区间地质条件复杂多变，为确保掘进机在掘进过程中能够平稳顺利，计划在全断面软土地层、上软下硬地层、全断面硬岩地层设定 100m 的试验段，通过试验段掘进，模拟总结掘进机在不同地层施工的掘进参数，同时验证全断面软土、上软下硬、全断面硬岩的各项技术措施的有效性。为后续施工提供可靠的依据，试验段掘进机正常掘进参数见表 3.2-3。

掘进机正常掘进参数表　　　　　　　　　　　　　　表 3.2-3

| 项目 | 土压<br>（bar） | 掘进速度<br>（mm/min） | 扭矩<br>（kN·m） | 推力<br>（t） | 刀盘转速<br>（r/min） | 改良方式及注<br>入量（L/环） | 出渣量<br>（m³/环） | 同步注浆量<br>（m³/环） | 同步注浆<br>压力<br>（bar） |
|---|---|---|---|---|---|---|---|---|---|
| 全断面软土 | 0.9～1.5 | 40～60 | 1100～1300 | 600～1000 | 1.0～1.3 | 泡沫 220 | 60～80 | 6～7 | 2.5～0.4 |
| 上软下硬段 | 1.5～1.8 | 3～10 | 1200～1500 | 1000～1500 | 0.8～1.2 | 泡沫 110 | 60～85 | 6～9 | 2.5～0.4 |
| 全断面角岩段 | 0.5～0.8 | 5～10 | 1200～1500 | 1100～1800 | 1.6～2.2 | 泡沫、水 100 | 60～75 | 5.5～6.5 | 2.5～0.4 |

根据前期调查区间范围的重要管线如燃气、雨水、污水、给水管等距离隧道顶部垂直

距离均大于 15m，施工过程根据该管线所处地层调整控制施工参数，掘进过程加强施工过程的管理，根据监测数据调整合理的掘进参数，控制土压及渣土改良情况，严格控制出渣量，掘进过程中确保同步注浆量及二次注浆量，进入重要建筑物及管线前，提前检查刀具情况，避免在该处进行换刀作业，保证掘进机不间断、平稳地通过重要管线及重要建筑物。具体掘进参数见表 3.2-4。

掘进参数 表 3.2-4

| 项目 | 土压（bar） | 掘进速度（mm/min） | 扭矩（kN·m） | 推力（t） | 刀盘转速（r/min） | 改良方式及注入量（L/环） | 出渣量（m³/环） | 同步注浆量（m³/环） | 同步注浆压力（bar） |
|---|---|---|---|---|---|---|---|---|---|
| 布吉箱涵 | 1.2～1.8 | 30～40 | 1200～1500 | 1000～1500 | 1.0～1.2 | 泡沫 110 | 60～85 | 6～9 | 2.5～0.4 |
| 5 号线区间 | 1.2～1.8 | 30～40 | 1200～1500 | 1000～1500 | 1.0～1.2 | 泡沫 110 | 60～85 | 6～9 | 2.5～0.4 |
| 布吉新村、石芽岭 | 0.8～1 | 5～8 | 1100～1300 | 1000～1500 | 1.6～2 | 泡沫、水 100 | 60～75 | 5.5～6.5 | 2.5～0.4 |
| 石芽岭小学 | 0.8～1 | 5～8 | 1100～1300 | 1000～1500 | 1.6～2 | 泡沫、水 100 | 60～75 | 5.5～6.5 | 2.5～0.4 |

### 3.2.11 施工运输及管线布置

**1. 洞内水平运输**

隧道内采用 43kg/m 钢轨铺设单线，在始发井底铺设双线。掘进机区间轨道布置见图 3.2-18。

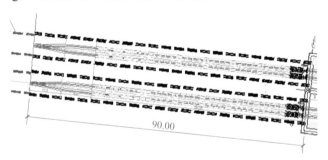

90.00

图 3.2-18 掘进机区间轨道布置图

掘进机施工采用重载编组（图 3.2-19），左右线各配备两列重载编组列车；每个编组均由一台 60t 变频电机牵引 1 节电瓶车、5 节出渣车、1 节豆砾石车（砂浆车）和 2 节管片车，以满足掘进机掘进施工的需要。

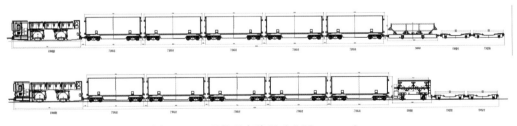

图 3.2-19 重载列车编组（土压＋TBM）

**2. 垂直运输**

垂直运输分为两个部分，第一部分为施工材料与管片的垂直运输；第二部分为渣土垂直运输。左右线各由 1 台 60/20t 门式起重机，门式起重机为双悬臂，西侧悬臂主要用于出渣，东侧悬臂用于管片及辅助材料吊装。

## ✿ 3.3　EPB/TBM 双模掘进机正常段掘进施工技术

### 3.3.1　EPB/TBM 双模掘进机正常段掘进施工

掘进机掘进完成软土段 100m 始发试验段后，为提高掘进工效，将对设备编组进行调整，调整工作包括：拆除负环管片、始发基座和反力架；在端头铺设双线轨道；安装通风设施；其他各种管线的延伸和连接等。

施工掘进由主司机在掘进机主控室进行操作。开始掘进时，由主司机对掘进的各项准备工作进行核查，人、机、料是否全部到位。检查所有操作面板按钮是否正常，开始掘进注入泡沫、旋转刀盘、开启皮带系统、开启掘进模式、打开螺旋输送机出土闸门，根据导向系统掘进姿态调整好各组油缸油压，掘进前进，并结合掘进参数做好相应记录。

主司机应根据当班下达的掘进指令设定相关参数进行掘进,掘进出土与注浆同步进行。在施工中要根据不同地质情况、隧道埋深、地面建筑物，配合监测信息分析，及时调整掘进土压值的设定，同时根据推进速度、出土量和地面的监测数据，及时调整同步注浆量，从而将轴线和地层变形控制在允许范围内，地表最大变形量为−30mm～+10mm。

掘进过程中，推进坡度要保持相对的平衡。严格控制好推进里程，将施工测量结果及时与计算的三维坐标相校核，及时调整。对初始出现的小偏差应及时纠正，尽量避免掘进机走"蛇"形，控制每次纠偏量，掘进机一次纠偏量不宜过大，以减少对地层的扰动，并为管片拼装创造良好的条件。

为防止掘进机掘进时地下水及同步注浆浆液从盾尾窜入隧道，掘进机往前掘进必须在盾尾油脂前腔后腔注入饱满的油脂，确保施工中盾尾与管片的间隙内充满盾尾油脂，以达到盾尾的密封功能。施工中须不定时地进行集中润滑油脂的压注，保持掘进机各部分的正常运转。

掘进中的沉降控制措施：

（1）沿线的地面沉降观测点建立以后，在掘进开始以前应取得初始数据，并将所有的监测点清晰地标在 1∶500 的线路平面图上。

（2）掘进机试掘进时，需设置较密的沉降监测点，以获得掘进机掘进参数与地面沉降的关系。

（3）掘进过程中，将掘进机姿态控制在前 20m、后 30m 的范围内，每天早晚至少测量一次，范围之外每周测一次，直至稳定为止。

（4）掘进机掘进适当选用千斤顶和推力，根据地面沉降观测成果确定土仓压力，随时调整掘进方向，尽量减少"蛇"形和超挖；掘进过程中及时进行同步注浆，保持适当的注浆压力和注浆量，必要时进行二次注浆。

常见问题及处理方法：

（1）掘进过程出现没有速度、扭矩大、推力大的情况就要考虑是否刀具磨损，是否存有刀盘和土仓结泥饼现象。可以通过带压开仓检查和空转刀盘验证。

（2）在上软下硬地层掘进极易发生螺旋输送机被卡住现象，若螺旋输送机被卡住（即扭矩超限），无法正常出渣，可反复伸、缩螺旋输送机，并同时低速正转、反转螺旋输送机，如此反复，基本上都可以脱困。

（3）若启动刀盘时刀盘被卡住，则将部分推进千斤顶收缩，使土压力、刀具贯入度减小即可以转动刀盘。

（4）若铰接千斤顶拉力较大，说明刀盘的扩孔能力较差，则要检查刀盘的边缘刀是否磨损过量而应该更换。

### 3.3.2 渣土改良

#### 1. 渣土改良的作用

布石区间在前 400m 的隧道掘进中，掘进机主要在全风化角岩、强风化角岩地层中掘进，属于软土地层施工，在软土地层掘进渣土改良是保证掘进机施工安全、顺利、快速的一项不可缺少的最重要技术手段。具有如下作用：

（1）保证渣土和添加介质充分拌合，以保证形成不透水流塑性的渣土从而建立良好的土压平衡机理，只有渣土改良效果好才能从根本上保证掘进过程中地表的沉降控制，同时保证预定的施工进度。

（2）使渣土具有流塑性和较低的透水性，形成较好的土压平衡效果而稳定开挖面，控制地表沉降。

（3）控制地下水流失及防止或减轻螺旋输送机排土时的喷涌现象。

（4）改善渣土的流塑性，使切削下来的渣土顺利快速进入土仓，并利于螺旋输送机顺利排土。

（5）改善渣土的流动性并减少其内摩擦角，有效降低刀盘扭矩、降低对刀具和螺旋输送机的磨损、降低掘进切削时的摩擦发热，提高掘进效率。

#### 2. 渣土改良的方法

渣土改良就是通过掘进机配置的专用管路向刀盘面板、土仓、螺旋输送机内注入添加剂，利用刀盘的旋转搅拌、土仓搅拌装置搅拌或螺旋输送机旋转搅拌使添加剂与土渣混合，其主要目的就是要使掘进机切削下来的渣土具有良好的流塑性、合适的稠度、较低的透水性和较小的摩阻力，以满足在不同地质条件下掘进时都可以达到理想的工作状况。添加剂主要有泡沫和膨润土。

#### 3. 改良剂的确定及配比、掺量

根据国内外成功的施工经验，本工程根据不同段的地质情况拟采用泡沫剂加膨润土进行混合改良。其效果比单独使用泡沫和膨润土要好。泡沫、膨润土等添加剂的改良可以减小刀盘扭矩，减轻全断面硬岩、上软下硬地层对盾构刀具的磨损，提高掘进速度和设备的使用寿命。各种改良剂的性能指标见表 3.3-1。

各种改良剂的性能指标　　　　　　　　　　　　表 3.3-1

| 内容 | 膨润土 | 泡沫剂 |
|---|---|---|
| 工作原理 | 利用添加的胶质减摩效果，使开挖土塑性流动，减少渗透性 | 利用微细泡沫的润滑效果，使开挖土塑性流动，减少渗透性 |
| pH 值 | 7.5～10 | 7.0～9 |
| 黏度 | 2～10Pa·s | 0.003～0.2Pa·s |
| 适用土层 | 上软下硬地层、全断面硬岩地层 | 全风化、强风化、软硬不均地层 |

#### 4. 渣样分析

在 EPB 模式施工过程中，开挖面土体的流动性十分重要。为了提高开挖面土体的流动性，通过对开挖出的渣土进行改良，用以满足施工要求。改良后通过渣样分析，及时掌握渣土变化情况、地层情况，优化掘进机施工参数。

#### 5. 渣土改良的主要技术措施

在全断面硬岩、上软下硬地层中掘进主要是要降低对刀具磨损，降低刀盘扭矩、螺旋输送机的磨损，防止喷涌，采取向刀盘前和土仓内注入膨润土，泡沫混合物的方法来改良渣土。渣土改良剂在各段掘进区域中的配比见表 3.3-2。

渣土改良剂在各段掘进区域中的配比　　　　　　表 3.3-2

| 添加剂/掘进区域 | 膨润土（m³/环） | 泡沫（L/min） | 水（m³/h） |
|---|---|---|---|
| 始发段 | 无 | 单根 140～200 | 5～15 |
| 正常软土段 | 无 | 单根 180～300 | 5～15 |
| 上软下硬地层 | 3～8 | 单根 60～120 | 1～2 |
| 全断面硬岩地层 | 3～10 | 单根 80～150 | 1～3 |
| 掘进机接收段 | 无 | 单根 140～200 | 5～15 |

### 3.3.3　掘进机姿态控制

#### 1. 自动导向系统和人工辅助测量控制掘进机掘进方向和掘进机姿态

掘进机上配置了导向系统、自动定位、掘进程序软件和显示器等，能够全天候在掘进机主控室动态显示掘进机当前位置与隧道设计轴线的偏差以及趋势。据此调整控制掘进机掘进方向，使其始终保持在允许的偏差范围内。随着掘进机推进，导向系统后视基准点需要前移，必须通过人工测量来进行精确定位。为保证推进方向的准确可靠，拟每周进行两次人工测量（具体测量次数由实际施工进度和线路情况确定），以校核自动导向系统的测量数据并复核掘进机的位置、姿态，确保掘进机掘进方向的正确。

#### 2. 采用分区操作掘进机推进油缸控制掘进机掘进方向

根据线路条件所做的分段轴线拟合控制计划、导向系统反映的掘进机姿态信息，结合隧道地层情况，通过分区操作掘进机的推进油缸来控制掘进方向。在上坡段掘进时，适当加大掘进机下部油缸的推力；在下坡段掘进时则适当加大上部油缸的推力；在左转弯曲线段掘进时，则适当加大右侧油缸推力；在右转弯曲线掘进时，则适当加大左侧油缸的推力；在直线平坡段掘进时，则应尽量在掘进机保持抬头的前提下使所有油缸的推力保持一致。

**3. 掘进机掘进姿态调整与纠偏**

在实际施工中，由于软硬不均等原因掘进机推进方向可能会偏离设计轴线并超过管理警戒值；在稳定地层中掘进，因地层提供的滚动阻力小，可能会产生盾体滚动偏差；在线路变坡段或急弯段掘进，有可能产生较大的偏差。因此，应及时调整掘进机姿态，纠正偏差。

（1）参照上述方法分区操作推进油缸来调整掘进机姿态，纠正偏差，将掘进机的方向控制调整到符合要求的范围内。

（2）在急弯和变坡段，必要时可放慢掘进速度来纠偏。

（3）当滚动超限时，掘进机会自动报警，此时采用掘进机刀盘反转的方法纠正滚动偏差。

**4. 滚动控制**

采用使掘进机刀盘反转的方法，纠正滚动偏差。允许滚动偏差≤3°，当超过3°时，掘进机报警，提示操纵者必须切换刀盘旋转方向，进行反转纠偏。

**5. 竖直方向控制**

控制掘进机方向主要是根据导向系统垂直趋势及实时姿态来控制。当掘进机出现下俯时，加大下侧千斤顶的推力；当掘进机出现上仰时，可加大上侧千斤顶的推力或减小下侧千斤顶推力来进行纠偏。

**6. 水平方向控制**

与竖直方向纠偏的原理一样，左偏时加大左侧千斤顶的推进压力，右偏时则加大右侧千斤顶的推进压力。

**7. 掘进机姿态调整注意事项**

（1）在切换刀盘转动方向时，保留适当的时间间隔，切换速度不宜过快。

（2）根据掌子面地层情况及时调整掘进参数、调整推进方向避免引起更大的偏差。

（3）推进油缸油压的调整不宜过快、过大；否则，可能造成管片局部破损甚至开裂。

（4）正确进行管片点位的选择，确保拼装质量与精度，使管片端面尽可能与计划的掘进方向垂直。

（5）掘进机始发方向控制极其重要，应按照始发掘进的有关技术要求，做好测量定位工作。

### 3.3.4 管片拼装

区间主体隧道的管片衬砌是隧道防水的重要环节。管片拼装的质量直接影响隧道寿命及永久防水能力，因此严格控制管片安装质量至关重要。

管片质量要求管片表面不得出现裂缝、破损、掉角等现象，管片拼装精度要求见表3.3-3。

管片拼装精度要求　　　　　　　　　　　　　　　　　　　　　　表3.3-3

| 序号 | 项目 | 允许偏差（mm） |
|---|---|---|
| 1 | 掘进机姿态前点与隧道设计轴线的允许偏差 | 50 |
| 2 | 第一片管片定位量允许偏差 | 3 |

续表

| 序号 | 项目 | 允许偏差（mm） |
|---|---|---|
| 3 | 相邻管片径向错台 | 15 |
| 4 | 相邻管片环向错台 | 10 |
| 5 | 环缝张开 | ≤2 |
| 6 | 纵缝张开 | ≤2 |
| 7 | 椭圆度 | ≤5‰D |

注：$D$ 为隧道直径。

### 3.3.5　豆砾石充填

#### 1. 工艺原理

管片背后豆砾石回填的工艺原理是掘进一个循环安装管片后，开启豆砾石机器对管片背后全环吹填豆砾石，可以边掘进边吹填豆砾石，管片全环吹填豆砾石再注浆后产生的浮力小于管片自重，不会产生管片上浮现象，成洞后管片平顺、错台小，极大地提高了成洞质量（图 3.3-1）。

#### 2. 施工工艺流程

管片底部 90°范围豆砾石吹填→管片底部 90°范围同步注水泥浆→管片两侧、顶部吹填豆砾石→管片两侧、顶部梯度注水泥浆→封堵灌浆孔→质量检验→补灌→重新质检→合格。

#### 3. 豆砾石回填施工

豆砾石回填是在起始环回填（豆砾石、水泥浆）的基础上进行，在管片脱离护盾后立即进行，管片外侧与围岩之间的空腔充填密实，豆砾石底拱回填坚持"脱离盾尾立即充填、自下而上、两侧对称"的原则进行。将豆砾石运输罐车与豆砾石喷射机上料系统连接，打开放料阀使豆砾石放入皮带机的上料口，启动皮带机将豆砾石输送到豆砾石喷射机上方料斗，通过控制料斗下方的放料阀门，将豆砾石均匀输送到豆砾石喷射机接料口，在放料的同时启动豆砾石喷射机，这时豆砾石有序的分配到豆砾石喷射机内各料腔，通过压缩空气豆砾石经管道压送到喷头至管片外侧与围岩之间的空腔中。

#### 4. 豆砾石吹填注意事项

（1）首选检查选择的吹填孔是否为空的，选择正确的吹填位置。同时保证连接的管路牢固可靠。

（2）启动设备前，应首先检查设备（空压机、豆砾石泵）的完好性，如空压机是否进水、滤芯是否堵塞、豆砾石泵装配是否完好、豆砾石管路是否连接等。

（3）确认设备无问题后，启动空压机运转 2min，检查空压机工作是否正常。

（4）空压机运转正常后，往豆砾石管路供风，供风时检查管路是否通畅，并检查是否有漏气现象。

（5）确认管路无问题后，开始吹填豆砾石。吹填时，要注意观察管路有无泄漏，一旦爆管要立即停止吹填作业。正常吹填时，要随时确认是否填满。注满后，要尽快停止吹填，防止堵管。

（6）前方吹填豆砾石的人员要佩戴完整的防护用具，并与豆砾石管保持一定的安全距离。

（7）吹填完成后，先停止豆砾石泵，待管内豆砾石基本清空后再停止供风。豆砾石对管壁的磨损很严重，所以在每环吹填完成后都要检查管路的可靠性，一般软管可采用按压的方式、硬管采用敲击的方式进行检查，对磨损严重的管路要及时更换（图 3.3-1）。

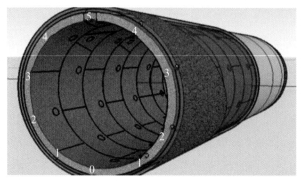

图 3.3-1　豆砾石回填示意图

### 3.3.6　同步注浆

掘进机施工中，随着掘进机的向前推进，因掘进机盾尾外径与管片外径之间的差值将会在管片背后产生空隙，这一空隙若不及时充填则管片周围的土体将会松动甚至出现坍塌，从而导致地表沉降等不良后果，因此必须采用注浆手段及时将空隙加以充填。同时，背衬注浆还可提高隧道的止水性能，使管片所受外力能均匀分布，确保管片衬砌的早期稳定。

管片衬砌背后注浆是掘进机施工中的一项十分重要的工序，其目的主要有以下三个方面：

（1）及时填充盾尾建筑空隙，支撑管片周围岩体，有效地控制地表沉降。

（2）凝结的浆液作为掘进机施工隧道的第一道防水屏障，增强隧道的防水能力。

（3）为管片提供早期的稳定并使管片与周围岩体一体化，有利于掘进机掘进方向的控制，并能确保掘进机隧道的最终稳定。

注浆材料、浆液配比及性能指标。掘进机施工背衬注浆宜选用具有料源广、可注性强、经久耐用、固结实体强度能达到设计要求、对地下水和周围环境无毒性污染、价格低廉等特点的材料。注浆浆液要流动性好，便于掘进机移动过程中持续不停注浆，而一环注浆结束后，浆液凝固有较好的强度，具有膨胀性，避免后期收缩变形。

同步注浆初步采用的注浆材料及配比：水泥∶粉煤灰∶膨润土∶砂∶水 = 250kg∶350kg∶100kg∶750kg∶550kg（每立方米的配比），过程中根据地质情况进行适当调整。

注浆设备浆液在洞外拌制，采用全自动浆液拌合站，拌制好的浆液由砂浆车运到洞内投入掘进机自备的储浆罐中待注。同步注浆采用掘进机后配套附带的同步注浆系统。

（1）注浆压力

同步注浆时要求在地层中的浆液压力大于该点的静止水压力及土压力之和，做到尽量填补同时又不产生劈裂。注浆压力过大，容易造成管片错台破碎；注浆压力过小，浆液填充速度过慢，填充不充足，容易导致地表沉降，布吉站—石芽岭站区间的注浆压力初步设置为 0.2～0.5MPa，后期根据检查数据实时调整。

（2）注浆量

同步注浆量理论上是充填盾尾建筑空隙，但同时要考虑掘进机推进过程中的纠偏、浆液渗透（与地质情况有关）及注浆材料固结收缩等因素。注浆量可用下式进行计算：

掘进机掘进 1 环（1.5m）环形间隙理论体积：

$$Q = \pi(R^2 - r^2) \times L$$

式中：$R$——掘进机开挖半径，取 3.49m；

　　　$r$——管片外圆半径，取 3.35m；

　　　$L$——掘进机掘进 1 环长，取 1.5m；

$$Q = \pi(R^2 - r^2) \times L = 3.14 \times (3.49^2 - 3.35^2) \times 1.5 = 4.51\text{m}^3$$

在实际注浆过程中，注浆量超过理论的空隙体积，由经验可知，注浆量为环形间隙理论体积的 1.5～2.0 倍。

则每环的实际注浆量为：$Q_2 = 4.51 \times (1.5～2.0) = 6.765～9.02\text{m}^3$

（3）注浆速度及时间

根据掘进机推进速度，以每循环达到总注浆量而均匀注入，掘进机推进开始注浆开始，推进完毕注浆结束。

（4）注浆顺序

同步注浆在掘进机推进的同时压注，在每个注浆孔出口设置压力传感器，以便对各注浆孔的注浆压力进行检测与控制，从而实现对管片背后的对称均匀压注。以防止注浆使管片受力不均产生偏压，导致管片错位，造成错台及破损。

### 3.3.7　二次注浆

1）二次注浆目的

同步注浆目的是使盾尾建筑空隙得到及时填充，地层变形及地表沉降得到控制，在浆液凝固后，强度得到提高，但可能有局部不够均匀或因浆液固结收缩产生空隙。因此，为提高背衬注浆层的防水性及密实度，必要时再补充以二次注浆，进一步填充空隙并形成密实的防水层，同时也达到加强隧道衬砌的目的。

2）注浆方式和特点

二次注浆一般在管片与岩壁间的空隙充填密实性差而致使地表沉降得不到有效控制或管片衬砌出现较严重渗漏的情况下才实施。施工时采用地表沉降监测信息反馈，判断是否需要进行二次注浆。

注浆材料、浆液配比及性能指标：二次注浆材料要可注性强，能补充同步注浆的缺陷，对同步注浆起充填和补充作用。

当地下水特别丰富时，需要对地下水封堵。同时为了及早建立起浆液的高黏度，以便在浆液向空隙中充填的同时将地下水疏干（将地下水压入地层深处），获得最佳充填效果，这时需要将浆液的胶凝时间调整到 1～2min，必要时二次注浆可采用水泥-水玻璃双液浆。

二次补强注浆管及孔口管应具有与管片吊装孔的配套能力，能够实现快速接卸以及密封、不漏浆的功能，并配备泄浆阀。

二次注浆压力为小于 0.3MPa，二次补强浆量根据地质情况及注浆记录情况，分析注浆效果，结合监测情况，由注浆压力控制。注浆量注浆结束标准以注浆压力与注浆量进行双重控制，以下情况应例外：

（1）掘进机位于曲线段，考虑超挖，适当增加注浆量；

（2）在上软下硬地层，注浆量很小而注浆压力较大时，可能是由于盾壳周围岩土发生坍塌，影响了浆液的流动。在达到注浆压力上限时停止注浆，随后应进行二次补强注浆。

3）注浆顺序

二次注浆应先压注可能存在较大空隙的一侧。

### 3.3.8 上软下硬地层中掘进技术保障措施

区间存在地层为全强风化岩层，中下部为中风化、微风化岩层，岩土强度较硬，不在掘进机洞身穿越范围内；中上部均属于上软下硬地层，掘进机在此地层掘进困难，易造成姿态控制困难和上部超挖，从而造成地面发生较大沉降，甚至发生塌陷。

在上软下硬地层掘进，可能发生掘进机偏移或被卡住，注浆不及时易产生地面沉降甚至塌陷、隧道管片破损以及掘进机损坏等许多难以预料的问题。

针对本区间上软下硬地层地质条件，掘进机掘进中采取了下列措施：

（1）做好补充地质勘探，查清上软下硬地层的位置和长度；掘进过程中不断观察出土情况，并结合推力、扭矩、速度、土压，以及渣土中石块的比例和大小，判断硬岩的比例，及时调整掘进参数。

（2）在岩层和土层同时存在的地段，应以硬岩的强度来进行刀具配置；掘进时采用土压平衡掘进模式，根据隧道顶部地质情况选择合适土压，适当降低土压有利于提高刀具的寿命。

（3）掘进机在上软下硬地层中掘进时，掘进机姿态容易向上抬，为了保持正确的掘进线路，应该合理控制上下千斤顶的推进油压。此时边缘滚刀承受最大的破岩压力，应选用重型破岩刀具。

（4）在上软下硬地段刀盘转动应该采用低转速，以减少滚刀与岩土分界面的冲击。

（5）加大发泡剂比例，以改善土体的流动性和土仓的温度，降低土仓温度有利于减少刀具磨损和偏磨现象的发生。

（6）下部是硬岩，掘进速度受硬岩制约而变慢，容易多出土，应以掘进机进尺来控制出土量，防止超挖，同时保证盾尾回填注浆。

### 3.3.9 防止管片上浮技术保障措施

在全断面硬岩地层中掘进，通常都会遇到管片上浮的情况，尤其是在大纵坡，小半径曲线段掘进，管片上浮更加严重，容易造成管片错台渗漏水情况的出现。为此，特制定以下措施来抑制管片上浮。

（1）做好二次双液注浆和同步注浆

在掘进机掘进的过程中，同步浆液配比需要保证浆液初凝时间较短，同时增大同步注浆压力，增大注浆量。在管片拖出盾尾 2 环时，及时进行二次注浆，浆液采用双液浆。

（2）掘进机姿态控制

掘进机过量的"蛇"形运动必然造成频繁的纠偏，纠偏的过程就是管片环面受力不均匀的过程，所以要求掘进机掘进过程中必须控制好掘进机的姿态，尽可能沿隧道轴线做小量的"蛇"形运动。发现偏差时应及时逐步纠正，不要过急过猛地纠正偏差，人为造成管片环面受力不均匀，每环管片纠偏量不应大于 3mm。

（3）合理控制掘进机掘进高程

通过结合以前地质情况相同的标段施工情况，在本区间施工过程中，及时将掘进机掘进高程降至设计轴线以下 30mm，以此来抵消后续掘进的管片上浮值，使隧道轴线最大限度地接近设计轴线。

## ✿ 3.4　EPB/TBM 双模掘进机下穿房群施工技术

### 3.4.1　施工简况

区间在里程 ZDK11 + 005～ZDK10 + 687 段，依次下穿百盛大厦、布吉新村、南门墩村等房区，目前南门墩村已基本拆迁完成。根据钻孔资料，推测百盛大厦桩长约为 8m。布吉新村区域房屋多为小于 6 层的房屋，根据走访调查，多为独立基础，部分为大于 6 层的房屋，存在桩基础，具体基础形式不详。掘进机掘进的扰动和不均匀沉降极易导致建（构）筑物开裂，严重时甚至发生倒塌事故。该区域地质主要为微风化角岩、中风化角岩和强风化角岩。

掘进机区间下穿建（构）筑物特点为：下穿房屋建筑物量多，房屋老旧，年代久远，对地表沉降控制要求十分严格；覆土较浅，对因隧道施工引起的沉降敏感。具体位置关系见图 3.4-1～图 3.4-4。

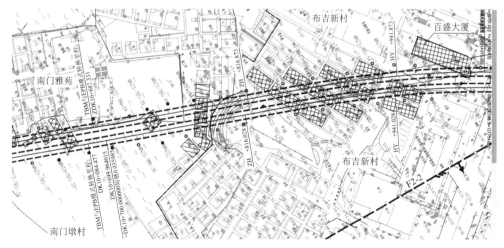

图 3.4-1　区间下穿房屋与区间结构位置关系图

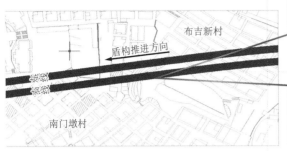

（1）工程地质情况：下穿南门墩村、布吉新村，区间地质为微风化角岩、中风化角岩和强风化角岩。

（2）位置关系：①区间左右线两台盾构位于南门墩村2~7层楼房正下方，与南门墩村2~7层楼房基础垂直距离24000~43000mm（原因为楼房基础不详）；②区间盾构下穿布吉新村，最小净距离为31.2m。

下穿南门墩村、布吉新村平面图

图 3.4-2　区间下穿布吉新村结构位置关系图

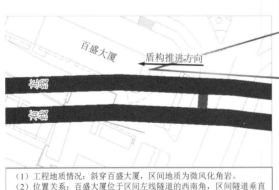

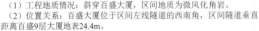

图 3.4-3　区间与南门墩村、布吉新村位置关系平剖面位置关系图

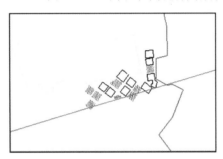

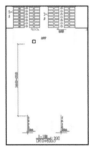

（1）工程地质情况：斜穿百盛大厦，区间地质为微风化角岩。

（2）位置关系：百盛大厦位于区间左线隧道的西南角，区间隧道垂直距离百盛9层大厦地表24.4m。

斜穿百盛大厦平面图

图 3.4-4　区间下穿百盛大厦结构位置关系图

## 3.4.2　地面应对措施

针对本工程掘进机下穿和侧穿的具体方案如下：

（1）根据设计文件要求，对设计采取加固措施的房屋在掘进机通过之前施作袖阀管，对房屋基础及地层进行预加固。

（2）加固范围根据隧道的埋深情况，从隧道外侧结构外延 6m。房屋基础周边设 2 排注浆孔，距房屋基础实际深度而定，袖阀管钻孔间距为 1m，孔径 76mm，袖阀管预埋管搭设范围覆盖整个加固区域。

（3）钻孔的深度为 5～8m。袖阀管注浆扩散半径为 1m（图 3.4-5）。

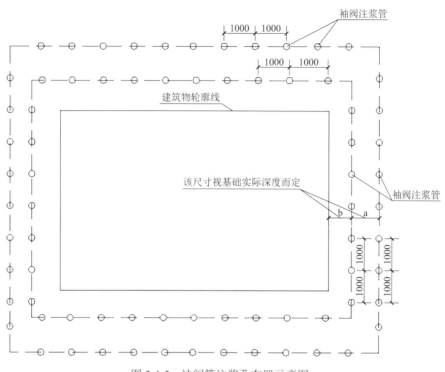

图 3.4-5　袖阀管注浆孔布置示意图

### 3.4.3　袖阀管施工流程及操作要点

1. 袖阀管施工流程

袖阀管注浆技术是通过潜孔钻进行倾斜 60°～70°打孔，首先钻孔前应先探明该位置是否有管线，确定无管线后开始钻孔，根据钻孔布置图定出孔位，孔位偏差 ≤50mm。钻机就位后，利用垂球结合水平尺检查钻机水平及钻杆垂直度，在钻孔过程中对钻孔偏差度进行检查，要求钻孔偏差度 ≤1%。袖阀管注浆工艺见图 3.4-6。

埋设注浆管路，采用循环注浆方式通过注浆泵将水泥浆液通过注浆管路均匀地注入土体中，以填充、渗透和挤密等方式，驱走砂层和黏土颗粒间的水分和气体，并填充其位置，通过水泥中所含矿物与土体中的水土分别发生水解、水化反应以及团粒作用等，形成悬浮胶体和团粒，硬化后形成强度大、压缩性小和抗渗性高、稳定性良好的水泥土。

水泥土结硬后，土体的孔隙率和含水率降低，密度加大，同时由于水泥土挤压土体，使土体变形能力增加，提高了变形模量，从而防止或减少房屋下方土体坍塌。土体孔隙率降低后还提高了土体的抗渗能力，减少地下水和周围水系对土体的水波动压力影响。

所以根据设计要求采用水泥浆压密注浆的施工方法来解决卵石地层加固止水的难题。注浆可以改善土体，快速形成止水帷幕，使其遏制土体运动；注浆还可以形成强度较高的水泥土，提高土体的变形能力，从而达到加固止水目的。

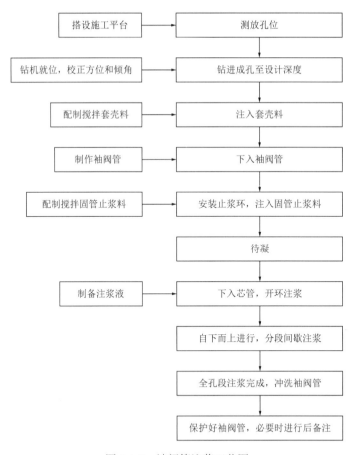

图 3.4-6　袖阀管注浆工艺图

**2. 施工操作要点**

（1）钻孔

成孔设备和钻孔方法的选择：由于打孔为 60°～70°倾斜钻孔，地质钻机无法达到施工要求，所以本次选用潜孔钻机施工。

钻机安装：底座水平，机身稳固可靠。调整钻机高度和角度对正孔位，将钻具放入孔口管内，使孔口管、立轴和钻杆在一条直线上，用罗盘、水平尺和辅助线检测立轴方向和倾斜角度。钻孔护壁：采用优质稀泥浆护壁。当砂层较厚、孔内坍孔时，用 $\phi$108mm 套管护孔，待孔内注入套壳料并下入袖阀管后，才将 $\phi$108mm 套管提出孔外。

钻孔顺序：钻孔和注浆是在同一排间隔施工。

钻孔要求：钻孔布置注意避开管线，且不得破坏既有的基础。

注意事项：开挖探坑的时候要格外注意未知管线，如发现未知管线应立即停止开挖，及时上报，待进一步明确之后方可继续施工。

（2）安装袖阀管、浇筑套壳料及固管止浆

钻孔至设计深度并采用清水洗孔后，立即将套壳料通过钻杆泵送至孔底，自下而上灌注套壳料至孔口溢出符合浓度要求的原浆液为止。依次下入按注浆段配备的袖阀花管和芯管，下管时及时向管内加入清水，克服孔内浮力，顺畅下入至孔底（图 3.4-7 和图 3.4-8）。

（3）灌入封闭泥浆（即套壳料）

套壳料一般以膨润土为主，水泥为辅组成，主要用于封闭袖阀管与钻孔孔壁之间的环状空间，防止灌浆时浆液到处流窜，在橡胶套和止浆塞的作用下，迫使在灌浆段范围内挤破套壳料（即开环）而进入地层。套壳料浇筑的好坏是保证注浆成功与否的关键，它要求既能在一定的压力下，压开填料进行横向注浆，又能在高压注浆时，阻止浆液沿孔壁或管壁流出地表。套壳料要求脆性要高，收缩性要小，力学强度适宜，既要防止串浆又要兼顾开环。

套壳料采用膨润土和水泥配制，配比范围为水泥：膨润土：水＝1：1.5：1.88，浆液相对密度约为 1.5，漏斗黏度 24～26s；实际施工时应通过多组室内及现场试验，选取最佳配比。根据工程中的要求，套壳料凝固时间和强度增长速率应控制在 2～5d 内可灌浆。

套壳料浇筑方法：成孔后，将钻杆下到孔底，用泥浆泵将拌好的套壳料经钻杆注入孔内注浆段。

固管止浆：在袖阀管外花管与孔壁之间的环状间隙处下入注浆管，在孔口上部 2m 孔段压入止浆固管料，直至孔口返止浓浆为止。止浆固管料采用速凝水泥浆，水：水泥＝1：1.5。可采用水玻璃或氯化钙作速凝剂。

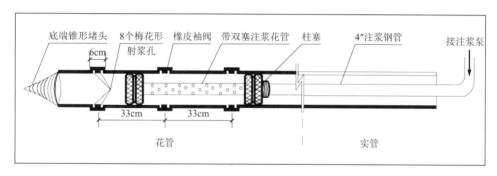

图 3.4-7　袖阀管结构示意图

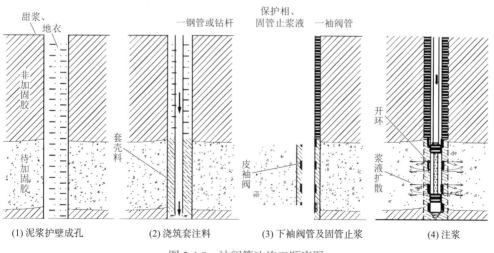

图 3.4-8　袖阀管法施工顺序图

### 3.4.4 所需材料及设备

灌注材料及配比：用 P·O 42.5 普通硅酸盐水泥作灌注主料，确定各种灌注材料的合理配比，在施工中使用的材料配比（重量比）如下：

袖阀管套壳料：水泥：膨润土：水 ＝ 1：1.5：1.88（重量比，配方由现场试验最后确定）；固管料为单液水泥浆，配比为：水：水泥 ＝ 1：1.5；

袖阀管注浆的浆液配比为：水泥：水 ＝ (0.8～1)：1，先稀浆后稠浆。

### 3.4.5 注浆效果检查

注浆完成后，在加固区范围内打设检查孔，检测注浆效果。取不少于注浆孔总数的 5% 打设探测孔，检查孔直径 110mm，路面检查孔深 2m，房屋旁检查孔深 0.5m，平均出水量 < 0.2L/min，也可采用任 1 孔出水量 < 5L/min；压力检查，在 1MPa 压力下，吸水量 < 2L/min；加固土体无侧限抗压强度不小于 1MPa，岩体 RQD 指标达到 75～80，渗透系数 $1 \times 10^{-5}$cm/s。满足上述条件，则认为注浆效果达到后方可进行掘进，同时应注意，加固后土体应具有良好的均匀性和整体性。完成检查后，应及时用 M10 的水泥砂浆进行全孔封堵，否则需补孔继续注浆，直到满足掘进要求。

### 3.4.6 地面房屋加固

掘进机下穿建筑物可能会对建筑物的地基产生不均匀沉降或隆起，综合考虑建（构）筑物与掘进机隧道关系、附近地质和周边环境等因素，应在掘进机通过前对隧道影响范围内的房屋地基采用地面袖阀管注浆的方式进行加固。通过袖阀管注浆来控制掘进机穿越建筑物时产生的不均匀沉降，减小掘进机对建筑物的影响，对建筑物进行良好的保护。钻孔布置注意避开管线，并不得破坏既有基础。掘进机下穿房屋处理措施示意图见图 3.4-9。

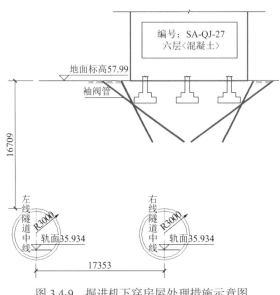

图 3.4-9 掘进机下穿房屋处理措施示意图

### 3.4.7　EPB/TBM 双模掘进机下穿石芽岭学校施工技术

#### 3.4.7.1　施工情况介绍

布吉站—石芽岭站区间下穿石芽岭学校 B 栋风雨操场段落左线设计起始里程为 ZDK13＋095.654，结束里程为 ZDK13＋121.098，左线长度 25.444m，右线设计起始里程为 DK13＋089.294，结束里程为 DK13＋140.821，右线长度 51.527m，侧穿石芽岭学校 C 栋综合楼段落右线设计起始里程为 DK13＋156.079，结束里程为 DK13＋167.975，右线长度 11.896m。

工程地质情况：下穿石芽岭校区，掘进机区间下穿操场最小净距为 1.48m，侧穿教学楼最小净距为 2.5m，隧道覆土厚度最小为 31m。区间地质为微风化角岩、中风化角岩和强风化角岩。

侧穿石芽岭学校 4 层综合办公楼（附带地下一层），桩底与区间右线垂直距离为 1.48mm，石芽岭学校 4 层 C 栋教学楼，桩底与区间右线水平距离 2.34m。下穿石芽岭校区，掘进机区间下穿操场最小净距为 1.48m，侧穿教学楼最小净距为 2.5m（图 3.4-10）。

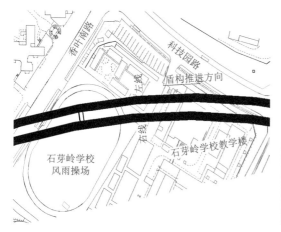

图 3.4-10　掘进机下穿石芽岭学校平面图

石芽岭学校风雨操场的桩基为预应力管桩（PHC），管径 0.5m，壁厚 0.1m，钢筋采用 $\phi$10.7mm 预应力钢棒，抗拉强度超过 1420MPa。根据设计资料，桩长约 25m，管节不超过 3 节，桩设计为摩擦端承桩，桩端持力层为强风化泥质粉砂岩。隧道在石芽岭学校范围内上覆土层为 27.1m 的素填土和 5.57m 的全风化角岩，土层的自稳性差，掘进机通过时存在较大的垮塌风险。石芽岭学校风雨操场的桩基持力层为强风化泥质粉砂岩，多处桩基处于隧道正上方和侧上方，隧道开挖时易造成桩端卸力，从而造成桩基不均匀沉降，进而导致上方建筑物倾斜开裂。

#### 3.4.7.2　应对措施

（1）掘进机穿越石芽岭学校时，采取以洞内措施为主，辅以地面加固、监测措施。

（2）施工前对石芽岭学校风雨操场进行检测和评估。

（3）采用洞内管片背后二次深孔加强注浆加固方式，管片背后注浆利用每环管片上预留的 16 个注浆孔进行。

（4）调整并确保掘进机性能良好，严格控制掘进参数，确保匀速、均衡、连续通过，严格控制地层损失率。

（5）掘进机通过前，在地下室内对掘进机下穿有影响的桩周进行双排袖阀管注浆加固，侧穿有影响的桩周进行单排袖阀管注浆加固，待加固强度形成后再进行掘进机掘进；盾构侧穿石芽岭学校 C 栋教学楼前，地面进行袖阀管注浆加固，待加固强度形成后再进行掘进机掘进。单排袖阀管间距 500mm，双拼袖阀管排间距 500mm，袖阀管加固地层深度 20m。同时，采用洞内管片背后二次深孔加强注浆加固方式，管片背后注浆利用每环管片上预留的 16 个注浆孔进行。袖阀管布置示意图见图 3.4-11。

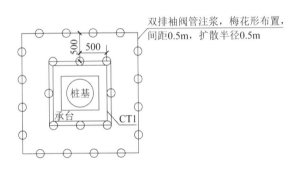

图 3.4-11　袖阀管布置示意图

（6）及时布设测点，穿越过程中加强对石芽岭学校风雨操场的监控量测，并根据监测结果及时调整掘进机掘进参数。严格控制掘进参数，确保匀速、均衡、连续通过。

（7）区间下穿石芽岭学校时，掘进机加强同步注浆与二次注浆，同步注浆采用水泥砂浆，注浆量为壁后缝隙体积的 220%～250%；二次注浆采用水泥-水玻璃双液浆，注浆量为同步注浆的 25%。

## 3.5　EPB/TBM 双模掘进机下穿既有地铁 5 号线、布吉河箱涵施工技术

### 3.5.1　工程概况

1）工程地质情况

区间隧道下穿既有地铁 5 号线、布吉河箱涵，区间地质为全风化、强风化、微风化角岩。

2）位置关系

（1）既有地铁 5 号线与区间隧道结构垂直距离 2140mm，隧道覆土厚度最小约 19.8m（图 3.5-1）。

（2）布吉河箱涵跨度约为 32m。下穿布吉河箱涵与区间隧道结构垂直距离 10.8m（图 3.5-2）。

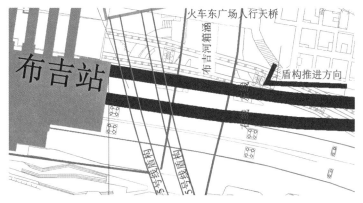

图 3.5-1　下穿越既有地铁 5 号线

图 3.5-2　下穿越既有地铁 5 号线与布吉河箱涵位置示意图

### 3.5.2　施工方法

（1）结合场地条件，拟对隧道重叠部位的地层采用袖阀管跟踪注浆，通过改善土体密实度，以降低掘进机浅埋段冒顶的施工风险；同时降低掘进机掘进时对既有隧道产生的附加应力。

（2）对受影响地段进行全面整修，轨道扣件拧紧，轨距水平调正，受影响地段每隔 3 对短轨枕设置一根绝缘轨距拉杆，受影响地段钢轨内侧安装防脱护轨，受影响地段设置警示标志，采用调高垫板调整轨面标高。

（3）掘进机掘进时遵循"连续掘进、顺利通过"的原则，选用复合式掘进机，选用熟练操作手，动态优化主要掘进参数（如土仓压力、推进速度、刀盘转速和推力等），优化外加剂配比，改良泥膜，控制出土量，做好壁后注浆。

（4）掘进机刀盘到达穿越段里程时，停机对盾尾倒数三环注双液浆进行加固，掘进通过时每环都加大注浆量。

（5）地面设置监测点，定时进行监控量测，及时掌握地面沉降情况，为掘进机掘进提供参数依据，确保掘进机顺利通过。

### 3.5.3　技术控制要点

（1）袖阀管布孔间距为 1m，梅花形布置，加固体距离既有隧道结构净距按 1m 进行控制。

（2）对既有隧道的技术控制

保证既有结构裂缝不贯通，且宽度≤0.2mm、掉块深度≤10mm，管片掉角长度≤30mm，并不得露筋，运营速度≤15km/h。

（3）监控量测的技术控制

结构绝对沉降(隆起)值≤10mm，变形速率≤4mm/年，纵向变形曲率半径 $R$≥15000m，隧道相对变曲≤1/2500，左右轨不均匀沉降值≤10mm，自动化监测项目频率：施工关键期：1 次/30min，一般施工状态：1 次/2h（从开工前一周至数据稳定为止），人工监测项目频率：1 次/d（从开工至竣工后数据稳定为止，夜间停运后进行）。接触网距离轨面高度≥4000mm，纵向坡度≤0.6%，与培体和列车的静态净距≥150mm，动态净距≥100mm，绝对最小动态净距≥60mm，轨道变形控制：正线：轨距−2～+4mm，水平：3mm，高低：3mm，方向：3mm。自动化监测控制标准见表 3.5-1，人工监测控制标准见表 3.5-2。

自动化监测控制标准　　　　表 3.5-1

| 序号 | 监测对象 | 监测项目 | 监测精度 | 监测频率 | 监测周期 |
| --- | --- | --- | --- | --- | --- |
| 1 | 区间隧道结构 | 隧道结构沉降及差异沉降 | 0.1mm | 施工关键期：1 次/30min<br>一般施工状态：1 次/2h | 工程施工前 1 周开始至完成后监测数据稳定为止 |
| 2 | 轨道道床结构 | 沉降结构 | 0.1mm | 施工关键期：1 次/30min<br>一般施工状态：1 次/2h | 工程施工前 1 周开始至完成后监测数据稳定为止 |

人工监测控制标准　　　　表 3.5-2

| 序号 | 监测对象 | 监测项目 | 监测精度 | 监测频率 | 监测周期 |
| --- | --- | --- | --- | --- | --- |
| 1 | 区间隧道结构及轨道道床结构 | 人工巡查 |  | 下穿施工期间及施工结束后 7d，每天夜间列车停运后进行一次，之后根据监测数据情况逐步调整 | 工程施工期间及工程竣工后监测数据稳定为止 |
| 2 | | 隧道结构沉降及差异沉降 | 0.3mm | | |
| 3 | | 轨道结构沉降及差异沉降 | 0.3mm | | |
| 4 | | 道床结构与结构底板标高情况 | 0.3mm | | |
| 5 | | 道床结构与隧道结构裂缝 | 0.3mm | | |
| 6 | 轨道 | 轨道几何形位检查 | 0.3mm | | |

## 3.6　EPB/TBM 双模掘进机下穿地铁桥桩施工技术

### 3.6.1　施工情况介绍

EPB/TBM 双模掘进机下穿地铁 3 号线桥桩简介如下。

区间在左线里程 ZDK103＋372 及右线里程 YDK103＋402 段，分别需要截断地铁 3 号线 6 根桥桩及下穿既有桥桩；该处为地铁 3 号线布草高架区间，区间左线结构与桥桩重合达 4.119m，需要施作桩基托换后进行掘进机截桩，区间右线结构与桥桩最小平面距离为 2.719m，桩端距离区间结构垂直距离为 1.85m。此段区间结构范围内主要为微风化和强风化角岩。相关位置图见图 3.6-1～图 3.6-4。

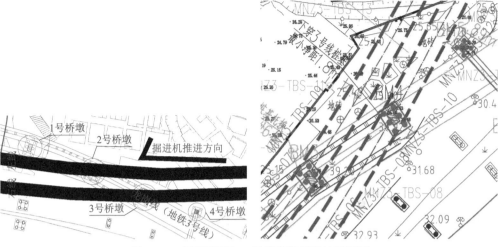

图 3.6-1　区间隧道与 3 号线高架桥桥桩平面图

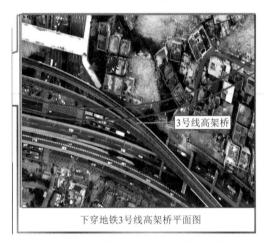

图 3.6-2　区间结构与地铁 3 号线平面位置图

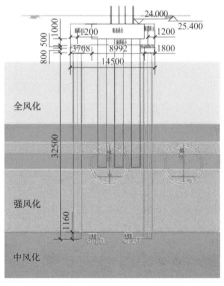

图 3.6-3　掘进机下穿 BM3 号桥墩剖面图

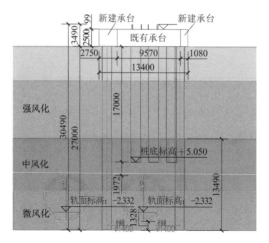

图 3.6-4　掘进机下穿 BM4 号桥墩剖面图

### 3.6.2　加固措施

对 BM3 号桩基进行桩基托换，对 BM4 号桩基进行补桩加固。具体应对措施如下：

（1）对受掘进机掘进影响最大的 1 号桥墩进行桩基托换，同时对掘进机掘进范围内的地层进行袖阀管注浆加固，掘进机掘进时采用掘进机磨桩穿过。

（2）对 2 号桥墩进行桩基托换处理。

（3）在掘进机下穿桥桩前告知产权单位，并与产权单位一起做好应急准备。

（4）双模掘进机掘进至该区域之前，与第三方监测单位一起在桥桩附近布设监测点，并读取初始值，为后续掘进机下穿监测做好准备。

（5）掘进机掘进至距桥桩一定距离时，加大地面监测频率，并实时分析监测数据变化值；做好桥梁的监控量测，根据监测结果调整掘进机掘进参数并加强注浆技术，确保沉降控制在允许范围内。

（6）施工过程中控制掘进参数，结合地质情况对掘进机的推进速度、顶进力、同步注浆、二次注浆严格控制，加强掘削面的稳定控制；及时进行二次注浆，并在地面进行跟踪注浆。

（7）施工过程中安排专人在地面值守，并与井下人员保持联系，随时反映地面出现的异常情况。

（8）对各种风险进行预判，做好针对性应急措施。制定应急预案，储备好应急物资，以备应急所需。

（9）双模掘进机穿越桥梁之前，建立试验段，掌握地面沉降与掘进机掘进参数之间的关系，为掘进机穿桥梁时掘进参数的准确设定提供最直接的依据。

### 3.6.3　掘进机下穿桥桩控制措施

1. 地面监测点布置原则

（1）监测频率：当掘进面距离监测断面前后 ≤20m 时，2 次/d；当掘进面距离监测断

面前后 ≤ 50m 时，1 次/d。

（2）在区间隧道上方的地表沉降测点，加强地表监测。

2. 严格控制过风险源的掘进参数

根据模拟段实际施工参数及施工情况，制定下穿 3 号线桥桩施工相关参数，以确保满足桥桩沉降在允许范围之内。

（1）严格控制出土量，禁止发生超挖、欠挖等现象。

对出渣量采取双控制管理措施，第一，通过油缸行程管理对渣土的体积统计；第二，通过对出渣的重量称重，统计每环出渣量的总重量，并及时与体积记录相复核，根据每环的行程量及出渣情况统计分析，得出出渣情况超欠挖分析报告。

（2）严格控制同步注浆量和浆液质量，并进行二次注浆。

利用管片吊装孔（兼注浆孔）进行打孔，根据地质及掘进情况，选择合适的时机对隧道周边一定范围内的地层进行注浆加固。

通过同步注浆系统及二次注浆系统及时填充盾尾间隙，减少施工中对土体的扰动，从而减小土体变形。二次注浆考虑采用水泥-水玻璃双液浆。

（3）在掘进机正式掘进过深惠立交 1 号匝道桥桩之前，对掘进机各个系统进行检修，以确保掘进机在穿越时以最佳状态匀速、同步的掘进，同步注浆量、出渣量、泡沫和油脂的注入量与掘进速度同步。

（4）掘进机施工过程中，进行系统、全面的监控测量，实行信息化施工。

3. 全面加强设备检查及维护

在掘进机穿越 3 号线桩前，对掘进机进行专门的检查和维护保养，目的是保证掘进机无故障地进行 24h 连续掘进，快速通过桥桩，主要项目如下：

（1）螺旋输送机仓门及控制系统，要求对螺旋输送机仓门及控制系统进行全面检查，保证螺旋输送机及仓门的完好。

（2）密封，为保证铰接密封效果，在维护检查过程中，对铰接装置的密封情况做重点检查。

（3）盾尾密封，在掘进时保证掘进机后部不会发生漏水漏砂现象，做好盾尾油脂的压注工作，在掘进过程中及时加注盾尾密封油脂，保持盾尾密封良好。

（4）停机检查期间，对电瓶车、拌浆系统、浆车等配套设备做好维护保养，保证完好率。

4. 人员准备

人员准备充分，保证 24h 连续推进，掘进机掘进实行两班作业运转。即白班、夜班，每班每天作业 12h，工作 1d。作业人员运转正常，保证掘进机 24h 连续掘进。

5. 掘进机掘进方向的控制与调整

推进油缸按上、下、左、右分成四个组，每组油缸都有一个带行程测量和推力计算的推进油缸，根据需要调节各组油缸的推进力，控制掘进方向。

在实际施工中，由于管片选型错误、掘进机司机操作失误等原因掘进机推进方向可能会偏离设计轴线并超过管理警戒值；在稳定地层中掘进，因地层提供的滚动阻力小，可能会产生盾体滚动偏差；在线路变坡段或急弯段掘进过程中，有可能产生较大的偏差，这时就要及时调整掘进机姿态、纠正偏差。掘进机在内侧的偏移量宜控制在20mm以内，掘进机前点每次纠偏小于3mm。随着掘进机推进导向系统后视基准点需要前移，须通过人工测量来进行精确定位。为保证推进方向的准确可靠，每10m（8环左右）进行一次人工测量，以校核自动导向系统的测量数据并复核掘进机的位置、姿态，确保掘进机掘进方向的正确。

### 6. 防止地面冒浆

控制同步注浆压力，保证掘进机上方土体稳定，压浆引起的泥水压力不大于掘进机顶部的垂直压力。严格控制同步注浆压力，并在注浆管路中安装安全阀，避免压力过高而顶破覆土。

施工中加强监控，在覆土层较薄的条件下，超量出土会引起桥桩沉降，形成漏斗通道，危及掘进机施工安全。调整掘进机切口、盾尾偏差值；在掘进机穿越过程中必须严格控制切口土压力，同时严格控制与切口土压力有关的施工参数，如推进速度、总推力、出土量等，尽量减少土压力的波动；严格控制掘进机纠偏量；保证掘进机处于良好姿态，减少对土层的挤压和扰动。

### 7. 掘进时的控制和加强地面巡视

加强土压力设定与实时土仓压力的控制。在穿越前，计算出每环掘进时的理论土压力，给掘进机司机及管理人员有一个直观的认识。

每小时派人对高速公路进行人工观察，发现地面冒泡等异常现象，立即通知施工班组及现场管理人员。对异常现象分析，必要时停止掘进机掘进，防止上部覆土被击穿。

### 8. 人、机、物等的保证措施

在掘进机进入高速公路段前，项目部应组织人员，对掘进机及相应辅助设备、施工人员，及物资储备等进行充分检查。确保在穿越过程中，掘进机能24h连续推进。

在掘进机进入高速公路段范围时，应保持低速运行。为防止由于掘进机上部覆土层较薄，造成掘进机上浮及覆盖土冒顶，可适当"叩头"推进，保持24h连续作业，并适当减少掘进机出土量，以减少推进过程中对深惠立交1号匝道桥桩段土体的扰动。

### 9. 掘进机下穿绕城高速公路参数设定

根据本区间隧道的埋深及地质情况，按照"控制欠压、充分注浆、主动防护"等原则进行设定。

（1）掘进机推进速度控制在30～40mm/min；

（2）千斤顶总推力控制在800～1000t；

（3）刀盘转速在1～1.5rpm；

（4）刀盘扭矩控制在1000～4500kN·m；

（5）土压控制在0.6～1bar；

（6）每环同步注浆量控制在6～8m³，注浆压力控制在2.5～4bar。

严格出土量管理，根据刀盘转速确定螺旋输送机转速，每环出土量控制在58～62m³，减少土体扰动；掘进机轴线控制偏离设计轴线不大于±20mm，严禁在过深惠立交1号匝道桥桩时超量纠偏、"蛇"形摆动。

## 3.7　EPB/TBM 双模掘进机到达

### 3.7.1　EPB/TBM 双模掘进机接收施工内容及流程

布吉站—石芽岭站区间掘进机接收是指区间贯通后，掘进机从预先施工完毕的洞口处进入车站内的整个施工过程，以主机推出洞门爬上接收装置、接收洞门段二次注浆封闭完成。掘进机到达工艺流程见图 3.7-1。

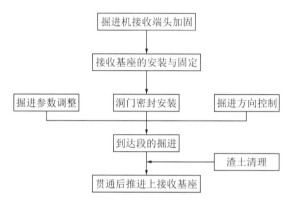

图 3.7-1　掘进机到达工艺流程图

（1）布吉站—石芽岭站区间布吉站接收端头地层加固；

（2）左右线掘进机贯通之前 100m、50m 两次对掘进机姿态即自动导向系统进行人工复核测量（不包括业主要求的贯通前 150～200m 的线路复测）；

（3）布吉站小里程接收洞门位置及轮廓复核测量；

（4）根据前两项复测结果确定掘进机姿态控制方案并进行掘进机姿态调整；

（5）接收洞门处理；

（6）掘进机接收装置准备；

（7）最后 10 环管片拉紧；

（8）渣土清理；

（9）导轨安装及掘进机接收装置就位（包括过站钢板铺设等）、加固；

（10）洞门防水装置安装及掘进机推出隧道；

（11）洞门注浆堵水处理；

（12）掘进机爬上接收装置、接收洞门段二次注浆封闭完成等。

### 3.7.2　掘进机到达施工注意事项

掘进机到达前检查端头土体加固质量，确保加固质量满足设计要求。到达前，在洞口内侧准备好沙袋、水泵、水管、方木等应急物资和工具。准备洞内、洞外的通信联络工具和洞内的照明设备。

增加地表沉降量测的频次，并及时反馈监测结果指导施工。橡胶帘布内侧涂抹黄油，避免刀盘刮破帘布而影响密封效果。在掘进机刀盘距离洞门掌子面 0.5m 时，应尽量出空土仓内的渣土，减小对洞门及端墙的挤压以保证凿除洞门混凝土的安全。在掘进机贯通后安装的几环管片，要保证注浆饱满密实，并且一定要及时拉紧，以防引起管片下沉、错台和漏水。

### 3.7.3 掘进机接收端参数控制

布吉站—石芽岭站区间接收端根据地质情况确定合理的掘进施工参数，使总推力、推进速度、土仓压力、出渣速度及出渣量、注浆参数、渣土改良相协调。掘进机进入加固体后的总的要求是：低速度、小推力、合理的土仓压力和及时饱满的同步注浆量。确保掘进机接收的总体安全。具体掘进参数根据施工经验见表 3.7-1。

掘进机接收端掘进参数表　　　　　　　　表 3.7-1

| 项目 | 土压<br>（bar） | 掘进速度<br>（mm/min） | 扭矩<br>（kN·m） | 推力<br>（t） | 刀盘转速<br>（r/min） | 改良方式及<br>注入量<br>（L/环） | 出渣量<br>（m³/环） | 同步注浆量<br>（m³/环） | 同步注浆压力<br>（bar） |
|---|---|---|---|---|---|---|---|---|---|
| 接收端 50m | 0.9～1.5 | 40～60 | 1100～1300 | 600～1000 | 1.0～1.3 | 泡沫 220 | 60～80 | 6～7 | 2.5～0.4 |
| 接收加固区 | 1.5～1.8 | 3～10 | 1200～1500 | 1000～1500 | 0.8～1.2 | 泡沫 110 | 60～85 | 6～9 | 2.5～0.4 |

（1）第一道环箍位置：掘进至第 11 环时，后三环注入水泥浆做第一道环箍，要求从下至上的顺序全环封环注入，保证注入质量。

（2）第二道环箍位置：掘进至第 5 环时，后三环注入水泥浆做第二道环箍，要求从下至上的顺序全环封环注入，保证注入质量。

（3）过加固区时掘进机参数：推进速度 15～20mm/min，推力 800～1000t，扭矩严格控制在 2.0MN·m 以内，适当注入泡沫，逐渐减小土仓压力。

（4）第三道环箍及破洞门掘进参数：推进速度 5～10mm/min，推力 800t 以内，扭矩严格控制在 1.5MN·m 以内，上部土压逐渐减小到零，敞开式推进，刀盘破除洞门前 100mm 注入第三道水泥浆。

（5）刀盘破除洞门，停止注入泡沫，未被帘布包裹掘进机前应停止同步注浆，待帘布包裹盾体后再次开启同步注浆，并视情况进行补浆。盾体爬上托架后尽快焊接防侧滚挡块，以保证管片拼装质量。

（6）隧道贯通后通过管片注浆孔对环箍位置进行二次注浆封环施工，保证环箍密封质量。

（7）在掘进机进站时，很有可能因为刀盘的旋转损坏橡胶帘布或者使插形压板发生位移。所以，在掘进机进站时，要注意对橡胶帘布的保护，并及时调整洞门插形压板。

### 3.7.4 掘进机接收托架安装准备

（1）清理布吉站大里程接收端头：主要清理端头井内的水和泥等杂物。

（2）复测布吉站接收洞门环：接收前，需要对现有洞门钢环相对设计轴线的位置进行复核测量，根据实测洞门环位置安装接收架及调整掘进机掘进控制。

（3）测量定点：为最大限度地减小接收架对盾体的影响，接收架的中线在接收端头缓和曲线的延长曲线内的割线上。

（4）复测调整：支墩摆放完毕后进行标高复测，如果存在偏差即进行调整。

（5）吊装接收托架：50t 汽车起重机独立完成接收架的吊装。进行标高复测并调整后，焊接固定。

（6）前后支撑：接收托架的前部与车站的内衬墙之间焊接 200H 型钢，对接收托架进行支撑，型钢上焊接轨道与接收架上轨道连接成整体。

（7）两侧支撑加固：托架两侧做横撑，顶在车站主体结构的内衬墙上，防止接收架的侧滑。

### 3.7.5　接收端管片紧固

掘进机到达接收加固段，掘进机推力减小。当隧道贯通后，掘进机前方没有了反推力，将造成管片与管片之间的环缝连接不紧密而产生漏水，因此，必须采取有效的措施保证最后管片的拼装质量。具体如下：

（1）拉紧装置，将最后 20 环管片一环接一环地用槽钢连接。先在环向手孔处拼装特制钢板，并用管片螺栓拉紧，然后每拼装一环管片后将角钢与钢板焊接。使最后 20 环管片连成整体，防止管片松弛而影响密封防水效果（图 3.7-2）。

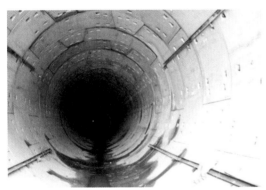

图 3.7-2　管片拉紧与洞门钢环拉紧

（2）合理管片拼装点位，避免盾尾硬性拖拉管片。管片拼装的点位要综合考虑线形要求和盾尾间隙，在两者不能同时满足时，优先考虑盾尾间隙，保证隧道衬砌的质量。

（3）当盾尾进入端头土体加固区后，缩短同步浆液的凝固时间。当盾尾推出洞口密封环后，迅速调整洞口扇形压板位置，保证洞口临时封堵的效果。

（4）当掘进机前盾被推出洞门时通过压板卡环上的钢丝绳调整折叶压板使其尽量压紧帘布橡胶板，以防止洞门泥土及浆液漏出。在管片拖出盾尾时再次拉紧钢丝绳，使压板能压紧橡胶帘布，让帘布一直发挥密封作用。

（5）由于掘进机到站时推力较小，洞门附近的管片环与环之间连接不够紧密，因此，需做好后 20 环管片的螺栓紧固和复紧工作。

### 3.7.6　主要技术要点与措施

（1）到达前 200m，每 50m 进行导线和高程测量多级复测，并报监理审核，同时应对到达洞门进行测量，以精准确定其位置，并固定接收基座。

（2）以 50m 为起点，结合洞门位置，参照设计线路，制定严格的掘进计划，落实到每一环。

（3）到达前 30m 掘进为到达段施工，在本段施工中主要采取辅助措施加强管片环间连接，以防掘进机掘进推力的减少引起环间松动而影响密封防水效果。

（4）针对到达前 6 环的掘进编制详细的技术交底，对掘进参数、施工技术措施、施工注意事项等进行明确，以确保到达端墙的稳定和防止地层坍塌。

（5）到达前 6 环的注浆材料配合比要进行调整，必要时可通过掘进机壳体设置的孔向盾壳外注入特殊的止水材料，以防涌水、涌泥而引起地层坍塌。

### 3.7.7　掘进机拆卸及吊出

1）拆卸及吊装设备

掘进机由 350t 履带起重机吊装拆除。拆卸主要设备如下：350t 履带起重机 1 台，100t 液压千斤顶 2 台，小型泵站 1 台以及相应的吊具。

2）拆卸顺序

（1）拆卸场地水、电等工作的准备到位。

（2）掘进机械构件部分、液压部分、电气部分标识。

（3）掘进机出洞。

（4）主机与后配套的分离，拆解液压电气管线。

（5）主机拆卸：刀盘→盾尾→螺旋输送机→管片安装机→前盾→中盾。

（6）中盾、前盾、刀盘、盾尾、螺旋输送机均需由 350t 履带起重机拆卸、翻转。

（7）拆卸后配套拖车行走轨道铺设完成后，方可进行后配套的拆卸吊出。

（8）后配套的拆卸：设备桥→1 号拖车→2 号拖车→3 号拖车→4 号拖车→5 号拖车→6 号拖车→7 号拖车→8 号拖车。

（9）设备桥拆卸：拆卸时由 350t 履带起重机大小钩配合倾斜吊出。

（10）拖车间拆解管线和连接杆，拖车由电瓶机车牵引至拆卸井，再由 350t 履带吊出。

3）拆卸的技术措施

（1）掘进机拆卸前必须制定详细的拆卸方案与计划，同时组织有经验的、经过技术培训的人员组成拆卸班组。

（2）履带吊工作区应铺设钢板，防止地层不均匀沉陷。

（3）大件拆卸时应对车站端头墙进行严密的观测，掌握其变形与受力状态。

（4）拆卸前必须对所有的管线接口进行标识（机、液、电）。

（5）所有管线接头必须做好相应的密封和保护，特别是液压系统管路、传感器接口等。

（6）掘进机主机吊耳的布置必须使吊装时的受力平衡，吊耳的焊接必须由专业技术工人操作，同时必须有专业技术人员进行检查监督。

4）拆卸的安全保护措施

（1）掘进机的运输、吊卸由具有资质的专业大件吊装运输公司负责。

（2）项目部指定生产副经理负责组织、协调掘进机拆卸工作，并组建专业班组。

（3）每班作业前按起重作业安全操作规程及掘进机制造商的拆卸技术要求进行班前交底，严格按有关规定执行。

# 第 4 章 >>>

# EPB/SPB 双模掘进机施工技术

近年来我国地下空间建设飞速发展，隧道掘进机的应用越来越广泛，但是在长距离隧道、高地下水压及地层渗透性差异较大的复合地层中，单一模式的掘进机很难同时满足施工安全和掘进效率的要求，因此，多模式掘进机应运而生，发展迅速。EPB/SPB 双模掘进机，兼具 EPB 掘进机和 SPB 掘进机两种掘进模式，将 EPB 和 SPB 掘进机的功能部件布置在同一台掘进机上，同时配备螺旋输送机和泥浆管来排出渣土；掘进机掘进时依据地质情况、水文条件和施工需要，通过对开挖面支撑方式以及刀具、出渣运输系统和其他设备的调整，进行平衡模式的灵活切换。EPB/SPB 双模掘进机根据施工需要自由快捷地切换掘进模式，极大地提高了施工效率，减少了施工周期，能够更好地控制地面沉降，提高施工的安全性。

## ❀ 4.1 EPB/SPB 双模掘进机正常工况施工技术

南宁地铁 5 号线五一立交站—新秀公园站区间（以下简称"五新区间"），隧道左线 2091m，右线 2098m。该隧道由邕江南始发，下穿南岸沿线建筑物、邕江江底至江北新秀公园站接收。右线采用中铁 685 号国内首台直控式 EPB-SPB 双模掘进机施工，左线采用中铁 314 号直控式 SPB 掘进机施工。针对南宁地铁 5 号线五新区间的地面施工条件以及地质和水文特点，设计制造了国内首台气垫式直排 EPB/SPB 双模掘进机用于五新区间右线施工，该掘进机在粉细砂、圆砾复合地层中下穿建筑物时采用 SPB 模式，可以精准控制沉降；在全断面泥岩地层中采用 EPB 模式，具有排渣能力强、掘进效率高的优点。

### 4.1.1 掘进机选型设计技术

1. 掘进机选型

（1）区间重难点

①圆砾、泥岩复合地层中刀盘刀具易磨损

根据南宁市轨道交通 1 号线、2 号线、3 号线类似地层掘进情况，掘进机在圆砾、泥岩复合地层中掘进时很容易出现刀盘、刀具磨损现象，SPB 掘进机掘进 300 环左右需开仓检查更换刀具，EPB 掘进机掘进 450 环左右需检查更换刀具。

②全断面粉砂质泥岩地层掘进施工中极易结泥饼、堵仓，掘进效率低

掌子面较硬、较脆，遇水后软化黏性大幅度增加，在土仓和管路内易相互之间粘结，

形成大的黏土块，易堵塞土仓内出浆口和整个管路，造成环流不畅通，仓压波动大，严重影响掘进效率。由于堵塞严重，出渣一股一股，会造成泥浆泵损坏，泥浆软管爆裂等问题。在泥岩地层掘进时，土仓内存在渣土滞排问题。由于渣土滞排造成土仓内渣土堆积，刀盘、牛腿和土仓结泥饼，大大加剧刀具异常磨损，减小刀具寿命，容易糊刀箱。

③掘进区间始发段下穿建筑物风险高

始发段地质主要穿越粉土、粉细砂层、圆砾层地层及复合地层，地层自身稳定性较差，建筑物密集且年限久远，基础均为 1～2m 浅基础，掘进机穿越期间地表沉降控制风险高。

④掘进机下穿邕江施工安全风险大

区间隧道在里程 DK18＋900～DK19＋500 范围下穿邕江河床，下穿段邕江水面宽约400m，常水位深为 13m，隧顶距离江底河床最近距离约为 10.5m，穿越江底时净水压力可达 3bar，穿越邕江时，由于局部掘进机覆土较浅，可能造成覆土击穿、冒顶等事故。区间线路进出邕江范围均为圆砾、泥岩的复合段，圆砾层渗透性强且与邕江水系连通，仓压压力或其他参数异常的时候，可能造成覆土击穿、冒顶等事故。

⑤带压进仓风险高

根据以往施工经验，区间需要选择合适地层带压进仓检查更换刀具，带压进仓风险高。

（2）掘进机参数及现状

2 台掘进机参数如表 4.1-1 所示。

2 台掘进机参数表　　　　　　　　　　　　表 4.1-1

| 序号 | 内容 | 单位 | 参数表 | |
|---|---|---|---|---|
| | | | 中铁装备 314 号 SPB 掘进机 | 中铁装备 685 号 SPB/EPB 双模掘进机 |
| 1 | 型号 | | 中铁装备 314 号 SPB 掘进机 | 中铁装备 685 号 SPB/EPB 双模掘进机 |
| 2 | 开挖直径 | mm | 6300 | 6280 |
| 3 | 刀盘转速 | r/min | 0.3～3 | 0～3.35 |
| 4 | 刀盘开口率 | % | 45 | 45 |
| 5 | 最大推力 | t | 3991 | 3991 |
| 6 | 额定扭矩 | kN·m | 5200 | 6650 |
| 7 | 脱困扭矩 | kN·m | 6300 | 8100 |
| 8 | 主机总长 | Mm | 9524 | 9524 |
| 9 | 适用管片规格（外径/内径－宽度/分度） | / | φ6000/5400～1500/36° | φ6000/5400～1500/36° |
| 10 | 最大工作压力 | bar | 3 | 3 |
| 11 | 最大设计压力 | bar | 6 | 6 |
| 12 | 装机功率 | kW | 1728 | 2288 |
| 13 | 水平转弯半径 | M | 250 | 250 |
| 14 | 纵向爬坡能力 | % | ±50 | ±50 |

通过中铁装备 685 号 SPB/EPB 双模掘进机和南宁轨道交通 3 号线中铁装备 314 号掘进机参数对比，中铁装备 685 号 SPB/EPB 双模掘进机继承中铁装备 314 号 SPB 掘进机所有优点外，掘进机额定扭矩、脱困扭矩和装机功率均有相应的提高，根据南宁轨道交通 3 号线青市区间复合地层和全断面泥岩段掘进参数汇总分析，中铁装备 685 号双模掘进机的

参数满足符合 5 号线五新区间地层全断面泥岩段掘进需求。

（3）针对性设计及改造

①采石箱改造

采石箱采用 3 号线比较成熟的搅拌采石箱设计，采石箱密封设计采用砂浆罐设计形式承压密封。采石箱为适应全断面泥岩地层掘进，在采石箱位置设置旁通管路。采石箱密封设计如图 4.1-1 所示。

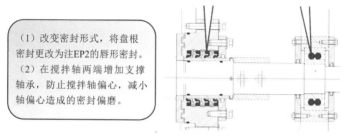

图 4.1-1　采石箱密封设计

②P2.1 泵设计优化

根据南宁 3 号线青市区间左线施工情况，原设计 P2 泵出口软连接设置位置不合理，易造成泵壳口断裂，现已将出口软连接位置调整为 P2.1 泵出口处，并对软连接后的出浆管路加强固定，减少管路对泵头作用效果，并加强 2 号拖车右侧平台结构强度，确保 P2 泵的支撑强度。P2 泵出口管路布置优化如图 4.1-2 所示，P2 泵基础结构优化如图 4.1-3 所示。

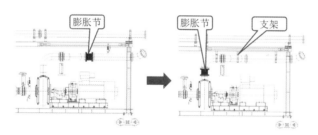

图 4.1-2　P2 泵出口管路布置优化

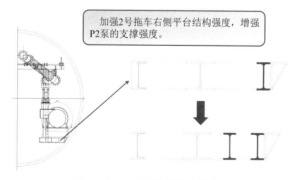

图 4.1-3　P2 泵基础结构优化

③中铁装备 314 号掘进机拖车上稳压系统设计

由于南宁 5 号线五新区间始发段至 350 环位置，为穿越复杂建筑物，地表沉降控制要求高，为解决直排式 SPB 掘进机相对于气垫式 SPB 掘进机仓压波动稍大问题，在进浆管路上设计安装 5 方容量的气垫包，缓冲压力波动，达到精准控制沉降的效果。中铁装备 314 号稳压系统设计如图 4.1-4 所示。

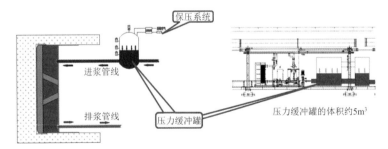

图 4.1-4　中铁 314 号稳压系统设计

④中铁装备 685 号双模掘进机拖车上稳压系统设计

土仓和气垫仓采用两个连通管，保证土仓内压力传入气垫仓，通过气垫仓保压系统控制压力平衡。土仓和气垫仓能联通循环，又能单独循环，气垫仓单独循环为洗气垫仓过程（此过程循环不进土仓）。中铁装备 685 号稳压系统设计如图 4.1-5 所示。

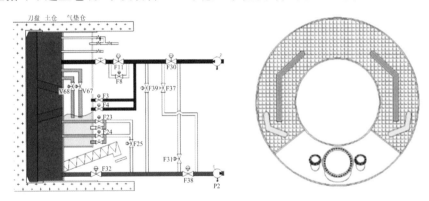

图 4.1-5　中铁装备 685 号稳压系统设计

### 2. 掘进机运输进场

（1）运输线路调查、选择

提前调查掘进机组装厂至工地的运输线路，运输线路应符合下列条件：运输线路通过的道路、桥梁等满足掘进机运输荷载要求。运输通过道路需满足掘进机宽、高要求，道路转弯半径不可过小，以能满足最长掘进机设备运输要求为原则。对所选路线交通流量进行了解，尽量减少掘进机运输期间对道路交通造成的影响。

（2）交通疏解与道路整修

按照上述要求初步选定运输线路后，绘制运输线路图，编制运输计划与时间安排。必要时立即与当地交通管理部门进行沟通，以获得交通管理部门的指导与协助。若需进行交通疏解时，应按照交通管理部门的要求做好交通疏解工作。若在线路调查过程中发现有不能满足运输要求的路段时，应对不能满足要求的路段进行相应整修，以满足掘进机运输要求的条件。

### 3. 掘进机组装、调试

（1）组装与调试程序

组装开始前把组装方案向所有参加组装的人员进行技术交底，便于理解和执行。组装前编制有关的基础知识读本并对职工进行培训。对于机械部件的组装，组装前需要弄清其结构及安装尺寸的关系、螺栓连接紧固的具体要求等机械安装的基本常识，同时自始至终保持清洁的习惯。组装前必须先检查泵、阀等液压件的封堵是否可靠，如有可疑情况或管件在组装前没有充满油液，必须进行严格清洗。对于高低压设备和电气元件的安装，严格执行制造厂所提供的有关标准和我国电力电气安装的有关规定和标准。组装前必须对所使用设备、工具进行安全检查，杜绝一切安全隐患，保证组装过程安全顺利进行。

（2）掘进机组装

①组装场地及吊装设备

掘进机吊装施工拟配备一台 260t 履带吊机，作为主力吊机，配备一台 130t 汽车式起重机，作为辅助吊机，负责掘进机部件吊装施工及钢套筒吊装。

②掘进机组装顺序

本工程掘进机组装采用整机一次组装始发的方式进行。井内放置的始发台精确定位及后配套拖车处的轨道铺设完成后，方可进行掘进机的下井组装，组装顺序为：8 号拖车下井→后移组装连线→7 号拖车下井→后移组装连线→6 号拖车下井→后移组装连线→5 号拖车下井→后移组装连线→4 号拖车下井→后移组装连线→3 号拖车下井→后移组装连线→2 号拖车下井→后移组装连线→1 号拖车下井→后移组装连线→连接桥下井→后移组装连线→前体下井组装→中体下井组装→刀盘下井组装→管片安装机下井组装→盾尾下井组装→主机与连接桥、拖车连接→空载调试。掘进机组装顺序如图 4.1-6 所示。

(a) 钢套筒定位安装　　　　(b) 后配套拖车下井　　　　(c) 设备桥下井

(d) 吊装前体　　　　(e) 组装前体与中体　　　　(f) 组装刀盘

(g) 管片安装机、盾尾组装　　　　(h) 设备连接、安反力架　　　　(i) 完成组装、调试完成后，始发

图 4.1-6　掘进机组装步骤

③掘进机组装技术措施

掘进机组装前必须制定详细的组装方案与计划，同时组织有经验的经过技术培训的人

员组成组装队。组装前应对始发基座进行精确定位,吊机工作区应铺设钢板,防止地层不均匀沉陷。大件组装时应对始发井端头墙进行严密的监测,掌握其变形与受力状态。

④掘进机组装安全保护措施

掘进机运输委托给专业的大件运输公司运输。掘进机吊装由具有资历的专业队伍负责起吊。组建组装作业班组,承担掘进机组装工作,由生产副经理负责组织、协调掘进机的组装工作。每班作业前按起重作业安全操作规程及掘进机制造商的组装技术要求进行班前交底,完全按有关规定执行。安质部具体负责大件运输和现场吊装、组装的秩序维护,确保安全。

(3)掘进机调试(空载、负载)

①空载调试

掘进机组装和连接完毕后,即可进行空载调试,空载调试的目的主要是检查设备是否能正常运转。主要调试内容为:电气系统、液压系统、润滑系统、冷却系统、保压系统、导向系统、配电系统、注浆系统以及各种仪表的校正。电气部分运行调试:检查送电→检查电机→分系统参数设置与试运行→整机试运行→再次调试。液压部分运行调试:推进和铰接系统→管片安装机→管片吊机→膨润土注入系统→注浆系统等。

②负载调试

空载调试证明掘进机具有工作能力后即可进行负载调试。负载调试的主要目的是检查各种管线及密封的负载能力;对空载调试不能完成的工作进一步完善,以使掘进机的各个工作系统和辅助系统达到满足正常生产要求的工作状态。负载调试时将采取严格的技术和管理措施保证工程安全、工程质量和线形精度。

### 4.1.2 密闭始发施工技术

#### 1.密闭施工原理

密闭施工工法是在掘进机始发前,在掘进机始发井内安装钢套筒,通过向钢套筒内填充回填物,掘进机在钢套筒内施工,以确保平衡掌子面的水土压力,实现安全始发。掘进机密闭始发工法原理示意图见图4.1-7,掘进机密闭始发工法原理剖面示意图见图4.1-8。

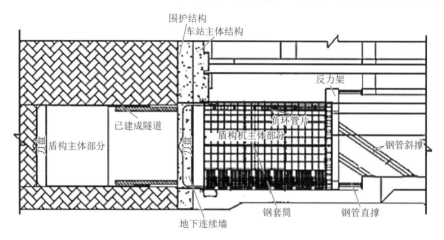

图4.1-7 掘进机密闭始发工法原理示意图

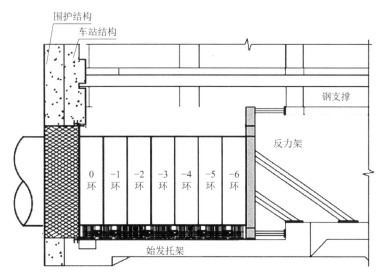

图 4.1-8　掘进机密闭始发工法原理剖面示意图

## 2. 密闭始发施工流程

密闭始发施工流程见图 4.1-9。

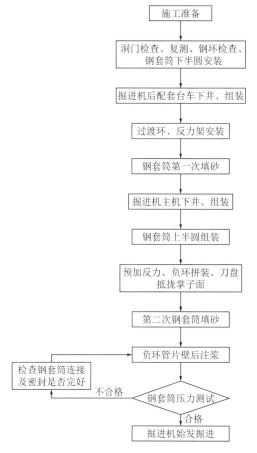

图 4.1-9　掘进机密闭始发流程

### 3. 施工准备

掘进机始发/到达前施工准备是否完善是本区间工程成功的关键，主要包含施工测量、钢套筒的定位及安装、地面临建、配套设施组装调试等工作。

（1）施工测量

测量是掘进机施工的关键，起着导向作用，为确保掘进机顺利按照设计线路施工，掘进机始发/到达前需进行掘进机始发/到达井复测、洞门钢环测量及第三方复测、掘进机始发联系测量、始发基座及反力架测量、隧道中心线测量等。

（2）地面临建

地面临建主要包括分离设备基础、压滤设备基础、泥浆循环池、15t 门吊轨道铺设、搅拌站基础（含水泥罐、粉煤灰罐）、渣场挡土墙、施工场地地面硬化等施工。

（3）配套设备组装

掘进机掘进施工配套设备主要为分离设备、压滤设备、垂直运输（龙门式起重机）、砂浆拌合站、洞内水平运输（电瓶机车编组）等，配套设施均在掘进机始发前调试完成，确保满足施工需求。

泥水分离设备：为满足施工需求，区间泥水分离设备采用 2 台康明克斯公司生产的泥水处理设备，每套分离设备由 1 台预筛器、2 台泥浆净化装置、2 套压滤装置、1 套泥浆箱及防沉淀系统等组成。

压滤、离心设备：根据南宁 2 号线南朝区间及南宁 3 号线青市区间施工情况，采用 1 台压滤设备及 1 台离心机辅助泥水分离设备对泥水进行二次处理，压滤机处理能力为 $30m^3/h$，离心机处理能力为 $80\sim120m^3/h$。

垂直运输：区间材料及管片垂直运输采用 15t、轨间距 24m 的龙门式起重机，渣土垂直运输采用 45t、轨间距 9m 龙门式起重机。

砂浆拌合站：砂浆拌合站设一套 750 型自动计量拌合系统，配置水泥罐、粉煤灰罐、砂场、膨润土仓等；砂浆拌合站设置于左线端头区域。

洞内水平运输：掘进机隧道施工水平运输采用 43kg/m 钢轨铺设单线、45t 变频电机车牵引重载编组列车运输，每个隧道设 2 列电瓶机车编组，列车编组由机车、1 节砂浆罐、2 节管片车组成。

### 4. 钢套筒组装

（1）钢套筒设计

掘进机始发时切口水压约为 0.11MPa，钢套筒设计耐压 0.5MPa，满足要求。钢板选择：Q235B，板厚 $\delta = 16mm$。整个钢套筒结构由过渡环、筒体、反力架、橡胶帘板和左右支撑等部分组成。

筒体：筒体部分长 10.9m，直径（内径）6.5m。分三段，每段又分为上下两半圆。筒体采用 16mm 厚的 $\phi235mm$ 钢板，每段筒体的外周焊接纵、环向筋板以保证筒体刚度，筒体端头和上下两半圆接合面均焊接圆法兰，筒体连接均采用 M24、8.8 级螺栓连接，中间加 3mm 厚橡胶垫。在筒体底部制作托架，托架与下部筒体焊接连成一体，托架组装完后，须用 175 工字钢与车站侧墙顶紧。

筒体与洞门的连接：钢套筒与洞门环板之间设一过渡连接环，洞门环板与过渡连接环采用钢板或钢筋搭接焊接，过渡连接板示意图见图 4.1-10。

图 4.1-10　过渡连接板示意图

进料口和注排浆管：每段筒体中部右上角设置 600mm×600mm 进料口，在每段钢套筒底部预留三个 2 寸带球阀注排浆管，共 6 个等间距布置，一旦掘进机有栽头趋势，即可在下部注双液浆回顶，钢套筒顶部进料口示意图见图 4.1-11。

图 4.1-11　钢套筒顶部进料口示意图

（2）洞门检查及洞门凿除

根据工程特性、环境条件和设计原则及标准，车站主体结构采用明挖顺作法施工，围护结构采用 1m 地下连续墙加内支撑的支护形式，掘进机端头墙 6.62m×8m 范围内的连续墙采用双层玻璃纤维筋。结合车站围护结构图纸，检查洞门周围钢筋设计、施工时主体结构钢筋与洞门距离，并沿着洞门周围凿除宽约 0.5m、深度为保护层外侧混凝土圆环，检查钢筋是否侵入始发洞门，对于入侵钢筋割除保证始发安全。检查预埋钢板环周围混凝土质量。因洞门预埋钢板环周围混凝土施工时可能存在振捣不到位等情况，造成混凝土中存在气泡或贯通裂缝的现象，在加压时泥水仓易发生泄压及漏浆情况，如发现需采取注浆或补焊等措施保证密闭性。检查洞门区域内是否有渗（漏）水、预埋钢板环与车站结构是否存在缝隙，必要时采用植筋加固处理。

（3）钢套筒下半圆

在开始安装钢套筒之前，首先在掘进机吊出井内确定出盾体中心线，确保从地面上吊下来的钢套筒力求一次性放到位，不用再左右移动。吊下第一节钢套筒的下半段，使钢套筒的中心与事先确定好的井口盾体中心线重合，在下半段的钢套筒左右两边的法兰处放好3mm厚的橡胶密封垫，在与第二节的下半部连接过程中要注意水平位置与纵向位置的一致，确保螺栓孔对位准确，并用M24、8.8级的高强螺栓连接紧固。底部三节钢套筒连接完成后，开始进行过渡环安装，过渡环与洞门预埋钢板环焊接，如过渡环与连接板无法与洞门环板密贴时，需采用钢板或钢筋搭接后焊接牢固。

（4）钢套筒内安装钢轨

在钢套筒下方90°圆弧内平均分布安装2根43kg钢轨，钢轨从钢套筒后端铺设至洞门1m位置，钢轨两侧通长焊接；并在钢轨间铺砂并压实，压实后填砂高度需高出钢轨15mm，待掘进机放上去后，进一步压实，以确保底部填砂可提供充足的防掘进机扭转反力。钢套筒第一次填砂图见图4.1-12。为保持掘进机始发时处于抬头趋势，靠近洞门端钢轨垫高20mm；为避免掘进机主机出现栽头现象，在洞门底部施工混凝土导台，作为掘进机主机进洞的引轨，弧形导台表面标高低于刀盘外径10~20mm，避免刀盘旋转破坏弧形导台。

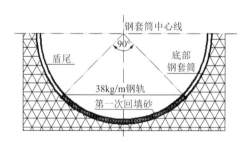

图4.1-12 钢套筒第一次填砂图

（5）掘进机下井及组装

待钢套筒内填砂完成后，安装掘进机拖车行走轨道，并和站内轨道连接，然后先下拖车，后下主机。

（6）钢套筒上半圆、反力架安装及加固

①钢套筒上半圆安装及加固

掘进机主机组装完成后，安装钢套筒上半圆和钢环安装，并进行压紧螺栓的调整。检查各部连接处，对每一处连接安装的地方进行检验，确保其连接的完好性，尤其是对于钢套筒的上下半圆和节与节部分之间连接的检查，还要检查过渡连接板与洞门环板之间的焊接，看是否存在点焊或浮焊，发现有隐患，要及时处理。为确保掘进机始发过程中钢套筒的整体稳定性，钢套筒组装完成后底部钢套筒采用175工字钢与车站侧墙连接，顶部钢套筒采用175工字钢和设备层底板连接，确保钢套筒在加压和后期始发过程中不会出现"上浮"等现象,钢套筒底部和顶部支撑左右各设 4 道,掘进机始发过程需时刻关注支撑的变化,如出现异常立即停止掘进,进行钢套筒加固处理,处理完成后方可恢复掘进。钢套筒加固如图 4.1-13 所示。

图 4.1-13　钢套筒加固示意图

②反力架的安装

根据钢套筒结构及尺寸,反力架中心距洞门结构 11.5m,反力架中心和隧道中心线一致。反力架支撑:为确保反力架的稳固性,水平支撑底部设置 3 道,顶部支撑设置 4 道,均采用 175mm 工字钢,两侧各设置 2 道 HN400mm 的工字钢斜撑,与底板接触处加入钢垫板,保证支撑与侧墙的接触面积。支撑、斜撑与底板预埋件焊接要牢固,焊缝位置要检查,确保无夹渣、虚焊等隐患。反力架加固示意图如图 4.1-14 所示。

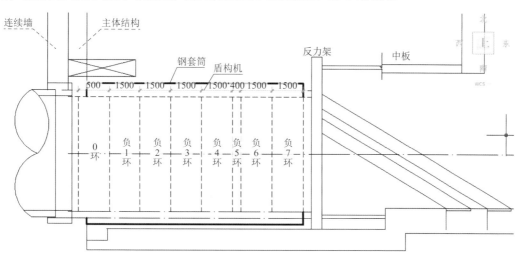

图 4.1-14　反力架加固示意图

(7)负环拼装

①预加反力

上半圆安装完成后,需进行环梁预加压力螺栓的调整,分别上紧环梁的每个螺栓,上紧时分别采用对角上紧,保证环梁的均匀受力,上紧的过程中注意检查反力架各支撑是否松动,各段法兰连接螺栓是否松动,预加反力螺栓调整见图 4.1-15。

图 4.1-15　预加反力螺栓调整

在反力架和钢套筒环框梁间设 20 个液压油缸,在掘进机掘进期间通过 20 个油缸和反力架提供反力,液压油缸底座和环框梁采用螺栓连接,液压油缸活塞杆顶推反力架,每个液压油缸可提供 60t 的推力,设置 20 个液压油缸,可提供 1200t 的反力,满足始发段掘进需求;液压油缸共分 4 组,每 5 个作为 1 组,分别为左上、左下、右上、右下。液压千斤顶位置关系图见图 4.1-16。

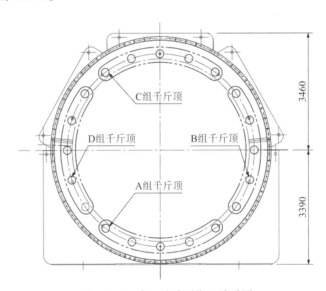

图 4.1-16　液压千斤顶位置关系图

液压油缸连接完成后,通过在站厅层的液压泵站分别对 4 组油缸进行加压,加压分为 3 个阶段进,第一阶段将反力增加至 300t,停留 10min,观察反力架设置的百分表观察反力架和钢套筒的位移情况,如发现反力架或钢套筒的位移出现大的变化,立即将预加反力降至 0,根据反力架、钢套筒的位移情况,对钢套筒、反力架支撑进行检查,必要时进行补充支撑加固,加固完成后再次将压力增加至 300t,观察钢套筒、反力架位移情况,在确保钢套筒和反力架的位移满足要求后,将反力增加至 600t,持续 10min,再次观察钢套筒和反力架的位移情况,如位移满足要求,将反力增加至 800t 观察钢套筒和反力架的位移情况,在确保反力架和钢套筒的位移满足要求后,方可始发掘进。

②负环拼装

根据设计洞门尺寸范围、钢套筒长度等综合判定，负环共计 7 环，其中 6 环为环宽 1.5m 的混凝土管片，1 环为环宽 0.4m 的钢环，以确保洞门尺寸（400mm）满足设计要求。负环管片全部采用标准环，负环管片采取错缝拼装以防止管片失圆，负 7 环管片封顶块位置定为 11 点钟方向（封顶块向左偏移 18°）；负 7～负 1 环管片按正常管片粘贴软木衬垫及防水条。负 7 环管片安装示意图见图 4.1-17。

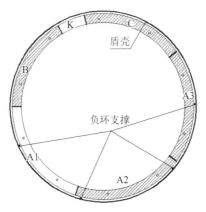

图 4.1-17　负 7 环管片安装示意图

管片拼装按如下步骤进行：在安装第一环负环管片时，首先在掘进机盾尾盾壳下半圆内部安设 4 根厚度 35mm，长度 1700mm 的方钢垫块，等掘进机完全进入洞内，洞口开始进行同步注浆时，将支撑垫块割除。负 7 环安装顺序：A2—A1—A3—B—C—K。负 7 环第一块管片（A2）的定位：根据负 7 环 K 块位置右偏移 18°，确定 A2 管片的位置为左边螺栓孔对准底部推进油缸中线，按要求精确定位拼装；等 A2 拼装完后，按照拼装顺序左右依次拼装管片。邻接块 B 和 C 的安装：邻接块安装时，在盾壳上焊接拉结 L 形钢板，以固定邻接管片，然后进行 K 块管片安装。安装完成后，紧固封顶块与邻接块的螺栓，然后割除 L 形钢板，将负 7 环管片后推。当负 7 环推出盾尾 1/3 后，在负 7 环 2 点、10 点位置安装吊耳，利用 2t 手拉葫芦将负 7 环管片拉紧，并在管片后移过程中不断收紧手拉葫芦，避免管片下沉。盾尾内有足够空间后，拼装负 6 环，将负 7 与负 6 环的螺栓连接并拧紧。

（8）管片壁后填充

管片壁后填充主要分为二次填砂、壁后同步注入惰性砂浆两种。

①二次填砂

掘进机向前推进至刀盘面板贴近洞门掌子面后，向钢套筒内进行第二次填砂，本次填砂将整个钢套筒填充满。在填充的过程中适当加水，保证砂的密实，钢套筒内第二次回填砂示意图详见图 4.1-18。填料过程：为了将砂料输送至钢套筒内，需要从地面引一条输送管道至钢套筒上，采用一条 8 寸的管路连接，地面设置一个漏斗，将砂料直接从漏斗输送至钢套筒内。填料过程中适当冲水并通过钢套筒下部的排水孔排出来，起到让砂密实的作用。

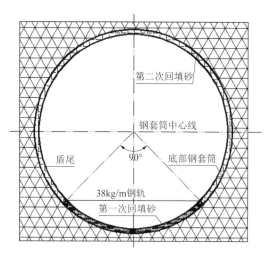

图 4.1-18　钢套筒内第二次回填砂示意图

②负环管片壁后注浆

为保证负环管片与钢套筒之间的密封效果，在掘进机刀盘贴近洞门掌子面后，通过掘进机同步注浆管路进行壁后注浆施工，注浆材料采用惰性浆液，在管片后面形成一道密封防渗环，注浆压力不大于 3.0bar。

（9）钢套筒检测

①钢套筒位移检测

在掘进机组装过程中在钢套筒前方、反力架后方、侧方共布置 6 个百分表，量程在 3～5mm，可控制变形量或位移量精度在 0.5mm 左右，主要测试钢套筒及有无变形，以及钢套筒环向和纵向连接位置的位移等。在钢套筒保压试验及掘进机始发施工期间，安排技术人员 24h 值班观察百分表的位移情况，一旦发现应变超标或位移过大，必须立即进行卸压、分析原因并采取解决措施。

应急解决措施：如果出现钢套筒本体连接端面法兰处出现变形量较大时，要立即采取加强措施，在变形量较大处补加加强肋板，加强肋板可利用现场钢板制作。如果反力架斜撑任何位置出现位移量过大时，要分析可能出现的原因，并增加斜撑的数量，同时在另一侧要增加直撑的数量。

②钢套筒保压试验

通过钢套筒顶部预留的加水孔向钢套筒内加水或加气，如果压力能够达到 1.8bar（始发地层压力的 1.5 倍），并维持压力稳定 12h，对各个连接部分进行检查，包括洞门连接板、钢套筒环向与纵向连接位置、钢套筒与反力架的连接处有无渗漏情况。每级加压过程及停留保压时间说明：0～1.0bar 加压时间为 5min，停留检测时间 10min；1.0～1.4bar 加压时间为 10min，停留检测时间 25min；1.4～1.8bar 加压时间控制在 25min，如能稳定则保压至设计要求时间；加压检测过程中一旦发现有漏水或焊缝脱焊情况，须立即卸压，并通过复紧螺栓、重新焊接或采用快干水泥进行封堵，完成后再进行加压试验，直至压力稳定在 1.8bar，并未发现漏点时方可确认钢套筒的密封性。

5. 掘进机始发段掘进

始发段掘进共分为 2 个掘进段，第一阶段掘进为刀盘开始切削地下连续墙开始至盾尾脱离地下连续墙结束，里程为 Y(Z)DK18＋254.8～Y(Z)DK18＋265.8，第二阶段掘进为 Y(Z)DK18＋265.8～Y(Z)DK18＋355.8。始发段掘进机掘进参数按照"小推力、中转速、小贯入度"原则，泥水仓顶部压力按照"从小到大缓慢增加，确保掌子面稳定，洞门密封系统不出现喷涌"为原则设置，掘进过程中根据洞门密封的渗漏情况、仓内液位的波动情况、地面沉降等参数进行调整，确保掌子面的稳定。详细的掘进参数控制如表 4.1-2 所示。

（1）第一阶段掘进参数

第一阶段掘进参数管控　　　　　　　　　　　　　　　表 4.1-2

| 掘进参数 | 设定值 | 备注 |
| --- | --- | --- |
| 泥水仓顶部压力 | 1.0～1.1bar | 其中，掘进机穿越地下连续墙时，泥水仓压力控制在 0.7bar 左右，掘进机穿越地下连续墙前 0.2m 将泥水仓压力调整为 1.0～1.1bar |
| 进浆密度 | 1.12～1.15g/cm³ | 洞身位于粉土和粉细砂地层 |
| 总推力 | 800～1000t | 推力需要与钢套筒反推力相匹配 |
| 掘进速度 | 5～20mm/min | 掘进机穿越地下连续墙期间速度为 5～10mm/min；穿越后掘进速度控制在 10～20mm/min |
| 扭矩 | 800～1200kN·m | 与推力、速度匹配 |
| 同步注浆 | 6.5～7.5m³/环 | 注浆压力为泥水仓顶部压力 1.1～1.2 倍，浆液采用惰性砂浆 |

详细的参数控制如下：

①压力设定

地下水压力：根据区间地质剖面图及地勘资料，区间地下水位线低于隧顶，本次计算时暂不考虑地下水压力。本次始发施工，泥水仓顶部压力取最大值 1.1bar。施工中泥水仓顶部压力严格按照设定压力制定，施工中压力波动不大于±0.15bar，同时施工中根据泥水仓压力波动情况、出渣情况、地表沉降监测等数据进行优化。

②泥浆性能指标

因始发段处于粉土和粉细砂地层，且地下水位较高，故始发段泥浆密度控制在 1.12～1.15g/cm³，黏度 20～22s，进出泥浆循环流量需与掘进速度相匹配，始发段循环浆液配合比如表 4.1-3 所示。

始发段循环浆液配合比　　　　　　　　　　　　　　　表 4.1-3

| 配合比 | 水（kg） | 膨润土（kg） | CMC（kg） | 纯碱（kg） | 备注 |
| --- | --- | --- | --- | --- | --- |
| 1m³ | 870 | 300 | 2.0 | 8 | 黏度 20～22s |

施工前由实验室按照制定配合比进行试验，在泥浆性能满足要求后，要求生产严格按照配合比进行调制，并在实际施工中由实验室跟踪泥浆性能指标，当泥浆指标不满足施工需求应立即停止，生产部门重新进行泥浆调制。

③掘进机姿态控制

因掘进机在钢套筒内无法进行姿态调整，因此在施工中严格控制油缸压力，特别是底部油缸压力，严禁掘进机出现栽头现象。

④同步注浆

同步注浆材料第一阶段砂浆配合比见表4.1-4。

第一阶段砂浆配合比     表 4.1-4

| 注浆方式 | 每立方米配合比 | | | | |
|---|---|---|---|---|---|
| | 水（kg） | 水泥（kg） | 细砂（kg） | 粉煤灰（kg） | 膨润土（kg） |
| 同步注浆 | 450 | 50 | 800 | 400 | 28 |

（2）第二阶段掘进参数

第二阶段掘进参数管控见表4.1-5。

第二阶段掘进参数管控     表 4.1-5

| 掘进参数 | 设定值 | 备注 |
|---|---|---|
| 泥水仓顶部压力 | 1.1～1.3bar | 施工中需要根据仓压波动、出渣、地表监测情况等进行调整优化 |
| 进浆密度 | 1.12～1.15g/cm³ | 洞身位于粉土和粉细砂地层 |
| 总推力 | 1000～1400t | 推力需要与钢套筒反推力相匹配，并根据隧道掘进场地逐步增加 |
| 掘进速度 | 5～20mm/min | |
| 扭矩 | 1000～1600kN·m | 与推力、速度匹配 |
| 同步注浆 | 6.5～7.5m³/环 | 注浆压力为泥水仓顶部压力1.1～1.2倍 |

详细的参数控制如下：

①压力设定

施工中泥水仓顶部压力严格按照设定压力制定，施工中压力波动不大于±0.15bar，同时施工中根据泥水仓压力波动情况、出渣情况、地表沉降监测等数据进行优化。

②泥浆性能指标

实际施工中由实验室跟踪泥浆性能指标，当泥浆指标不满足施工需求应立即停止，生产部门重新进行泥浆调制。

③掘进机姿态控制

施工中掘进机垂直趋势控制在0～1，垂直姿态控制在−20～−10mm，施工中需根据成型隧道复测结果调整垂直姿态控制范围；水平姿态在掘进机进入曲线段前需预偏20mm，以便于后续掘进机姿态调整。实际施工中姿态控制范围不得大于±25mm，当姿态超限需要回调时，严格控制纠偏范围，其中水平纠偏不大于6mm/环，垂直纠偏不大于4mm/环。

④同步注浆

第二阶段掘进机主机已全部进入土体，需要对同步注浆配合比进行调整，注浆标准采用注浆压力与注浆量双重控制，确保壁后空隙填充密实。同步注浆采用水泥砂浆，砂浆强度不小于1MPa。第二阶段同步注浆配合比见表4.1-6。

第二阶段同步注浆配合比     表 4.1-6

| 注浆方式 | 每立方米配合比 | | | | |
|---|---|---|---|---|---|
| | 水（kg） | 水泥（kg） | 细砂（kg） | 粉煤灰（kg） | 膨润土（kg） |
| 同步注浆 | 480 | 200 | 960 | 280 | 20 |

#### 6. 洞门封堵

在盾尾到达洞门后，增大同步注浆量，以确保洞门区域密封效果，并在盾尾拖出洞门后 5 环，通过 1～3 环管片吊装孔，对洞门进行二次补注浆封堵施工，二次注浆配合比、注浆量、注浆压力及检测结果如下。二次注浆作业示意图如图 4.1-19 所示。

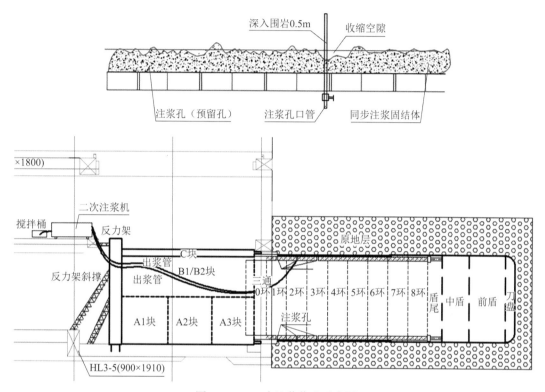

图 4.1-19　二次注浆作业示意图

（1）注浆材料、浆液配比

二次注浆采用水泥-水玻璃双液浆，水泥为 P·O 42.5 袋装，水玻璃波美度为 35，水泥浆配比为水泥：水 = 1：1（质量比），水玻璃浆液配比为水玻璃：水 = 1：1，水泥浆液：水玻璃浆液 = 1：1，浆液凝结时间为 40～50s，实际施工中根据现场情况进行调整。

（2）注浆设备、注浆压力、注浆量

注浆设备采用自备的 KBY-50/70 双液注浆泵，注浆压力为 0.35～0.45MPa，单孔注浆量不大于 0.8m³，单环注浆量控制在 8m³。

（3）注浆结束标准

补强注浆一般情况下则以压力控制，达到设计注浆压力则结束注浆，视注浆效果可再次进行注浆。

（4）注浆设备设置位置

双液注浆平台设置在车站中板区域，注浆管路接入隧道内，避免因二次注浆影响掘进机始发段掘进。

（5）检测标准

在注浆完成后，对隧道上、下、左、右、左上、左下、右上、右下 8 个区域进行开孔检查，开孔深度需打穿隧道注浆体，在确认无滴水后方可满足要求，如不能满足要求，需继续对渗漏区域进行补注浆作业。

7. 钢套筒及负环管片拆除

在掘进机掘进完成 100m、管片自重及摩擦力可满足掘进推力时，进行钢套筒及负环拆除工作。钢套筒拆除前需通过洞内管片开孔检查渗漏水情况，在确认洞内无渗漏现象时，打开钢套筒顶部 3 个观察孔观察筒体内注浆效果，在确认注浆饱满后，拆除钢套筒上顶盖，再次检查洞门区域有无渗漏水。在确认无渗漏时，方可进行后续钢套筒拆除。上述检查过程中，如果发现有渗漏现象时，需立即进行洞内注浆加固或管片壁后花管注浆加固，以确保钢套筒和负环管片拆除施工安全。钢套筒拆除顺序为：钢套筒后端盖拆除→上顶盖拆除（C 块）→依次拆除两侧（B1、B2 块）→壁后注浆体清理→连接环拆除→负环拆除（自顶部 K 块拆除，然后对称拆除其余负环管片）→底部钢套筒拆除（A1、A2、A3 块）→底部连接环拆除。

## 4.1.3　施工测量与监测技术

1. 施工测量

掘进机始发工作井建成后，采用联系测量方法，将平面和高程测量数据传入井下控制点，满足掘进机组装、基座和反力架等安装以及掘进机始发对测量的要求。

①洞门的复核测量

以联测后地下平面和高程控制点为基准，检查洞门里程、中线、高程、预埋钢环椭圆度。

②密闭钢套筒测量

钢套筒安装时，测量其坡度和高程，高程与设计值（按抬高后的值）较差小于 2mm，掘进机组装完成后，进行掘进机纵向轴线和径向轴线测量，主要有刀口、机头与盾尾连接点中心、盾尾之间的长度测量；掘进机外壳长度测量；掘进机刀口、盾尾和支承环的直径测量。

③始发姿态定位

始发前掘进机的初始位置和姿态对正确掘进影响较大，必须准确测定。对于具有导向系统的掘进机也应利用人工测量方法进行检核。掘进机安装就位后，须在掘进机上布设标志点，标志点布设应符合下列规定：标志点应牢固设置在掘进机纵向或横向截面上，且不应少于 3 个，标志点间距应尽量大，标志点可粘贴反射片或安置棱镜；标志点间三维坐标系统应和掘进机几何坐标系统一致，当不一致时，应建立明确的几何关系。掘进机就位后利用人工测量方法准确测定掘进机的初始姿态，掘进机自身导向系统测量结果应与人工测量结果一致。当以地下控制导线点和水准点测定掘进机测量标志点时，测量误差为 ±3mm。将测站坐标和后视点坐标输入导向系统，检查系统显示零参考面是否与掘进机零参考面一致。

④施工中测量

在掘进机的配置中，主要使用导向系统激光靶来控制掘进方向，在掘进机右上方管片处安装托架，托架用钢板制作，其底部加工强制对中螺栓孔，用以安放全站仪。强制对中点的三维坐标通过洞口的导线起始边传递而来，并且在掘进机施工过程中，吊篮上的强制对中点坐标与隧道内地下控制导线点坐标相互检核。如较值过大，需再次复核，确认无误后以地下控制导线测得的三维坐标为准。因此掘进机在推进过程中，测量人员要牢牢掌握掘进机推进方向，让掘进机沿着设计中心轴线推进。RMS-D 导向系统能够全天候动态显示掘进机当前位置相对于隧道设计轴线的位置偏差，主司机可根据显示的偏差及时调整掘进机的掘进姿态，使得掘进机能够沿着正确的方向掘进。掘进机掘进实时姿态测量应包括其与线路中线的平面偏离、高程偏离、纵向坡度、横向旋转和切口里程的测量，各项测量误差应满足表 4.1-7 的规定。

掘进机姿态测量计算数据取位精度要求　　　　　　　　表 4.1-7

| 序号 | 测量项目 | 测量误差 |
|---|---|---|
| 1 | 平面偏离值（mm） | ±1 |
| 2 | 高程偏离值（mm） | ±1 |
| 3 | 横向旋转值（′） | 1 |
| 4 | 纵向坡度（%） | 1 |
| 5 | 切口里程（mm） | ±10 |

为了保证导向系统的准确性，确保掘进机沿着正确的方向掘进，需周期性地对 RMS-D 导向系统的数据进行人工测量校核。

2. 施工监测

（1）监测对象及控制值

根据监测设计文件，控制标准如监测控制标准表 4.1-8 所示。监测项目的监测频率根据掘进机施工的不同阶段以及周边环境、自然条件的变化进行调整。当监测值相对稳定时，可适当降低监测频率。管线沉降控制基准值如表 4.1-9 所示。

监测控制标准表　　　　　　　　表 4.1-8

| 监测项目 | 地表沉降 | 管线绝对沉降/差异沉降 | 管片结构差异沉降/净空收敛 | 建筑物地基允许变形 | | |
|---|---|---|---|---|---|---|
| | | | | 砌体承重结构基础局部倾斜 | 工业与民用建筑相邻柱基沉降差 | 多层和高层建筑的整体倾斜 |
| 控制值 | $-20 \sim 10$mm | $10 \sim 30$mm /0.25%$L_g$ | 0.04%$L_s$ /12mm | 0.002 | 0.002$L$ | $H_g \leqslant 24$ 时为 0.004；$24 \leqslant H_g \leqslant 60$ 时为 0.003 |
| 变化速率 | 2mm/d | 2mm/d | 3mm/d | / | / | / |

注：1. 本表数值为建筑物地基最终变形允许值（含目前已产生变形量）；
　　2. $H_g$ 为室外地面起算的建筑物高度（m）；$L_s$ 为沿隧道轴线两监测点间距；$L_g$ 为管节长度，$L$ 为相邻柱基的中心间距；
　　3. 局部倾斜指砌体承重结构沿纵向 6～10m 内基础两点的沉降差与其距离的比值。

管线沉降控制基准值 表 4.1-9

| 序号 | 管线类型 | 沉降最大允许变形值 | 警戒值 |
|---|---|---|---|
| 1 | 燃气管线 | 允许沉降值 10mm，变化速率 2mm/d | 取控制值的 70% |
| 2 | 供水管线 | 允许沉降值 15mm，变化速率 2mm/d | 取控制值的 70% |
| 3 | 雨污管线 | 允许沉降值 20mm，变化速率 2mm/d | 取控制值的 70% |

（2）监测点埋设及监测点保护

①建筑物沉降

道路及地表沉降监测点的埋设用取芯钻机钻透硬化路面层，成孔后放入测点钢筋，钻孔内放入带护盖的钢护筒以保护测点，内部回填砂子并压实。

②建（构）筑物沉降和倾斜

建（构）筑物沉降测点埋设主要分为两种情况，一是混凝土或者砖混结构的建（构）筑物，直接在建（构）筑物上钻孔埋入 L 形钢筋，埋入端用高强锚固剂与建（构）筑物浇筑连成一个整体，另一端打磨成半圆形，监测时放置铟钢尺保证测量的准确性。二是钢结构形式的建（构）筑物，无法在上面钻孔埋设，采用焊接形式，使得测点和结构连成整体。建(构)筑物沉降测点实物如图 4.1-20 所示，钢架结构沉降测点大样图如图 4.1-21 所示。

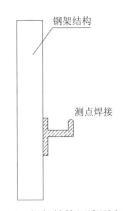

图 4.1-20　建（构）筑物沉降测点实物图　图 4.1-21　钢架结构沉降测点大样图

③管线沉降点

测点布置时要考虑地下管线与线路的相对位置关系并沿管线走向布点，点间距 15～30m。有检查井的管线应打开井盖直接将监测点布设到管线上或管线承载体上；无检查井但有开挖条件的管线应开挖以暴露管线，将观测点直接布置到管线上；无检查井也无开挖条件的管线可在对应的地表埋设间接观测点。管线沉降观测点的设置可视现场情况，采用抱箍式或套筒式安装。或选在管线具有代表性的位置，在其相邻位置打 $\phi$120mm 的钻孔，孔内放 $\phi$18mm 的钢筋作为测杆，周围用净砂填实。基点的埋设同地表沉降监测。

④地表监测

地表沉降监测点需要对隧道施工影响范围内埋设，间距 5～8m，埋设采用钻机钻透硬化路面，钻孔深度要穿透地面硬化层，然后放入长 0.8～1.0m、$\phi$16～22mm 的钢筋，底部将螺纹钢标志点用混凝土与周边原状土体固定，底端混凝土固结长度宜为 50mm，孔内用细砂回填。测点上部安设保护盖，做好标记。地表沉降测点大样图如图 4.1-22 所示，地表沉降测点效果图如图 4.1-23 所示。

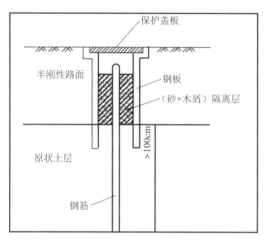

图 4.1-22　地表沉降测点大样图

图 4.1-23　地表沉降测点效果图

⑤管片结构监测

隧道内的监测包括管片结构竖向位移、管片结构净空收敛。单个隧道断面的布点结构图如图 4.1-24 所示。

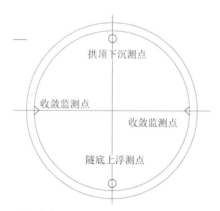

图 4.1-24　管片净空收敛、管片结构竖向位移观测点布设

⑥监测设备检查

监测工作进行期间，应对基准点、监测点、监测元器件的完好状况、保护情况应定期巡查检查，如发现监测点损坏、遮挡或其他原因导致无法监测时，需立即进行恢复或调整位置，重新上报验收及初始值采集。

（3）监测项目及监测频率

监测项目及监测频率（正常施工期间）如表 4.1-10 所示。监测项目及监测频率（预警期间）如表 4.1-11 所示。

监测项目及监测频率（正常施工期间）　　　　表 4.1-10

| 序号 | 监控项目名称 | 量测频率 | 备注 |
|---|---|---|---|
| 1 | 地表沉降 | 掘进面前后＜20m 时，测 1～2 次/d | 每个点从掘进机切口到达前约 30m 开始监测，测点脱离盾尾后，要加强对长期沉降的跟踪监测，至少持续 1 个月，在沉降量小于±0.2mm/d 时，则停止监测 |
| 1 | 地表沉降 | 掘进面前后＜50m 时，测 1 次/2d | |
| 1 | 地表沉降 | 掘进面前后＞50m 时，测 1 次/周 | |
| 2 | 管片结构竖向位移 | 掘进面前后＜20m 时，测 1～2 次/d | |
| 2 | 管片结构竖向位移 | 掘进面前后＜50m 时，测 1 次/2d | |
| 2 | 管片结构竖向位移 | 掘进面前后＞50m 时，测 1 次/周 | |
| 3 | 隧道净空收敛 | 掘进面前后＜2D，1～2 次/d | |
| 3 | 隧道净空收敛 | 掘进面前后＜5D，1 次/1～2d | |
| 3 | 隧道净空收敛 | 掘进面前后＞5D，1 次/3～7d | |
| 3 | 隧道净空收敛 | 掘进面前后＜2D，1～2 次/d | |
| 4 | 建（构）筑物沉降、倾斜观测、建筑物裂缝观察 | 掘进面前后＜20m 时，测 1～2 次/d | |
| 4 | 建（构）筑物沉降、倾斜观测、建筑物裂缝观察 | 掘进面前后＜50m 时，测 1 次/2d | |
| 4 | 建（构）筑物沉降、倾斜观测、建筑物裂缝观察 | 掘进面前后＞50m 时，测 1 次/周 | |
| 5 | 周围地下管线变形 | 掘进面前后＜20m 时，测 1～2 次/d | |
| 5 | 周围地下管线变形 | 掘进面前后＜50m 时，测 1 次/2d | |
| 5 | 周围地下管线变形 | 掘进面前后＞50m 时，测 1 次/周 | |

注：$D$ 为隧道外径。

监测项目及监测频率（预警期间）　　　　表 4.1-11

| 序号 | 监测项目 | 原监测频率 | 报警期 | 抢险期 |
|---|---|---|---|---|
| 1 | 地表沉降 | 掘进面前后＜2D，1～2 次/d | 4～6 次/1d | 1 次/1～2h |
| 1 | 地表沉降 | 掘进面前后＜5D，1 次/d | 4 次/1d | 1 次/2h |
| 1 | 地表沉降 | 掘进面前后＜8D，1 次/3d | 2 次/1d | 1 次/2h |
| 1 | 地表沉降 | 掘进面前后＞8D，1 次/周 | 2 次/1d | 1 次/2h |
| 2 | 建（构）筑物沉降、裂缝 | 掘进面前后＜2D，1～2 次/d | 4～6 次/1d | 1 次/1～2h |
| 2 | 建（构）筑物沉降、裂缝 | 掘进面前后＜5D，1 次/d | 4 次/1d | 1 次/2h |
| 2 | 建（构）筑物沉降、裂缝 | 掘进面前后＜8D，1 次/3d | 2 次/1d | 1 次/2h |
| 2 | 建（构）筑物沉降、裂缝 | 掘进面前后＞8D，1 次/周 | 2 次/1d | 1 次/2h |
| 3 | 隧道净空收敛 | 掘进面前后＜2D，1～2 次/d | 4～6 次/1d | 1 次/1～2h |
| 3 | 隧道净空收敛 | 掘进面前后＜5D，1 次/1～2d | 4 次/1d | 1 次/2h |
| 3 | 隧道净空收敛 | 掘进面前后＞5D，1 次/3～7d | 2 次/1d | 1 次/2h |
| 3 | 隧道净空收敛 | 掘进面前后＜2D，1～2 次/d | 2 次/1d | 1 次/2h |
| 4 | 管片结构竖向位移 | 掘进面前后＜2D，1～2 次/d | 4～6 次/1d | 1 次/1～2h |
| 4 | 管片结构竖向位移 | 掘进面前后＜5D，1 次/d | 4 次/1d | 1 次/2h |
| 4 | 管片结构竖向位移 | 掘进面前后＜8D，1 次/3d | 2 次/1d | 1 次/2h |
| 4 | 管片结构竖向位移 | 掘进面前后＞8D，1 次/周 | 2 次/1d | 1 次/2h |
| 5 | 周围地下管线变形 | 掘进面前后＜2D，1～2 次/d | 4～6 次/1d | 1 次/1～2h |
| 5 | 周围地下管线变形 | 掘进面前后＜5D，1 次/d | 4 次/1d | 1 次/2h |
| 5 | 周围地下管线变形 | 掘进面前后＜8D，1 次/3d | 2 次/1d | 1 次/2h |
| 5 | 周围地下管线变形 | 掘进面前后＞8D，1 次/周 | 2 次/1d | 1 次/2h |

注：1. $D$ 为隧道外径；若有异常情况可增加监测次数；
　　2. 当出现黄色预警和橙色预警时，根据现场地质条件适当加强监测频率；
　　3. 当出现速率黄色预警时，6h 一次；当速率出现橙色预警时，4h 一次；当速率出现红色预警时，2h 一次。

（4）变形控制等级和相应采取的措施

建（构）筑物加固施工过程中，若监测数据反映地面建（构）筑物、管线变形出现异常情况，应采取相应措施。变形控制等级及采取的措施如表 4.1-12 所示。

变形控制等级及采取的措施

表 4.1-12

| 监测对象 | 分级级别 | 控制值 | | | 采取的措施 |
|---|---|---|---|---|---|
| | | 变化速率值（mm/d） | 累计变化值（mm） | 倾斜（°/m） | |
| 建（构）筑物 | 黄色 | 1 | 5 | 1 | 加强监测、巡视，采用小扰动作业 |
| | 橙色 | 1.5 | 8 | 1.5 | 跟踪监测，调整掘进参数或降低速度 |
| | 红色 | 2 | 10 | 2 | 加强监测，停止掘进，采取加固措施 |
| 地面沉降 | 黄色 | 1 | −5～+3 | / | 加强监测、巡视，采用小扰动作业 |
| | 橙色 | 2 | −10～+5 | / | 跟踪监测，调整掘进参数或降低速度 |
| | 红色 | 3 | −30～+10 | / | 加强监测，停止掘进，采取加固措施 |

（5）监测反馈程序

为保证量测数据的真实可靠及连续性，特制定以下各项质量保证措施：

测点布置力求合理，应能反映出施工过程中结构的实际变形和应力情况及对周围环境的影响程度。测试元件及监测仪器必须是正规厂家的合格产品，测试元件要有合格证，监测仪器要定期校核、标定。测点埋设应达到设计要求的质量，并做到位置准确，安全稳固，设立醒目的保护标志。

监测工作由多年从事监测工作及有类似工程监测经验的工程师负责，小组其他成员也是有监测工作经历的工程师或测工，并保证监测人员的相对固定，保证数据资料的连续性。监测数据应及时整理分析，一般情况下，每天报送一次。监测报告应包括阶段变形值、变形速率、累计值，并绘制沉降槽曲线、历时曲线等，做必要的回归分析，并对监测结果进行评价。监测数据均现场检查、复核后方可上报；如发现监测数据异常，应立即复测，并检查监测仪器、方法及计算过程，确认无误后，立即上报给甲方、监理及单位主管，以便采取措施。

各监测项目在监测过程中必须严格遵守相应的测试实施细则。雨期是施工的不利情况，地下渗水比较严重。因此，雨期在保证正常的监测频率的情况下，应加强一些薄弱环节和主要管线及建（构）筑物等项目的量测频率，同时，应根据监测结果，加强掘进机掘进特殊段监测，以保证掘进机施工始终处于监控状态。穿越建（构）筑物过程中，安排专人 24h 巡视影响范围内建（构）筑物，异常情况随时反馈。

## 4.1.4　掘进机掘进管理控制技术

### 1. 掘进机掘进操作流程

掘进机在完成始发掘进后，对掘进参数进行必要的调整，为后续的正常掘进提供条件。

根据地质条件和始发掘进中的监测结果进一步优化掘进参数；加强施工监测，不断地完善施工工艺，控制地面沉降；推进过程中，严格控制好推进里程，将施工测量结果不断地与计算的三维坐标相校核，及时调整；根据当班指令设定的参数，掘进机推进与衬砌背后注浆同步进行，不断完善施工工艺，控制施工后地表变形量在允许范围之内。必须严格监控掘进机掘进施工过程，技术人员根据地质变化、隧道埋深、地面荷载、地表沉降、掘进机姿态、刀盘扭矩、千斤顶推力等各种勘探、测量数据信息，正确下达每班掘进指令，并即时跟踪调整。掘进机操作人员须严格执行指令，谨慎操作，尽量避免掘进机"蛇"形，掘进机一次纠偏量不宜过大，以减少对地层的扰动。

做好过程施工记录，包含但不限于以下：施工进度、油缸行程、泥水仓压力或土仓压力、刀盘转速及掘进速度、掘进机推力、油压、盾尾间隙（上、下、左、右）、掘进机进排泥流速等；同步注浆压力、数量、行程等；二次补注浆位置、压力、开始结束时间、注浆量、配合比等；掘进机姿态、掘进机倾斜度、掘进机旋转、推进总距离等。

掘进机掘进施工流程见图 4.1-25，掘进机掘进操作流程见图 4.1-26。

2. 仓压管理

掘进前根据隧道的埋深、所处地层、地下水位等因素，合理地设定掘进机掘进时的控制压力，并根据地表环境、掘进参数、出渣情况及地面监测等进行优化，过程中压力波动不大于±0.15bar。当出现泥水仓堵塞，立即停止掘进，切换到逆循环系统，当堵塞物被冲开后，立即切换至正常掘进状态，避免泥水仓顶部压力过大，导致隧顶覆土击穿，无法正常保压。

3. 速度、推力及扭矩管理

施工中，需根据下发的交底严格控制掘进参数，一旦发现掘进参数频繁或持续异常情况时，立即和地面调度、试验人员联系，通过检测泥浆性能、观察出渣情况等判断参数波动原因，如果为地层变化，则根据不同地层的掘进参数设定值进行掘进；如果排除地层变化的可能，则立即通知土木总工和值班领导，判断异常的原因、制定合理的措施。

掘进机掘进速度设定时，应当注意：掘进前，主司机需检查千斤顶是否顶实；开始掘进时，应逐步提高掘进速度，防止启动速度过大，冲击扰动地层；掘进中，掘进速度值应尽量保持恒定，减少波动，以保证切口水压稳定，以及送、排泥管的畅通；推进速度的选择必须满足每环掘进注浆量的要求，严禁注浆过快或滞后。

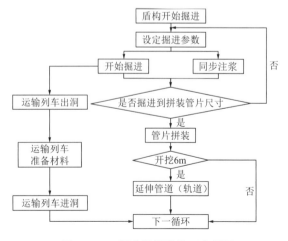

图 4.1-25　掘进机掘进施工流程图

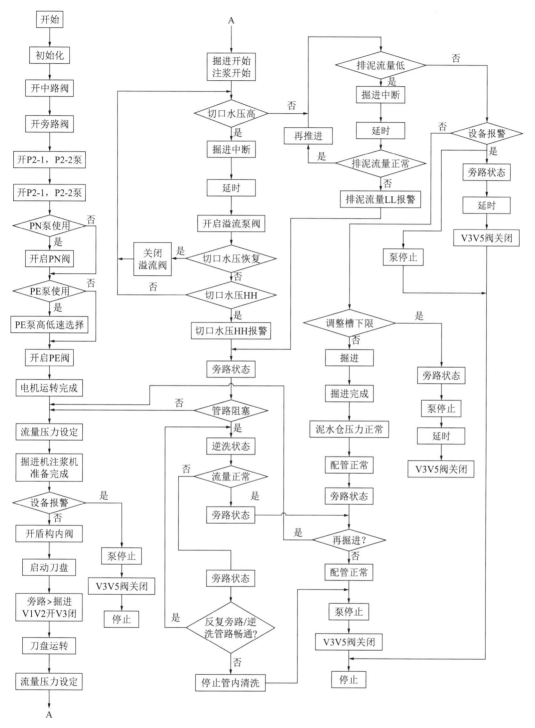

图 4.1-26　掘进机掘进操作流程图

## 4. 掘削量的控制管理

挖掘土体的体积计算公式：

$$V_R = Q_1 - Q_0 \tag{4.1-1}$$

式中：$V_R$——挖掘土体的体积（$m^3$）；

  $Q_1$——排泥总量（$m^3$）；

  $Q_0$——送泥总量（$m^3$）。

实际掘削量（固体土粒子质量）$W'$计算公式：

$$W' = \gamma_s/(\gamma_s - 1)\left[Q_{1(\rho_1-1)} - Q_{0(\rho_0-1)}\right]t \tag{4.1-2}$$

式中：$W'$——实际掘削量（kg）；

  $\gamma_s$——土的相对密度；

  $Q_1$——排泥总量（$m^3$）；

  $\rho_1$——排泥密度（$kg/m^3$）；

  $Q_0$——送泥总量（$m^3$）；

  $\rho_0$——送泥密度（$kg/m^3$）；

  $t$——掘削时间（min）。

当发现掘削量过大时，应立即检查泥水密度、黏度和切口水压。采取加大该区域同步注浆量及二次补注浆等措施，确保对地层的填充效果满足要求。

**5. 掘进轴线的控制**

施工中掘进机掘进轴线控制措施如下：

（1）掘进机掘进方向控制

采用力信 RMS-D 导向系统和人工测量辅助进行掘进机姿态实时监测，导向系统配置了导向、自动定位、掘进程序软件和显示器等，能够全天候在掘进机主控室动态显示掘进机当前位置与隧洞设计轴线的偏差以及趋势。以确保掘进姿态在允许的偏差范围内。力信导向系统工作原理图如图 4.1-27 所示，力信导向系统显示面板示意图如图 4.1-28 所示。

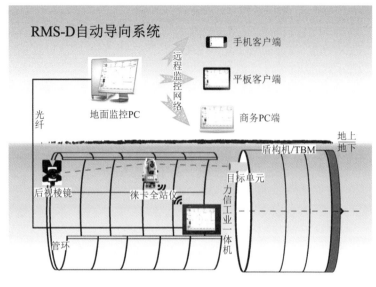

图 4.1-27　力信导向系统工作原理图

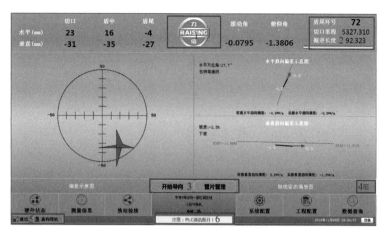

图 4.1-28　力信导向系统显示面板示意图

（2）分区操作掘进机推进油缸控制掘进机掘进方向

掘进机油缸共分为上下左右四个区域，施工中可通过调整分区油缸压力差进行姿态的控制，且掘进机上下左右共设 4 个油缸行程传感器，在施工中亦可根据油缸行程差进行掘进姿态控制。

（3）掘进机掘进姿态调整与纠偏

掘进机施工中水平姿态控制在±30mm 以内，水平趋势控制在±2，垂直姿态控制在 −30～0mm，垂直趋势控制在 0～1，盾体滚动角控制在±3mm/m，在曲线段施工时，需提前将掘进机姿态向转弯侧预偏 20mm；如姿态控制超过上述范围，需及时进行纠偏施工，水平纠偏量不大于 6mm/环，垂直纠偏量不大于 4mm/环。

（4）掘进方向控制及纠偏注意事项

刀盘换向时，应保留适当的时间间隔，推进油缸油压的调整不宜过快、过大，切换速度过快可能造成管片受力状态突变，而使管片损坏；根据掌子面地层情况应及时调整掘进参数；正确进行管片选型，确保拼装质量与精度，使管片端面尽可能与掘进方向垂直；严格控制纠偏力度，防止掘进机发生卡壳现象；掘进机始发、到达时方向控制极其重要，应按照始发、到达掘进的有关技术要求，做好测量定位工作。

## 4.1.5　管片拼装技术

管片拼装是隧道施工的一个重要工序，是用环、纵向螺栓逐块将高精度预制钢筋混凝土管片组装而成，整个工序由掘进机司机、拼装手和螺栓手三种特殊工种配合完成。

1. 管片拼装流程

管片拼装流程如图 4.1-29 所示。

2. 管片拼装注意事项

（1）拼装前注意事项

在掘进机管片进场后，检查进场管片完好性，在确认管片完好后，方可按照要求进行管片粘贴作业；管片防水材料的粘贴必须按照设计文件及相关规范要求进行粘贴，并在粘贴完成后上报监理部检查，合格后，盖项目及监理单位审批章，方可下井；将检查合格后已粘贴防水材料的管片及管片接缝的连接件和配件、防水垫圈等，用龙门式起重机运送到井下，装入管片车，由隧道内运输列车运送至工作面；管片下井时，需做好管片防护作业，特别是针对止水条、传力垫等；管片下井后，值班工程师应全面检查管片型号是否正确、有无破损、防水材料有无脱落等，确保满足要求后，方可进行管片吊装；洞内管片必须放在管片小车上，如需放置轨道或管片上，必须进行防护；管片拼装前必须对拼装区域积水进行抽排，积渣进行清理，并对上环管片进行检查，观察管片有无破损，止水条有无损坏、脱落等；如有，则按照交底要求进行处理，处理完成经值班人员验收后，方可进行下环管片拼装。

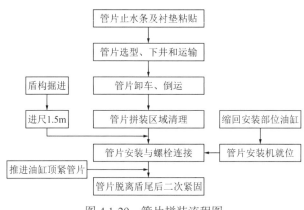

图 4.1-29  管片拼装流程图

（2）拼装注意事项

拼装机工作范围内禁止站人、过人；拼装手依据拼装规程操作，拼装过程中与助手及时沟通拼装状况提高拼装质量，避免交叉作业；注意观察设备运转情况，发现异常及时上报检修。

（3）拼装后注意事项

管片拖出盾尾后及时对管片螺栓进行复紧；拼装手应及时向掘进机司机汇报管片破损、错台情况；对破损部位进行登记，全面分析错台原因，合理更改掘进参数、注浆压力等。

**3. 管片安装方法**

隧道衬砌由六块预制钢筋混凝土管片拼装而成，包含一块封顶块，两块邻接块及三块标准块。小封顶块拼装方便，施工时可先搭接 2/3 环宽径向推上，再进行纵向插入方法拼装，错缝拼装。

管片采用标准环和转弯环管片组合，安装点位以满足隧道线形为前提，重点考虑管片安装后盾尾间隙要满足下一掘进循环限值，确保有足够的盾尾间隙，以防盾尾直接接触管片。管片安装前根据盾尾间隙、推进油缸行程选择好安装管片的点位和管片类型；掘进机掘进到预定长度，且安装封顶块位置的推进油缸行程大于 1750mm 时，掘进机停止掘进，进行管片安装；为保证管片安装精度，管片安装前需对安装区进行清理；管片安装时必须从隧道底部开始，然后依次安装相邻块，最后安装封顶块。每安装一块管片，立即将管片纵环向连接螺栓插入连接，并戴上螺母用扳手紧固；在安装封顶块前，对防水密封条进行仔细冲洗，安装时先径向插入 2/3，调整位置后缓慢纵向顶推，防止封顶块顶入时搓坏防水密封条；管片块安装到位后，及时伸出相应位置的推进油缸顶紧管片，其顶推力应不小于稳定管片所需力，然后方可移开管片安装机；安装管片时采取有效措施避免损坏防水密封条，并保证管片拼装质量，减少错台，保证其密封止水效果。安装管片后顶出推进油缸，扭紧连接螺栓，保证防水密封条接缝紧密，防止由于相邻两片管片在掘进机推进过程中发生错动，防水密封条接缝增大和错动，影响止水效果。

### 4. 管片安装质量保证措施

严格进场管片的检查，有破损、裂缝的管片不采用。下井吊装管片和运送管片时注意保护管片和防水密封条，以免损坏；防水密封条及软木衬垫粘贴前，将管片进行彻底清洁，以确保其粘贴稳定牢固。由经验丰富的专业管片安装人员对管片和拼装机进行检查，检查合格后方能拼装管片，拼装过程由工程技术人员根据验收标准进行过程验收，保证拼装质量；管片安装前对掘进机管片安装区进行清理，清除污泥、污水，保证安装区及管片相接面的清洁；严禁非管片安装位置的推进油缸与管片安装位置的推进油缸同时收缩；管片安装时必须运用管片安装的微调装置将待装的管片与已安装管片块的内弧面纵面调整到平顺相接以减小错台。调整时动作要平稳，避免管片碰撞破损；管片安装质量以满足设计要求的隧道轴线偏差和有关规范要求的椭圆度及环、纵缝错台标准进行控制。管片拼装作业如图 4.1-30 所示。

图 4.1-30　管片拼装作业

## 4.1.6　同步注浆与二次注浆技术

掘进机施工引起的地层损失、隧道周围受扰动或受剪切破坏的重塑土的再固结、地下水的渗透，是导致地表、建筑物以及管线沉降的重要原因。为了减少和防止沉降，在掘进机掘进过程中，要尽快在脱出盾尾的衬砌管片背后同步注入足量的浆液材料充填盾尾环形空隙。

### 1. 注浆目的

管片衬砌背后注浆是掘进机施工中的一项十分重要的工序，主要目的：及时填充盾尾建筑空隙，支撑管片周围岩体，有效地控制地表沉降；凝结的浆液将作为掘进机施工隧道的第一道防水屏障，增强隧道的防水能力；为管片提供早期的稳定并使管片与周围岩体一体化，有利于掘进机掘进方向的控制，并能确保隧道的最终稳定。

### 2. 注浆方式

在掘进机掘进过程中采取两种注浆方式，同步注浆：通过盾尾注浆管在掘进的同时进行注浆；二次注浆：必要时在管片脱出盾尾后，通过管片上预留的注浆孔进行二次补浆。

3.同步注浆

同步注浆采用掘进机自带的两台双活塞注浆泵在盾尾分4路同时注入，所配出的浆液应具备以下性能：初始黏度低以更好地充填掘进机推进造成的间隙；凝结速度快以避免沉陷；提供一个围绕隧道衬砌的长期、均质、稳定的防水层。

（1）注浆模式

注浆可根据需要采用自动控制或手动控制方式，自动控制方式即预先设定注浆压力，由控制程序自动调整注浆速度，当注浆压力达到设定值时，自行停止注浆。手动控制方式则由人工根据掘进情况随时调整注浆流量，以防注浆速度过快，影响注浆效果。一般不从预留注浆孔注浆，以降低管片渗漏水的可能性。

（2）注浆设备配制

同步注浆系统：配备KSP液压注浆泵两台，单台注浆能力10m³/h，4个盾尾注浆管口及其配套管路，并预留4个盾尾注浆管。

（3）主要参数

①注浆压力

同步注浆时要求在地层中的浆液压力大于该点的静止水压力及土压力之和，做到尽量填补而不劈裂。注浆压力过大，隧道将会被浆液扰动而造成后期地层沉降及隧道本身的沉降，并易造成跑浆；注浆压力过小，浆液填充速度过慢，填充不充足，会使地表变形增大。同步注浆压力设定为1.1～1.2倍的静态土压力（或静态水压力），应根据监控量测结果做适当调整。

②注浆量

注浆量：

$$Q = \pi \times (d_1^2 - d_2^2) \times L/4 \times \lambda \tag{4.1-3}$$

式中：$Q$——注浆量（m³）；

$\quad\quad \lambda$——指注浆率（一般取130%～180%）；

$\quad\quad d_1$——指掘进机最大切削直径（m）；

$\quad\quad d_2$——指预制管片外径（m）；

$\quad\quad L$——单环掘进长度（m）。

根据式(4.1-3)计算，注浆量取5.3～7.3m³，注浆人员应及时做好拌浆记录和注浆压力、注浆量的记录，并按期检查浆液质量。尤其应控制和记录每一环的实际注浆量以及与环状间隙的理论容积的比较值。如果发现注浆不足或不理想，应尽快进行补充注浆。

③注浆时间及速度

同步注浆的速度与掘进机推进速度相匹配。

（4）注浆结束标准和注浆效果检查

采用双指标标准，即注浆压力达到设计压力上限或注浆量达到设计注浆量且注浆压力在设计压力范围内，即可停止注入。注浆效果检查主要采用分析法，即根据$P$-$Q$-$t$曲线，结合掘进速度及衬砌、地表与周围建筑物变形量测结果进行综合分析判断。必要时采用无损探测法进行效果检查。同步注浆泵和注浆控制面板如图4.1-31所示。

图 4.1-31　同步注浆泵和注浆控制面板

#### 4. 二次注浆

同步注浆后使管片背后环形空隙得到填充，多数地段的地层变形沉降得到控制。在局部地段，同步浆液凝固过程中，可能存在局部不均匀、浆液的凝固收缩和浆液的稀释流失，为提高背衬注浆层的防水性及密实度，并有效填充管片后的环形间隙，必要时进行二次补强注浆。二次补强注浆主要采用水泥单液浆，但在隧道开挖对地表建筑物或管线影响较大的地段，为及时回填空隙，减少地面沉降，可选择速凝性的双液浆。

#### 5. 注浆质量保证措施

进行详细的浆液配比试验，选定合适的注浆材料，添加剂及浆液配比，保证所选浆材配比、强度、耐久性等物理力学指标满足设计的工程要求；制定详细的注浆施工设计和工艺流程及注浆质量控制程序，严格按要求实施注浆、检查、记录、分析，及时做出注浆压力、注浆量与时间的曲线，分析注浆效果，反馈指导下次注浆，并及时报告业主和监理工程师；根据洞内管片衬砌变形和地面及周围构筑物变形监测结果，及时进行信息反馈，修正注浆参数和施工方法，发现情况及时解决；做好注浆设备的维修保养、注浆材料供应，以保证注浆作业连续进行；做好注浆孔的密封，保证不渗漏水。

#### 6. 泥水管理

泥水管理流程见图 4.1-32。

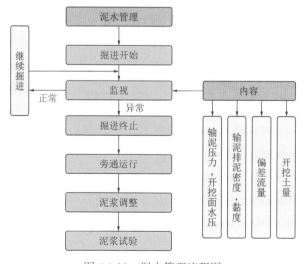

图 4.1-32　泥水管理流程图

根据区间不同地质情况，制定区间不同地层泥浆控制指标，并在施工中安排人员每日跟踪泥浆性能，不满足要求的及时通知调度进行调制浆作业，详细的指标控制如下：含粉土地层泥浆密度为 1.12～1.15g/cm³，黏度 20～22s（漏斗黏度）；含圆砾地层泥浆密度 >1.15g/cm³，黏度 >22s；含泥岩地层泥浆密度为 1.06～1.10g/cm³，黏度 18～22s。泥浆调制配比如表 4.1-13 所示。

泥浆调制配比表 表 4.1-13

| 材料 | 配比（%） | 相对密度 | 漏斗黏度（s） | 析水率（%） |
|---|---|---|---|---|
| 膨润土 | 18.98 | 1.05～1.2 | 30～40 | < 15 |
| CMC | 0.22 | | | |
| 纯碱 | 0.90 | | | |
| 水 | 79.90 | | | |

上述配比为指导性配比，在施工过程中，现场须配备泥水土工实验室，每一环推进前要测试调整槽内工作泥浆的指标，及时调整至满足施工要求为止，并做好记录，持续 20 环后，就可得出泥水指标的变化趋势，在指导配比的基础上再做大的调整，因此，泥水监控是一个动态变化过程。检验配比是否合理的标准是开挖面稳定情况、流体输送状态及地面沉降量，这些得到控制后就要注意泥水指标的变化趋势，使之稳定在某一区域内。

### 4.1.7 盾尾油脂、管路连接、洞内管线布置

1. 盾尾油脂压注

鉴于区间线路长度较长，且需下穿邕江，隧道埋深较大，掘进距离较长，导致盾尾密封系统可能存在损坏，施工中将采取以下措施确保盾尾密封的完好：严格控制装机时尾刷搭接和焊接质量，手涂油脂，涂脂 7 层并至尾刷根部；盾尾密封脂的压注采用自动注入和手动注入两种方式控制每环油脂注入量，周圈注脂，保证油脂注入均匀饱和；控制掘进姿态，确保盾尾间隙不小于规定要求；管片拼装施工前，对拼装区域进行清理，避免异物拖入盾尾钢丝刷内造成盾尾密封破坏。

2. 管路连接

（1）泥水管路

掘进机进排泥浆都通过管道输送，进泥水管采用φ273mm 的耐磨钢管，排浆管路采用φ319mm 的耐磨钢管。

（2）管道连接

掘进机正常掘进后，每掘进 6m，即掘进机掘进 4 环，需接一次进、排浆管，延伸一次轨道，施工相关配套设备依需跟进。连接进、排浆管时，需将拖车后面进、排浆管的闸阀关紧，将伸缩管与隧道管断开，再将需要安装的进、排浆管采用抱箍与伸缩管连接，中间夹橡胶衬垫，采用扳手将螺栓拧紧，待进、排浆管安装完成后，将后面的闸阀打开，使进、排浆管形成一个回路，保证浆液的畅通。在连接进、排浆管的同时，需要将轨道、电缆线、照明线及电话线等统一进行延伸。

### 3. 洞内管线布置

根据隧道的空间，合理布置各种管线，保证施工的安全性。洞内管线布置示意图如图 4.1-33 所示，洞内管线标识示意图如图 4.1-34 所示。

图 4.1-33　洞内管线布置示意图

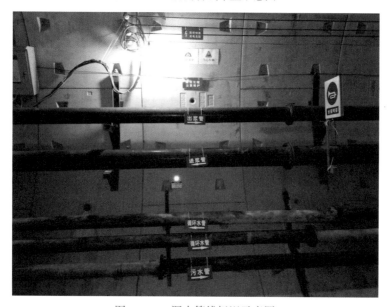

图 4.1-34　洞内管线标识示意图

（1）隧道照明、高压电缆

隧道内照明线路设置在人行通道对侧（一般为 2 点或 10 点位置），沿隧道掘进方向布设，三相五线设置，照明电缆安装高度为 3m，高压电缆安装高度 2.5m，每隔 5 环设置照明线路托架，每隔 8～10 环设置照明灯，每隔 30～40 环设置应急照明灯。照明灯具采用 LED 灯具或灯带，动力与照明分开，设动力开关箱和照明开关箱，每隔 10m 需要悬挂警示标识。

（2）泥浆管路

泥浆管路布置需根据掘进机配置进行设置，一般悬挂于 3 点或 9 点位置，管路长度为

6m，每 3～5 环设置 1 道泥浆管支架，支架采用槽钢焊接成型，固定在管片螺栓上，要求泥浆管和支架间必须接触密实，并在转弯等特殊区域加设挡块或钢丝绳拉结等加固措施；管路 80～120 环设置闸阀，并在曲线段、进洞口或中继泵区域加密安装。

（3）循环水、污水管路

循环水管、污水管（下坡段设置）和泥浆管路布置于同侧，一般为 5 点或 7 点钟位置，管路长度为 6m，每 3～5 环设置 1 道水管支架，管路均采用 φ100mm 不锈钢管连接，每 80～120 环设置闸阀。

（4）通风管路

风管采用 φ1200mm 拉链式帆布通风管，每隔 4.5m 用吊钩固定在管片顶部安装的细钢丝绳上。

（5）人行路板

人行路板设置于泥浆管路对侧，一般设置于 4 点或 7 点位置，路板宽 0.6m，长 3m，路板支架每 2 环设置 1 道，其中路板采用角铁和钢丝网片焊接，支架采用 20mm 方钢和角铁焊接，人行路板防护采用 φ8mm 镀锌钢管，钢管之间采用对拉丝杆进行连接固定。

4. 中继泵站

当掘进机掘进到一定距离，泵的输送能力便会达不到正常施工要求，为此必须增设接力泵，以维持正常的泥水输送。根据理论计算，本区间共需要两台出浆接力泵站，出浆泵位置设定需根据出浆泵泵口压力进行选择，一般情况第一台出浆泵设置在 250～320 环，第二台出浆泵设置在隧道最低点，并在出浆泵旁设置污水箱，将隧道内积水外排。

5. 洞内水平运输方案

洞内水平运输系统采取单轨运输方式，在五一立交站内铺设双轨，通过电瓶车牵引，进行管片、轨枕、浆液和辅助材料的运输。SPB 模式时每条隧道配置两个编组，为 45t 电瓶车 + 7m³ 砂浆车 + 2 台 15t 管片车 + 15t 材料车；EPB 模式为 45t 电瓶车 + 7m³ 砂浆车 + 2 台 15t 管片车 + 4 台 16m³ 渣车，另备用 1 台砂浆车和 1 台管片车，以防个别零件损坏需检修时造成材料运输环节脱节而影响掘进机正常掘进。掘进机在始发阶段时，安排一个列车编组进行运料。进入正常段掘进后，负环管片完全拆除后，采用两个列车编组运输。列车编组示意图如图 4.1-35 所示。

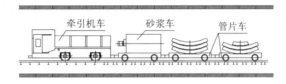

图 4.1-35　列车编组示意图

## 4.1.8　掘进机下穿建筑物技术

1. 施工管控风险等级划分

（1）划分原则

结合区间建（构）筑物保护设计图纸及施工中对周边建（构）筑物调查报告，本次建

（构）筑物施工管控等级划分原则如下：建（构）筑物房屋鉴定等级报告；项目前期施工建（构）筑物调查报告，如建（构）筑物的结构类型、基础类型、基础埋深、建筑年代等；建（构）筑物和区间隧道位置关系，水平及垂直位置关系。隧顶及隧道穿越地质情况；邻近建（构）筑物的重要程度，有无人员居住等。

（2）等级划分

一级施工管控等级：当建（构）筑物鉴定等级为 Csu 级及以上等级、基础距离隧道水平间距 $L < D$、基础距离隧顶高度 $1.5D < H < 2D$、隧顶不透水层厚度 $T < D$ 时，制定为一级施工管控等级（$L$：建（构）筑物基础距离隧道边线距离，m；$H$：基础底面至隧顶高度，m；$T$：隧顶不透水层厚度，m；$D$ 为刀盘开挖直径，6.3m）。

二级施工管控等级：当建（构）筑物房屋鉴定等级为 Bsu 级、基础距离隧道水平距离 $L < 2D$、基础距离隧顶高度为 $2D \leqslant H < 3D$、隧顶不透水层厚度 $D \leqslant T < 1.5D$ 时，制定为二级施工管控等级。

三级施工管控等级：当建（构）筑物房屋鉴定等级为 Bsu 级及以下等级、基础距离隧道水平距离 $2D < L$、基础距离隧顶高度为 $3D \leqslant H$、隧顶不透水层厚度 $1.5D \leqslant T < 2D$ 时，制定为三级施工管控等级。

**2. 建筑物概述**

（1）一级施工管控等级

根据建（构）筑物施工管控等级分类，一级施工管控等级建（构）筑物共计 9 栋，其中 8 栋为自行车总厂宿舍区，1 栋为五一中路学校。

（2）二级施工管控等级

根据建（构）筑物施工管控等级分类，二级施工管控等级建（构）筑物共计 20 栋，其中南宁自行车总厂生活区 2 栋，新福鞋料市场 7 栋，南宁建材机械厂合并工程 1 号大板住宅 1 栋，三元小区 5 栋，地宝小区 5 栋。

（3）三级施工管控等级

根据建（构）筑物施工管控等级分类，三级施工管控等级建（构）筑物共计 39 栋，多位于江北段施工。

**3. 掘进机下穿建筑物方案**

（1）一级施工管控等级

①施工前保障措施

在掘进机施工前，结合区间设计平纵断面初步设计文件、地质详勘报告，进行区间地质补勘作业，并和详勘报告进行比对，观察地层是否存在较大变化。掘进机选型需根据区间穿越地质情况、地面及周边施工风险、隧道长度等综合考虑，鉴于区间下穿建（构）筑物段施工风险较大，因此，项目在进行掘进机选型时要求两台掘进机均需具备 SPB 模式掘进。施工前根据区间平纵断面设计文件，进行周边建（构）筑物及管线施工调查，并对隧道下穿建（构）筑物进行安全鉴定，并形成相应的鉴定报告。

建（构）筑物预注浆加固，预注浆加固采用袖阀管注浆加固，孔间距为 1.5m×1.5m，梅花形布置，沿房屋结构外 2.0m、3.5m 施工两排袖阀管注浆钻孔，打设斜孔到房屋投影下方的掘进机顶板上方预加固区域。预注浆加固具体参数：注浆管采用直径 48mm 硬质 PVC 管，浆液采用水泥单液浆，水灰比为 1∶1，注浆压力为 0.5～0.8MPa，分序注浆，每序持续 10～20min；注浆顺序按跳孔、间隔方式进行，宜采用先外围后内部的注浆施工方法。注浆区域及注浆管布置如图 4.1-36 所示。

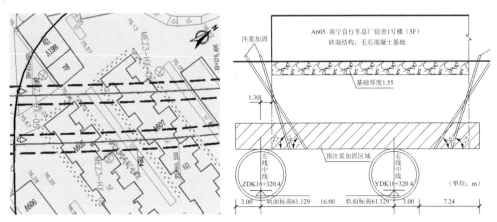

图 4.1-36　注浆区域及注浆管布置

在掘进机下穿建筑物期间，做好掘进机及配套设备日常检修工作，确保掘进机及配套设备完好率，确保安全、快速穿越建筑物。人员常规疏散，根据设计文件要求，结合始发段施工进度及掘进机影响范围，在掘进机施工时需对前后 15 环内建（构）筑物内居民进行疏散，在掘进机穿越后监测数据稳定后方可回迁（建议监测数据变化值不大于 2mm/2d，在掘进机穿越建（构）筑物前 1d 进行疏散，掘进机穿越建（构）筑物用时 2d，掘进机穿越后 3～4d 内回迁，共计用时 7d，本时间仅作为参考，实际施工中疏散及回迁时间以施工单位纸质版通知或报告为主）。

②施工中保障措施

施工中保障措施主要以控制掘进机掘进参数为主，掘进参数控制如下：泥水仓压力控制，施工前根据隧道地质情况、隧道埋深等合理制定掘进机下穿不同建（构）筑物泥水压力控制值，原则上压力控制范围为在掘进机刀盘通过前，影响区域内地面出现 1～2mm 隆起，同时在实际施工中根据泥水仓压力波动情况、出渣量、地表及建（构）筑物沉降等参数，及时调整并优化泥水仓压力。

泥浆质量控制，根据经验要求控制泥浆指标如下：含粉土地层泥浆密度为 1.12～1.15g/cm³，黏度 20～22s（漏斗黏度）；含圆砾地层泥浆密度 ＞1.15g/cm³，黏度 ＞22s，含泥岩地层泥浆密度为 1.06～1.10g/cm³，黏度 18～22s，施工中由实验室每日跟踪泥浆性能指标。当指标不满足上述要求时，及时通知现场调度安排调制浆作业。

出渣量控制，出渣量即环流系统从开挖面实际携带出来的砂土量，与理论掘削干砂量有一定偏差，应根据实际地层加强对泥浆压力和泥浆质量的控制，确保泥浆压力始终对应于开挖面的土水压力，严格控制出土量，以稳定工作面。

姿态控制，施工中掘进机主机需处于"抬头"，垂直趋势控制在 0～1mm/m，垂直姿态控制在 −20～−10mm，并根据成型隧道复测成果及时调整垂直姿态控制范围。

掘进机水平趋势控制在 ±2，水平姿态在掘进机进入曲线段前需预偏 20mm，以便于后续掘进机姿态调整。实际施工中姿态控制范围不得大于 ±25mm，当姿态超限需要回调时，严格控制纠偏范围，其中水平纠偏不大于 6mm/环，垂直纠偏不大于 4mm/环。加强管片的壁后注浆管理，同步注浆浆液配比及注浆参数需根据不同地质情况、地下水情况等综合制定，一般浆液的凝结时间不大于 6h，当地下水比较丰富时，将浆液的凝结时间调整至 4h 以内。同步注浆压力控制为地层压力 1.1～1.2 倍，补注浆压力控制为 0.3～0.45MPa；砂浆的充盈系数为 1.6～1.8 倍，实际施工中根据注浆压力、管片变化、地面沉降等情况进行调整。

地面巡视，掘进机下穿建（构）筑物施工期间，安排人员对地面及建（构）筑物进行 24h 巡视，当发现地面或建（构）筑物出现漏浆等异常现象时，立即通知调度、掘进机主机室、土木总工等，根据制定的应急措施，避免地面或建（构）筑物的异常沉降。加强信息化管理，每日施工完成后，当班值班工程师必须梳理出本班掘进平均参数及存在的问题，与下班值班人员进行交班，下班掘进时可参考、对比掘进参数变化情况，如发现异常，需及时和技术负责人及土木总工联系，分析可能存在的原因，制定下一步施工措施。

施工过程中严格按照报审完成的监测方案进行监测，并及时将监测成果反馈至土木总工及现场值班工程师，值班人员根据监测数据及时修正施工参数；当施工中监测值超过预警值时，立即停止掘进，查明原因，根据监测结果，修正施工方法，采取应急对策等。严格执行领导带班制度。掘进机下穿建（构）筑物施工期间，带班领导主要为项目主要管理人员及工程部、设备部、安质部副总，值班期间，带班领导需重点巡视隧道施工影响范围内建（构）筑物及管线等，值班当天不但要详细记录施工完成情况、安全质量、出勤情况、隐患排查、存在问题、突发事件等，还应及时对现场所有隐患及问题进行协调、处理，并对下个班的作业领导进行交接班。

辅助加固措施，在掘进机施工过程中根据监测数据反馈，当隧道施工对周边建（构）筑物的影响大于等于监测控制值的 70% 时，及时跟踪补偿注浆，跟踪补偿注浆采取为地面袖阀管跟踪注浆实施。加固范围：主要为建（构）筑物投影下方土层，以地层损失补偿性注浆为主，控制建（构）筑物差异沉降、沉降速率过快。施工参数：注浆孔布置间距 1.5m×1.5m，梅花形布置，沿房屋结构外 2.0m、3.5m 施工两排袖阀管注浆钻孔，打设斜孔到房屋投影下方跟踪注浆加固区域，注浆完成后采用水泥砂浆对注浆孔进行封孔处理。浆液采用水泥单液浆，水灰比 0.75∶1～1∶1，注浆压力 0.3～0.5MPa，注浆顺序按跳孔、间隔方式进行，宜采用先外围后内部的注浆施工方法。

③掘进机穿越后保证措施

掘进机穿越后，严格按照监测方案进行建（构）筑物监测，直至变形稳定，如发现建（构）筑物出现连续下沉或数据异常时，需及时通过洞内花管注浆、二次补注浆等措施进行加固作业，确保建（构）筑物安全。洞内花管注浆，下穿建（构）筑物期间（1～398 环）

均采用多孔注浆管片（管片吊装孔为 16 孔/环），掘进机下穿时根据监测结果，适时进行洞内补浆。花管注浆加固范围为隧道洞顶 135°范围，加固厚度为 3m，注浆管为 $\phi$32mm（$t$ =3mm）钢花管，埋设于打穿的吊装孔内，除 K 块不注浆外，其余的均需注浆；浆液采用水泥单液浆，注浆压力 0.2～0.3MPa（施工中应加强管片变形监测，并根据监测情况及时调整注浆压力），注浆顺序按跳孔间隔注浆方式进行。洞内花管注浆示意图如图 4.1-37 所示。

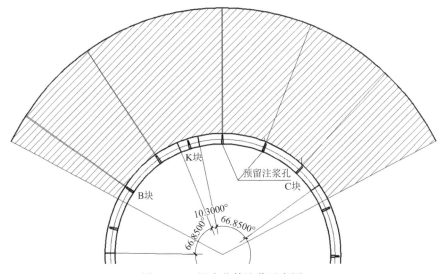

图 4.1-37　洞内花管注浆示意图

二次补注浆，当施工中发现上浮量超过 30mm 时，需通过盾尾后 3～5 环管片进行二次补注浆施工，以控制管片上浮。浆液采用水泥-水玻璃双液浆，其中水泥：水 = 1：1，水玻璃：水 = 1：1，水泥浆：水玻璃浆液 = 1：1，浆液凝结时间控制在 40～60s，注浆压力为 0.35～0.45MPa，注浆范围为拱顶 135°。

（2）二级施工管控等级

对比一级施工管控等级建筑物保护方案，二级施工管控建筑物保护方案除了在施工前不需对周边建筑物内居民进行疏散外，其余措施均同一级施工管控建筑物保护。

（3）三级施工管控等级

对比一级施工管控等级建筑物保护方案，三级施工管控建筑物保护方案除了在施工前不需对周边建筑物进行预注浆加固、不需对居民进行疏散、施工后不需进行洞内花管注浆外，其余措施均同一级施工管控建筑物保护。

### 4.1.9　双模掘进机带压进仓换刀技术

#### 1. 开仓换刀位置选择

根据区间平、纵断面图及详勘、补勘资料，结合南宁 2 号线南朝区间、3 号线青市区间施工过程中刀具的配置及磨损情况，故区间左、右线均拟进行 3 次开仓作业，对刀具检查及更换，详细开仓位置及相关说明见表 4.1-14。五新区间带压开仓换刀位置如表 4.1-15

所示。

五新区间掘进机开仓换刀计划　　　　　　　表 4.1-14

| 线别 | 开仓位置 | 地质描述 | 换刀计划 | 开仓位置地面环境 |
|---|---|---|---|---|
| 区间左线 | ZCK18＋945（460 环） | 隧道埋深 28.5m，地层自上而下依次为填土、粉土、圆砾及泥岩，洞身位于全断面泥岩，隧顶泥岩厚度 3.2m | 过江前刀具检查及更换 | 地表位于江南大道人行道，附近无建筑物（群） |
|  | ZCK19＋488（820 环） | 隧道埋深 16.5m，隧顶水位 19.7m，地层自上而下依次为圆砾、粉砂质泥岩、泥质粉砂岩地层，洞身位于全断面泥岩地层，隧顶泥岩厚度 9.6m | 刀具检查及更换 | 地表位于邕江北岸江滩，附近无高大建筑物（群） |
|  | ZCK19＋758（1000 环） | 位于中间风井内 | 过江后刀具检查及更换 | 位于中间风井内，开仓对周边环境影响小 |
| 区间右线 | YCK18＋932（450 环） | 隧道埋深 32.2m，地层自上而下依次为填土、粉土、圆砾及泥岩，洞身位于全断面泥岩，隧顶泥岩厚度 4.5m | 过江前刀具检查及更换 | 地表位于江南大道人行道，附近无建筑物（群） |
|  | YCK19＋545（860 环） | 隧道埋深 23.2m，隧顶水位 19.7m，地层自上而下依次为黏土、粉砂质泥岩、泥质粉砂岩地层，洞身位于全断面泥岩地层，隧顶泥岩厚度 8.2m | 刀具检查及更换 | 地表位于邕江北岸江滩，附近无建筑物（群） |
|  | YCK19＋758（1000 环） | 位于中间风井内 | 过江后刀具检查及更换 | 位于中间风井内，开仓对周边环境影响小 |

五新区间带压开仓换刀位置　　　　　　　　表 4.1-15

| 区间名称 | 左线 | 右线 |
|---|---|---|
| 开仓里程 | ZDK18＋944.848（470 环） | YDK18＋929.848（460 环） |
| 开仓位置地质情况描述 | 洞身处于全断面泥岩地层，隧顶泥岩层厚 3.39m，埋深 26.84m | 洞身处于全断面泥岩地层，隧顶泥岩层厚 4.28m，埋深 30.19m |
| 刀具更换计划 | 按既定的刀具配置，对刀具进行检查，对磨损刀具进行更换 | 按既定的刀具配置，对刀具进行检查，对磨损刀具进行更换 |
| 开仓模式 | 带压开仓 | 带压开仓 |
| 地层加固方式 | 高黏度膨润土浆液进行泥膜制作 | 高黏度膨润土浆液进行泥膜制作 |
| 开仓位置地面描述 | 地面位于邕江南岸滨江公园辅道旁，地面无高大的建（构）筑物（群） | 地面位于邕江南岸滨江公园辅道旁，地面无高大的建（构）筑物（群） |

**2. 开仓换刀位置水文地质及参数设定**

（1）位置周边环境及水文地质

第一次开仓地面位置位于江南大堤南侧江边公园内，无重要建（构）筑物，其中地质情况如下：左线 470 环，埋深 26.84m，地层自上而下依次为素填土、粉土、粉细砂、圆砾、粉砂质泥岩及泥质粉砂岩，隧顶为粉砂质泥岩地层，层厚 3.59m，隧顶水位 19.27m（邕江江面至隧顶高度，邕江水位 67m）。右线 460 环，埋深 30.19m，地层自上而下依次为素填土、粉质黏土、粉细砂、圆砾、粉砂质泥岩及泥质粉砂岩，隧顶泥岩层厚 4.28m，隧顶水位 19.2m（邕江江面至隧顶高度，邕江水位 67m）。

（2）换刀方式及参数设定

因本次开仓位置位于全断面泥岩，渗透系数为 0.02m/d，为不透水层。泥岩自稳能力及整体性较好，开仓作业期间压力核算如下：按照《盾构法开仓及气压作业技术规范》CJJ 217—2014 中要求仓内气体压力主要参考水头压力，进仓压力计算：

$$P = P_w + P_r \tag{4.1-4}$$

式中：$P$——开仓位置设定压力，bar；

$P_w$——计算值隧道开挖中心水头压力；

$P_r$——考虑不同地质条件、地面环境及开挖面位置压力调整值。

综合考虑，本带压进仓仓压为 1.50bar。

（3）带压进仓工艺流程

带压开仓施工流程见图 4.1-38。

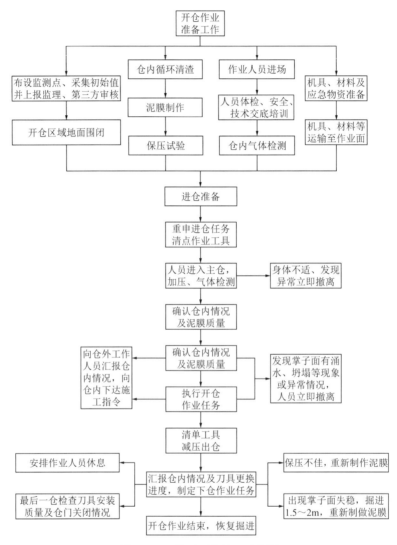

图 4.1-38　带压开仓施工流程图

### 3. 开仓作业准备

（1）技术准备

针对掌子面及隧道顶部地层为透水地层或者泥岩、钙质泥岩覆土厚度小于 5m，并且地层强度较低时采取带压开仓作业。

①开仓位置的确认

根据区间线路长度及地质情况对开仓位置进行计划设置，在掘进机到达既定开仓位置前 20 环，由测量组负责对掘进机实际里程进行复核，并将测量结果及时下发至掘进机值班工程师，值班工程师根据测量结果确定开仓位置并按照方案进行施工。为确保带压开仓施工安全，有条件时均采取全断面泥岩地层开仓，全断面泥岩开仓位置确定情况如下：掘进过程中查看泥水分离站出渣情况，出现全断面泥岩后向前掘进掘进机的长度（9m）。

②盾尾密封措施

在掘进机到达开仓位置前 5 环开始加大同步注浆量，且保证同步注浆压力不得大于地层压力的 1.3 倍。在加大同步注浆量的同时，加大盾尾油脂的注入量，避免注浆压力过大流入盾尾导致盾尾密封失效。掘进机在到达开仓位置后，在盾尾后 3 环利用管片上的吊装孔开孔进行水泥-水玻璃浆液的补注，以保证壁后注浆的填充密实度，避免盾尾后的地下水流入刀盘前侧。

③泥膜制作

为了增强地层的气密性，在开仓前通过向泥水仓内压注高黏度泥浆或者膨润土浆液的方式进行泥膜制作。泥膜制作的目的是对掌子面可能存在的裂隙进行填充、封堵，从而防止气体泄漏、地下水的侵入，维持掌子面的土体稳定。

④高黏度泥浆制作及运输

采用高黏度泥浆进行泥膜制作，$1m^3$ 高黏度泥浆的配合比为：膨润土：水 = 1：5，调制完成的高黏度泥浆黏度不小于 40s（以确保可以通过高黏度泥浆的填充作用，将掌子面前方的地层裂隙进行填充，确保带压开仓的安全）。高黏度泥浆的配比可根据带压开仓作业人员出仓后反映仓内实际情况进行适当的调整，以确保泥膜的质量。调制完成的高黏度泥浆通过砂浆车运输至作业面。

⑤高黏度泥浆的压注

高黏度泥浆的压注采用掘进机的同步注浆系统向泥水仓内压注，高黏度泥浆的注入压力控制不得小于开仓压力，并保证泥水仓压力不大于作业压力的 0.1～0.4bar，一方面确保成型泥膜质量，另一方面避免压力过大导致地面被击穿。

⑥泥浆置换及重新制作泥膜

若第一天或者开仓过程中发现掌子面泥膜有脱落或者质量下降，当天带压开仓结束后向泥水仓内压注高黏度泥浆量不小于 $15m^3$，并通过出浆管将置换出来的浆液排出，重新制作泥膜。置换完成后保压不小于 2h，确保泥膜的成型质量。若压力损失较大（大于 0.1bar/h）则按照泥膜制作过程再次制作。

⑦保压试验

泥浆置换完成后，将液位降至最低，并利用空压机向泥水仓内加压，待气压显示为开仓压力后，停止加压静置 2h，通过观察泥水仓压力变化情况及保压系统补气量判断成型的泥膜质量。如果泥水仓顶部压力波动较小且保压系统补气量小于供气量的 10%，则判断泥膜制作较好；反之，则需再次向泥水仓内压注高黏度泥浆，完成后再次进行保压试验。保压试验压力以设定压力为准，并缓慢降低气压，在确认保压系统补气量在允许范围内后，选择保压试验压力作为开仓压力，保压试验完成后及时恢复至泥水保压模式进行。

⑧降低液位

开仓作业前 1h，首先打开保压系统将气压调整为开仓压力，然后利用出浆泵将泥水仓内液位降至最低位置，然后关闭进出浆管路，观察压力变化情况，在确保压力波动满足要求后，方可进行带压开仓作业。

（2）设备准备

①保压系统检修与试验。在人员进仓前，全面检查压缩空气系统的功能。通过压力表，检查开挖仓、作业仓、人闸仓的密闭性能。对空气压缩机和储气罐进行检查，观察其工作压力是否正常；进仓作业所需各种起重工具和清仓工具的检查，避免工作时所需工具不能正常使用，导致作业人员工作时间延长和压缩空气的计划外使用。进仓前先对人闸仓进行加减压试验，试验压力设置为 2.0bar，试验时不要求人员进入，只进行无人压力试验，以检查人舱与材料仓的各功能部件在试验压力下的工作情况。

②对水平运输系统的检查保养，对轨枕、轨道、电机车做重点检查，确保水平运输通畅。

③垂直运输系统的检修保养，主要针对场地所用龙门式起重机进行一次全面保养。

④对供电系统高低压配电间进行检查，如发生外部停电，应确保尽快恢复；为保证供气连续性，配置空气压缩机做应急供气系统，并将管路连接到掘进机主供气管路。

⑤检查并确认泥水循环系统正常作业（如进排浆泵、泥浆管路、进浆浆液、泥水处理设备等），保证在加压前进行开挖仓的循环降水及清渣工作时的正常使用。泥水处理中心储备足够的高黏度浆液，并有专人负责保证调制浆液和调整设备，可随时正常工作以备应急供浆。

⑥检查确认压力仓内外安装配置的各种仪表、按钮、开关阀、照明设施的性能和可靠性；对带压开仓所有仪表进行标定，确保仪表准确性，同时确保仓内密封的完好。

⑦检查并确认加压仓的密封性，可预先应用最高允许操作压力的 1.1 倍去做气压测试。

⑧检查掘进机配备的风、水、电路的情况，并保证洞外风机的正常运行和洞内空气畅通；检查并确认掘进机其他相关系统的正常作业。

⑨检查气源空气压缩机的能力及性能，并配备一台 13m³ 内燃空压机与储气罐相连接，内燃空压机放置于电瓶车编组的最后一节平板车，对泥水仓的空气质量进行检测，确保无有害气体和空气置换正常。

⑩安质部门要提前将气体检测仪准备到位，确保电量充足，并保证一部备用，确保气体检测作业的连续进行，保证施工安全。

（3）人员准备

为了确保带压作业的安全可靠，项目部特邀请专业操仓员进行操仓，并对开仓作业人员进行作业培训和安全教育。所有参与带压作业人员必须体检、培训、带压试验合格后上岗。由工程部进行人员的统计，生产部配合提前将人员进行编组，明确小组长，并提前调配到位。作业人员必须遵守和执行所有安全规则，并熟悉刀盘及刀具的检查、刀具更换工作程序；必须严格遵守减压程序。其他岗位人员，各部门、班组按照各岗位职责要求提前调配到位，确保换刀作业程序的有序进行。

（4）开仓作业注意事项

①根据实际开仓位置的地质水文情况编制开仓作业施工技术交底，落实"开仓审批单"

内的准备事项。

②为了确保带压开仓作业的安全可靠，可邀请专业人员到现场进行指导和协助，对带压开仓人员进行带压作业培训和安全教育。

③带压作业前所有人员到现场熟悉作业环境，详细了解带压作业的目的和内容，明确作业步骤和流程，熟悉主仓和泥水内的结构。

④作业前首先进行主仓调试，确认各项功能的正常工作，风、水、电能够供应充分，并确保各开关、按钮、开关阀、压力表等的正常工作。并由技术专家对开仓人员进行安全和理论培训。

⑤作业时要确保掘进机自带的空压机可正常工作，并在掘进机内备用一台内燃空压机以确保气源充足。每次开仓作业前必须对仓内气体的含量进行检查，符合相关规范要求后方可进行开仓作业。

⑥带（常）压开仓作业前要向泥水仓内压注高分子浆液，以确保掌子面稳定，从而使泥水仓内部形成密闭空间，保证作业过程中气体泄漏速度处于正常的范围。

⑦人员进行开仓作业前，必须实行开仓审批制，由各项工作的负责人和项目领导、监理共同签认，确保各项保证措施的充分和可靠。

⑧在带压开仓前，对开仓人员进行严格的体检以及带压开仓前的试压训练，确保带压人员的身体处于健康状态。

**4. 带压开仓作业步骤**

①开仓作业前，需再次检查显示仓内外仪表、通信、阀门、仓门密封、传感器等是否完好；并检查作业所需工具、设备、材料等是否齐备地放置在仓内。

②对仓内气体进行置换。在确保仓内气体含量符合规范要求后，方可准备开仓作业。

③作业人员进入主仓。关闭主仓仓门并确保其完整密封。操仓人员要通过对讲机一直与坐在主仓中的人员联系。

④缓慢地打开进气阀，缓慢地升高主仓的压力，达到预定计算的工作压力，开启出气阀，建立主仓进出气平衡，气压稳定在 + 0.1bar 的偏差之内；加压过程中，打开主仓外的卸压球阀以保证主仓内一定的通风量，流量计的流量值每人至少为：$0.5\mathrm{m^3/min}$。

⑤当主仓压力和作业压力一致时，作业人员缓慢打开主仓和泥水仓之间的连通球阀；在确认主仓和泥水压力平衡后，作业人员打开泥水仓仓门。

⑥作业小组长首先进入泥水仓并观察仓内液位及掌子面情况，并将活体动物放入泥水仓下半部分，关闭泥水仓仓门，30min 后如果活体未出现烦躁、呆滞、站立不稳、死亡等现象后，并确认掌子面稳定及无漏水等情况且液位稳定后，开仓作业人员才允许进入泥水仓内作业。

⑦当发现泥水仓液位上涨过快、掌子面有渗漏水、存在失稳或掉块等现象时，作业人员清理作业工具并关闭泥水仓仓门，通知开仓负责人及值班领导，减压出仓，确定下一步的施工安排。

⑧当泥水仓内发现异常或作业完成后，关闭泥水仓仓门，在确保仓门关闭完成后，作业人员进入主仓，开始减压。减压过程中作业人员必须按照操作仓人员要求进行吸氧，减

压过程必须按照"隧道高压作业减压表"要求进行减压。

⑨进仓作业施工,根据《盾构法开仓及气压作业技术规范》CJJ 217—2014 中相关规定,开仓作业时,仓内应设置临时的上下通道,并应保证进场开挖仓的通道的畅通。首先确认掌子面无异常时,考虑开仓作业空间有限,进仓作业施工前准备好挂梯,并将挂梯进行固定,保证一个上下通道,每班完成后,最后一人将挂梯拿回人舱,下一仓人员进仓前重新安装固定,保证临时通道的稳定性,直至开仓完成。

### 5. 刀盘、刀具检查

（1）进仓作业前准备

开仓前组织开仓过程中涉及人员进行统一安全技术交底培训;准备进仓前,对每仓进仓人员再次进行交底,涉及施工过程的安全注意事项等;严格要求进仓作业人员进行仓内信息的沟通;进仓前对施工人员进行携带物品检查,现在准备简易储物箱（或存放衣物袋子）,防止违禁物品带入仓内。

（2）进仓作业刀盘、刀具检查

作业人员进入泥水仓后,在确认掌子面稳定及液位稳定后,进行刀盘及刀具检查工作。刀盘、刀具的检查作业分为以下步骤进行:

①清理刀盘,对刀盘内的大块土块等采用铁锹和撬杠清理,用编织袋装上后放置在主仓内,清仓时再清理出来;对于刀缝间的土体采用撬杠凿松,然后用高压水枪进行清洗。

②待清理完成后,由每仓作业组组长对刀盘、刀具拍照,并检查刀具磨损情况,看是否产生偏磨,偏磨量有多大,刀具轴承是否损坏;对于刮刀则检查合金钻头是否磨损;对所有的刀具螺栓都应检查,如有松动则必须重新紧固。检查后认真填写刀具检查表。在刀盘上部检查完毕后,检查人员回到人舱。

③人工操作旋转刀盘转 90°,如果刀盘需要清理,待清理完成后按照②操作进行刀盘、刀具的检查工作。

④同③,直至刀盘旋转完 270°（同一转向）,并拍摄完照片后,所有作业人员进入人舱,关好泥水仓仓门。

⑤操仓人员开始减压,人员出仓。减压过程中,作业人员必须根据操仓人员的指导进行吸氧。

⑥按照减压流程进行施工,减压完成人员打开仓门,作业结束。

### 6. 开仓换刀

依据刀具检查结果确定需要更换的刀具。在确定更换刀具后,进行换刀作业。作业步骤如下:

（1）转动刀盘

确保所有作业人员全部离开泥水仓后,在人舱内操作转动刀盘,将需要更换的刀具转到方便作业的位置,然后进入泥水仓开始刀具更换作业。

（2）刀具的更换方法

刀盘辐条背后安装专用工具,拆除滚刀,并利用手拉葫芦将其运出开挖仓,将新的滚刀重新推入刀箱,并安装定位销、紧固螺栓。切刀重量较轻,可以直接进行拆卸安装。边刮刀较重，在更换过程中一定要保证不能破坏泥膜。

刀具的更换方法如图 4.1-39 所示。

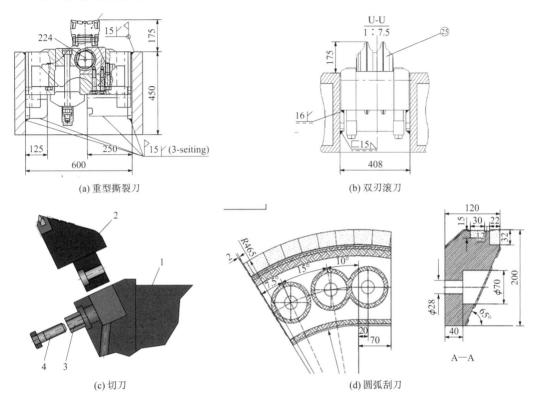

(a) 重型撕裂刀　　　　　　　　　　　(b) 双刃滚刀

(c) 切刀　　　　　　　　　　　(d) 圆弧刮刀

图 4.1-39　刀具的更换方法

①重型撕裂刀的更换步骤为：旋松切削刀盘中心刀具的两个螺栓并拆卸螺栓和楔形铁；把刀具和固定座从切削刀盘后的安装座内取出；更换新刀具并按规定的紧固力矩进行安装，注意应使用新的固定螺栓调紧。

②双刃滚刀的更换步骤为：松开楔块总成件；松开定位块总成件，取下定位块；注意定位块总成件和楔块总成件不可移出；取出滚刀；清洁表面；装上新滚刀；安装定位块；加固滚刀；拧紧所有螺栓。

③切刀的更换步骤为：松开螺栓；取出丝套；取出切刀；清洁切刀；安装新切刀；固定切刀；拧紧螺栓。

④圆弧刮刀的更换步骤为：松开螺栓；取出圆弧刮刀；清洁圆弧刮刀；安装新圆弧刮刀；固定新刀；拧紧螺栓。

（3）刀具更换准则

所有刀具除开挖岩层外，还起着保护刀盘的作用，为有效地避免刀盘的磨损，当刀具磨损到一定程度或意外损坏时，就必须将其更换，刀具更换准则：当中心刀和正滚刀磨损量为 25mm 以上、边滚刀磨损量为 10～15mm 时，必须更换新刀；当刀具出现下列损坏情况时必须更换：合金断裂；刀圈断裂；挡圈脱落或刀圈移位；刀座出现磨损；刀具轴承损坏；刀圈严重偏磨；因周边刮刀对刀盘外圈的保护起重要作用，并影响掘进机的总推力，周边刮刀出现合金脱落或磨损量达到 15～20mm 时必须更换。切刀合金掉落 2 个以上（包括两个）必须更换，切刀销轴螺栓有掉落或者松动的必须处理。滚刀使用 200m 以上的，若刀具还能正常使用，楔块螺栓必须更换，刀体两侧楔块必须加防松垫圈。为保证掘进机的正常掘进，保护刀盘刀具，滚刀或周边刮刀掉落必须进行打捞，切刀 3 把以上必须进行打捞。

（4）换刀注意事项

换刀过程要佩戴安全防护用品，运进及运出的工具、刀具、螺栓、定位销等物品数量要登记，并在出仓时再次核对没有物品留在泥水仓内。在泥水仓内进行换刀时要防止螺栓等遗落。螺栓拆除时，防止对螺栓孔造成伤害。新加的紧固螺栓要涂抹密封胶后再进行安装，螺栓紧固分两次，第一次在安装单个螺栓时预紧，全部安装完成后再紧固一次，紧固力矩要达到相应标准。在整个换刀期间，掘进机司机应协助作业人员调整刀盘位置并密切注意开挖仓气压及液位，发现异常立即通知作业人员撤离。

（5）刀盘清理及仓门关闭确认

计划工作完成后，对泥水仓及刀盘前方进行全面的检查，避免工具、杂物遗留在内。确认无问题后关闭仓门，仓门关闭后的密封性由设备部开仓负责人确认。

（6）减压出仓

带压开仓作业完成后，人员进入人舱，示意操仓人员开始减压，减压过程中必须吸氧。常压作业开仓作业完成后，设备部进仓对仓内工作情况及设备机具进行检查，确认工作完成，并且无掉落机具（工具、物件等）后人员撤出。

（7）开仓作业注意事项

带压进仓减压过程中需持续对仓内气体进行检查，确保氧气和一氧化碳等气体成分满足要求，重点关注可燃性气体含量，确保减压施工安全。带压开仓作业期间，作业人员严格按照交底要求作业，严禁私自处理掌子面（包含挖掘、冲刷等）。换刀作业过程中做好自我保护，刀具吊运应固定牢固，避免刀具运输及安装过程中造成对自己及他人伤害。带（常）压开仓作业人员严禁携带易燃易爆物，切割点火除外。常压开仓作业过程中涉及动火作业必须申请办理动火证，作业现场禁止吸烟。常压作业过程关注空气质量，及时进行仓内气体置换。

## 4.1.10　掘进机到达接收技术

掘进机接收方案采用钢套筒接收，钢套筒接收流程及组装方案基本同钢套筒始发方案一致，不同之处为钢套筒筒体安装后需加设后端盖，仅对掘进机接收施工期间参数控制进行简述。

**1. 掘进机接收参数控制**

（1）姿态控制

控制点测量：在掘进机到达接收端头前 100m，由精测队进行贯通前测量，对隧道内外所有的测量控制点进行一次整体的、系统的测量复测，对所有控制点坐标进行复核。

管片测量：在掘进机到达接收端头前最后一次导向系统搬站时，充分利用在贯通前线路复测的结果，精确测量测站、后视点的坐标和高程；同时，在贯通前 50m 时，进一步加强掘进机姿态和管片测量，根据复测结果及时纠正偏差，并结合实测的竖井洞门位置适当调整隧道贯通时的掘进机姿态，确保掘进机按设计线路到达端头完成接收。

洞门复测：在洞门结构施工完成后，对接收端头洞门位置及预埋钢环坐标、高程、里程等进行复测，并及时将复测最终成果上报监理及第三方审批，如果实测钢环位置和设计偏差小于 20mm，则按照设计位置作为掘进机出洞时控制姿态；如果实测钢环位置和设计偏差大于 20mm 小于 100mm，则按照复测姿态作为出洞时控制姿态。

测量组根据实测洞门姿态下发纸质版交底至操作室，主司机及值班工程师需严格按照该姿态进行控制，如需纠偏时，单环水平纠偏不大于 6mm，垂直纠偏不大于 4mm 原则进行修正，确保掘进机出洞姿态和洞门钢环姿态尽量拟合，减少对洞门密封效果的破坏。

（2）掘进参数控制

根据接收段掘进施工里程及接收方案，将掘进机接收段施工分为三个掘进阶段，第一掘进段为到达前 30m 施工，第二掘进段为刀盘切削地下连续墙段施工，第三掘进段为刀盘在钢套筒内施工，详细施工参数控制如下：

第一掘进段参数：本阶段仓压为地层压力的 1.1~1.2 倍，刀盘转速不大于 1.4r/min，掘进速度控制在 20~30mm/min，推力控制在 2000t 以下，泥浆密度 1.15~1.2g/cm³，黏度 22~25s，并在掘进机刀盘到达地下连续墙前 500mm，掘进速度不大于 10mm/min，如在施工中出现扭矩突增或刀盘推力增大时，需立即停止掘进，判断是否到达地下连续墙，如到达地下连续墙，需严格控制掘进机推力、速度及扭矩控制，避免因推力过大造成刀盘损坏或卡死。

第二掘进段参数：本掘进段施工时，掘进机推力不大于 1200t，掘进速度不大于 5mm/min，过程中密切关注扭矩变化情况，避免因推力过大造成刀盘损坏或卡死。

第三掘进段参数：本阶段掘进机推力不得大于 800t，掘进速度不大于 15mm/min，避免因推力过大造成洞门密封失效，并在施工中密切关注钢套筒、反力架位移情况及各连接部位有无渗漏现象等。

（3）洞门封堵

在盾尾到达洞门后，增大同步注浆量，以确保洞门区域密封效果，并在掘进机完成接收后，通过洞门附近 3 环多孔管片吊装孔，对洞门进行二次补注浆封堵施工，二次注浆配合比、注浆量、注浆压力及检测如下：

注浆材料、浆液配比：二次注浆采用水泥-水玻璃双液浆，水泥为 P·O 42.5 袋装，水玻璃波美度为 35，水泥浆配比为水泥：水 = 1：1（质量比），水玻璃浆液配比为水玻璃：水 = 1：1，水泥浆液：水玻璃浆液 = 1：1，浆液凝结时间为 40~50s，实际施工中根据现场情况进行调整。

注浆设备、注浆压力、注浆量：注浆设备采用自备的 KBY-50/70 双液注浆泵，注浆压力为 0.35~0.45MPa，单孔注浆量不大于 0.8m³，单环注浆量控制在 8m³。

注浆结束标准：补强注浆一般情况下以压力控制，达到设计注浆压力则结束注浆，视注浆效果可再次进行注浆。

注浆设备设置位置：双液注浆平台设置在车站中板区域，注浆管路接入隧道内，避免因二次注浆影响掘进机掘进。

检测标准：在注浆完成后，对隧道上、下、左、右、左上、左下、右上、右下 8 个区域进行开孔检查，开孔深度需打穿隧道注浆体，在确认无滴水后方可满足要求；如不能满足要求，需继续对渗漏区域进行补注浆作业。

**2. 负环及钢套筒拆除**

在掘进机完成接收后，通过泥水环流系统将钢套筒内渣土全部外排，然后利用钢套筒底部排水管将钢套筒内压力卸载完成后，首先打开钢套筒顶部观察孔，然后拆除钢套筒上顶盖及两侧连接块，再拆除反力架及钢套筒前端盖，进行负环管片拆除及底部钢套筒拆除。钢套筒拆除前需通过洞内管片开孔检查渗漏水情况，在确认洞内无渗漏现象时，打开钢套筒顶部 3 个观察孔观察筒体内注浆效果，在确认注浆饱满后，拆除钢套筒上顶盖，再次检查洞门区域有无渗漏水，在确认无渗漏时，方可进行后续钢套筒拆除。上述检查过程中，如果发现有渗漏现象时，需立即进行洞内注浆加固或管片壁后注浆加固，以确保钢套筒和负环管片拆除施工安全。

## 4.2 EPB/SPB 双模掘进机穿越邕江施工技术

### 4.2.1 项目工程概况

**1. 项目概况**

南宁市轨道交通 5 号线一期工程（那洪—金桥客运站）施工总承包 02 标 5 工区，位于南宁市江南区，项目为五一立交站（原旱塘站）—新秀花园站（原新民路站）掘进机掘进区间掘进及附属工程施工。掘进机自五一立交站大里程端头始发，下穿自行车总厂居民楼、新福鞋料市场、五一中路小学、丽江花园小区、三元小区、地宝小区等居民楼后，到达邕江南岸江滩，穿越邕江、侧穿中兴大桥后沿明秀西路向北行进到达新秀花园站接收吊出，详见图 4.2-1。

图 4.2-1　五新区间平面示意图

区间起止里程 Z(Y)CK8＋254.848～Z(Y)CK10＋352.934，隧道左线 2091.891m、右线 2098.086m。区间另设置 3 座联络通道和 1 座废水泵房，其中 2 号联络通道和泵房合建，3 号联络通道和风井合建，1 号、2 号联络通道均采用冷冻法施工。区间线路自五一立交站始发后，首先进入右转 $R＝700m$ 的曲线段下穿自行车总厂生活区，然后进入左转 $R＝800m$ 的曲线段到达邕江南岸，直线段穿越邕江后，进入右转 $R＝500m$ 曲线段接入新秀花园站，隧道线间距 13～16m。

**2. 邕江段施工概况**

按照对江面水域的实测，江面现时高程为 67m，较初步设计抬升 5m，掘进区间与邕江交叉里程为 520～830 环，掘进机进入邕江段后左右线均为直线段，590 环之前是 29‰下坡，590～760 环是下坡，760 环后是 24.05‰上坡，到江中断，左线隧道埋深 9.3～33m，右线隧道埋深 9.2～32m。线路穿邕江段长约 600m，下穿邕江水面宽约 465m，隧顶最小覆土厚度 9.2m，拱顶泥岩层厚度为 3.5～8.5m。本次穿越邕江影响范围内无重要建（构）筑物，最近建筑物为中兴大桥，最近距离为 80m，不受掘进机施工影响。

**3. 周边环境及地质情况**

根据详勘及补勘揭示，邕江下穿段为全断面泥岩（粉砂质泥岩、泥质粉砂岩）。详细的地质描述如下：

（1）泥岩、粉砂质泥岩⑦$_{1-2}$：青灰色，泥质结构，局部粉砂质结构，厚层状构造，成岩程度较浅，呈坚硬土状，切面光滑，风干开裂，遇水易软化，局部含有深灰色、灰黑色薄层泥煤层或炭质泥岩。层厚 0.4～18.6m，进行标贯试验 40 次，实测击数 30～52 击，自由膨胀率平均值 36.38%，相对膨胀率平均值 1.07%，属强胀缩土。

（2）泥岩、粉砂质泥岩⑦$_{1-3}$：青灰色，泥质结构，局部粉砂质结构，厚层状构造，成岩程度较深，呈半岩半土状，风干开裂，遇水易软化，局部含有深灰色、灰黑色薄层泥煤层或炭质泥岩。层厚 0.60～28.40m，在邕江河谷阶地广泛分布。天然状态下单轴抗压强度为 0.24～5.37MPa，标准值为 1.70MPa。

（3）粉砂岩、泥质粉砂岩⑦$_{2-1}$：青灰色、黄褐色，粉砂质结构，尚未成岩，呈中密粉砂状，局部含泥质，厚层状构造。层厚 0.5～6.0m。

（4）粉砂岩、泥质粉砂岩⑦$_{2-3}$：青灰色，粉砂质结构，成岩程度较深，呈半岩半土状，局部含泥质，厚层状构造。层厚 0.5～10.9m，进行标贯试验 4 次，实测击数 51～78 击，天然状态下单轴抗压强度为 0.75～3.86MPa。

**4. 水文地质**

根据勘探揭示的地层结构，本区间工程影响范围内的地下水主要为上层滞水、第四系松散岩类孔隙水、碎屑岩类裂隙水和基岩裂隙水。邕江水文情况：区间掘进需下穿邕江，邕江南宁市河段河床宽约 485m，深约 21m，平均水面宽 307m，枯水水深 8～9m。100 年一遇洪水位 80.50m。江底分布一定厚度淤泥，下伏半成岩的粉砂质泥岩，泥质粉砂岩，隧道结构从该半成岩岩层中通过，该层透水性弱，邕江与区间隧道所穿越圆砾地层存在水力联系。本勘察期间，初见水位主要是第四系的松散岩类孔隙水，水位在 0.00～10.50m，稳定水位为 1.00～18.50m，水位受地形和降水影响很大。地下水水位年变化幅度为 2～5m。

**5. 岩土工程条件评价**

五一立交站—新秀公园站区间 ZDK18 + 272.1～ZDK19 + 000 段隧道通过地层为粉细砂层、圆砾层及古近系的泥岩（⑦$_{1-2}$、⑦$_{1-3}$），各层相间分布。其中，泥岩、粉砂质泥岩黏粒含量较高对掘进机施工会产生影响，施工时易结泥饼，且浸水易软化，干后易开裂，可能引起刀盘包裹，影响掘进机掘进，掘进机施工时应做好止、排水措施。

### 4.2.2 穿越邕江作业准备

**1. 技术准备**

完成掘进机隧道穿越邕江段地质补勘及水下环境调查，摸清穿越时江水变化水位。建立动态信息传递系统，确保测量结果能够快速反馈。穿越邕江前在拟定开仓位置进行掘进机开仓检查刀具、刀盘、主轴承密封等，必要时进行修复和更换。掘进机穿越邕江段施工前，专项方案编制人员或项目技术负责人应当向现场管理人员和作业人员进行安全技术交底。作业班长必须向作业人员进行操作交底。根据本方案所面临的风险制定合理可行的应急处置方案，并做好相应人员、物资、设备的准备。

**2. 设备准备**

在掘进机下穿邕江段前对掘进机及后配套设备进行一次全面、细致的检修。重点对掘进机的液压系统、电路系统、泥浆循环系统、压滤系统、P2-1 泵、P1-1 泵、辅助泵、空压机、泥浆管路、同步注浆系统、二次注浆设备、控制电路及液压系统、搅拌系统、龙门式起重机刹车系统、行走系统、电瓶车刹车及电路进行检修。对于损坏的部件立即更换，对存在故障隐患的部位及时排除，各润滑部位及时加注润滑脂或润滑油。特别是对注浆管路进行清洗疏通，避免输送管在掘进机穿越邕江段时堵塞，导致浆液供应中断，从而造成掘进机停机。检修前制定详细的设备检修计划，由机械总工牵头，安排经验丰富的检修人员对设备进行彻底的检修，将检修任务落实到个人，确保掘进机穿越邕江前所有设备均处在最佳的工作状态，安排专业维修人员进行值班，保证 24h 连续推进。

**3. 物资准备**

掘进机穿越邕江段施工 10d 前完成过江段管片储存、管片辅助材料、防水材料、同步注浆材料（水泥、粉煤灰、细沙、膨润土等）、应急注浆材料等施工物资清点、采购、运输工作，确保现场材料满足要求。根据以往经验及南宁同等地层掘进经验，对极易损坏的掘进机配件提前采购供应，保障正常施工。按照应急预案要求做好应急物资储备、购置工作。

### 4.2.3 掘进机下穿邕江施工方案

根据施工区间平纵断面图揭示，掘进机邕江段施工长度为 600m，江水面宽度约 400m，施工里程为：Z(Y)DK18 + 900～Z(Y)DK19 + 500，左线江底段施工采用 SPB 模式掘进，右线江底段施工采用 EPB 模式掘进。根据地质资料揭示，区间左、右线掘进机邕江段施工穿越地层以粉砂质泥岩⑦$_{1-3}$和泥质粉砂岩⑦$_{2-3}$为主，隧道顶部覆土主要为淤泥质土②$_{1-2}$、圆砾⑤$_{1-1}$及粉砂质泥岩⑦$_{1-3}$，最浅覆土 9m。其中洞顶泥岩最浅 4.0m。洞顶 3～4m 范围内主要为不透水泥岩或者粉砂岩。

**1. 穿越前关键措施**

（1）完成掘进机隧道穿越邕江段地质补勘及水下环境调查，详细了解邕江段施工地质及江水水位变化情况。

（2）建立动态信息传递系统，确保测量结果能够快速反馈。

（3）穿越邕江前在拟定开仓位置进行掘进机开仓检查及刀具更换，确保刀具配置与地层相匹配，满足一次性穿越邕江要求。

（4）邕江段施工前由技术负责人和生产负责人向施工管理人员、作业班长、掘进机司机等做全面的安全技术交底，并由作业班长向作业人员进行操作交底。

（5）在掘进机下穿邕江段前对掘进机及配套设备进行一次全面、细致的检修，对易损配件、电器元件进行更换及储备，确保邕江段施工期间掘进机机况良好。

（6）掘进机穿越邕江段施工 10d 前完成管片储存、管片辅助材料、防水材料、同步注浆材料（水泥、粉煤灰、细沙、膨润土等）、应急注浆材料等施工物资清点、采购、运输工作，确保现场材料满足要求。

（7）与南宁市相关管理部门及航道局管理单位取得联系，对掘进机下穿邕江施工进行告知，并结合施工情况必要时请求相关单位及部门协助施工。

（8）按照掘进机下穿邕江专项监测方案提前做好监测相关工作，并适时监测并进行监测数据分析。

**2. 穿越邕江期间控制措施**

（1）测量、监控及江面巡查

距离进入邕江江底 10～20 环进行一次导线、高程测量，确保掘进机穿越邕江时的里程符合设计要求。做好掘进机姿态的人工复测工作，避免掘进机姿态偏差过大，掘进机掘进纠偏时间间隙过大而增大施工风险。加强江面巡查监控，穿越施工期间，专人使用望远镜对江面实行 24h 监控巡查，每 2～3 次/d。巡查结果及时反馈至工程部、土木总工。

（2）设备、物资保障

每天安排专人对施工所涉及物资进行清查，物资库存量少于 1 周掘进需用量时及时进行补充采购。对每天极易发生故障的设备进行巡查，发现隐患及时整改。做好应急物资的清点、应急设备的调试，确保发生事故能立即使用。

（3）技术控制

穿越邕江期间拟采取以下措施确保掘进机的安全、迅速通过。

①压力的设定

仓压设定需根据隧道穿越地质情况、埋深及江水变化幅度进行设定，施工中根据压力波动情况、掘进参数变化情况、出渣及监测数据等进行优化，过程中控制压力波动不大于±0.15bar；施工中如存在因设备原因造成压力低于设定值，应立即停止掘进，对设备进行检修，待压力恢复稳定后，方可继续掘进；如出现江底击穿现象时，首先加快掘进机施工速度，在本环掘进完成后，向刀盘内压注高黏度泥浆稳定掌子面，并在盾尾通过后，加大该区域同步注浆及二次补注浆作业。

②泥浆质量控制

SPB 模式时，根据类似工程的施工经验，泥浆密度为 $1.06\sim1.10\text{g/cm}^3$，黏度 18～22s，并安排实验室不定时地跟踪泥浆性能。

③推力、扭矩控制

SPB 模式施工参数：刀盘转速≤1.4bar，推力≤2800t，扭矩≤3200kN·m，泥浆密度 1.15～1.25，黏度 18～20s，如扭矩大于 3200kN·m 时，需立即停止掘进，通过增大刀盘中心冲刷、刀盘转速、进出浆流量等方式，将扭矩降低后方可恢复掘进；EPB 模式施工参数：刀盘转速≤1.6bar，推力≤1500t，扭矩≤4500kN·m，泡沫注入量为 70～80kg/环，出渣量为 60～65m³/环，如扭矩大于 4500kN·m 时，需立即停止掘进，通过增大刀盘中心冲刷、刀盘转速、进出浆流量等方式，将扭矩降低后方可恢复掘进。

④掘进机出土量控制

掘进机推进过程中应加强进出泥浆量的监控，并及时计算掘进机的出土量，EPB 掘进机施工期间密切关注出土量，防止出土量过大造成掌子面失稳。

⑤姿态控制

施工中掘进机主机需处于"抬头"，垂直趋势控制在 0～1，垂直姿态控制在−20～−10mm，掘进机水平趋势控制在±2，并根据成型隧道复测成果及时调整垂直姿态控制范围；水平姿态在掘进机进入曲线段前需预偏 20mm，以便于后续掘进机姿态调整。实际施工中姿态控制范围不得大于±25mm，当姿态超限需要回调时，严格控制纠偏范围，其中水平纠偏不大于 6mm/环，垂直纠偏不大于 4mm/环。

⑥管片选型及拼装

穿越期间正确进行管片点位的选择，通过合理的管片点位选择控制管片和盾尾关系（即盾尾间隙不小于理论间隙 2/3），防止因盾尾间隙造成盾尾被卡或漏浆现象。严格控制管片拼装质量，拼装过程中如果发现出现管片破损，必须严格按照管片破损修补方案及相关交底进行修补，特别是对管片外弧面破损的，必须满足修补方案内要求的标准后方可进行下一环的掘进。

⑦同步注浆控制

为防止因掘进机施工引起的地层损失，和隧道周围受扰动或受剪力破坏的重塑土的再固结，及地下水的渗透改善止水性，保证过江隧道的安全，在掘进机掘进过程中，要尽快在脱出盾尾的衬砌管片壁后同步注入足量的砂浆以填充建筑空隙。为了及早建立起浆液的高黏度，以便在砂浆向空隙中充填的同时将地下水疏干，获得最佳的充填效果，要求同步注浆必须和掘进机掘进同步，并将砂浆的初凝时间控制在 4～6h。

⑧加强信息化施工管理

加强信息化施工管理。通过信息化施工管理，可正确地对掘进参数进行调整，确保掘进机的施工安全。

**3. 穿越后施工措施**

鉴于江中段掘进机掘进施工中，覆土浅、水压大、施工难度系数较高，故掘进机在穿越邕江施工完成后，根据掘进过程中的施工参数及监测数据等，选择性地进行水泥-水玻璃双液浆补注施工。

### 4.2.4　掘进机施工工艺

**1. SPB 掘进机防泥饼措施**

邕江段施工拟采取以下措施防止仓内出现结泥饼现象：

（1）刀盘开口率改造

掘进机在出厂前已根据区间地层对刀盘开口率进行改进，将开口率由原设计的 30%增大至 33%，中心开口率达 40%，以减少刀盘结泥饼现象；并在刀盘上设置 5 个轴向注水孔，6 个径向注水孔，均可有效地减少刀盘结泥饼现象。

（2）循环系统选择

掘进机循环系统采用直排式，掘进完成的渣土进入泥水仓后直接到达出浆管口外排，减少渣土在仓内堆积时间，从而减少刀盘结泥饼现象；并将进浆管路由原设计的斜向冲刷改为 90°弯头冲刷牛腿。

（3）中心冲刷使用

掘进机中心冲刷的进浆取自采石箱内存储的泥浆，增大了进浆流量，加大对刀盘冲刷，以有效控制刀盘结泥饼速率，并将冲刷方向由原设计轴向冲刷改为 90°弯头冲刷牛腿。

（4）刀具配置

针对区间左右线复合地层及全断面泥岩地层掘进参数对比分析，结合南宁 2 号线南朝区间全断面泥岩地层刀具配置，合理地选择邕江段施工刀具配置，减少刀盘的结泥饼现象。

（5）泥浆性能控制

根据以往施工经验，全断面泥岩地层施工中泥浆密度需控制在 $1.05\sim1.25\text{g/cm}^3$，黏度控制在 25s 以下，可有效地缓解刀盘结泥饼现象，因此，施工中严格控制泥浆性能指标，并由实验室每日跟踪泥浆性能指标，及时对废浆进行处理，确保泥浆性能满足全断面泥岩地层施工需求。

（6）掘进参数选择

根据区间前阶段施工参数，结合其他类似工程施工情况，合理地制定邕江段施工期间掘进参数，并在实际施工中根据推力、扭矩、出渣、同步注浆等参数及时修正，必要时采取多洗仓、加分散剂等辅助性措施，以满足泥岩地层施工需求。

**2. EPB 掘进机气压辅助掘进施工工艺**

由于隧道曲线和坡度变化以及操作等因素的影响，掘进机推进会产生一定的偏差。当这种偏差超过一定限界时就会使隧道衬砌侵限、盾尾间隙变小使管片局部受力，而引起管片破损，因此，掘进机施工中必须采取有效技术措施控制掘进方向，及时有效纠正掘进偏差。

（1）掘进机掘进方向控制

结合本标段掘进区间的特点，采取以下方法控制掘进机掘进方向：

①采用自动导向系统和人工测量辅助进行掘进机姿态监测

该系统配置了导向、自动定位、掘进程序软件和显示器等，能够全天候在掘进机主控室动态显示掘进机当前位置与隧道设计轴线的偏差以及趋势。据此调整控制掘进机掘进方向，使其始终保持在允许的偏差范围内。

②采用分区操作掘进机推进油缸控制掘进机掘进方向

根据线路条件所做的分段轴线拟合控制计划、导向系统反映的掘进机姿态信息，结合隧道地层情况，通过分区操作掘进机的推进油缸来控制掘进方向。推进油缸按上、下、左、右分成四个组，每组油缸都有一个带行程测量和推力计算的推进油缸，根据需要调节各组油缸的推进力，控制掘进方向。在上坡段掘进时，适当加大掘进机下部油缸的推力；在右转弯曲线掘进时，则适当加大左侧油缸的推力；在直线平坡段掘进时，则尽量使所有油缸的推力保持一致。

（2）掘进机掘进姿态调整与纠偏

在实际施工中，由于管片选型错误、掘进机司机操作失误等原因，掘进机推进方向可能会偏离设计轴线并超过管理警戒值；在稳定地层中掘进，因地层提供的滚动阻力小，可能会产生盾体滚动偏差；在线路变坡段或急弯段掘进过程中，有可能产生较大的偏差，一般掘进机如果偏离设计轴线±20mm，需要对掘进机采取合理纠偏。

参照上述方法分区操作推进油缸来调整掘进机姿态，纠正偏差，将掘进机的方向控制调整到符合要求的范围内。当滚动角超限时，及时采用掘进机刀盘反转的方法纠正滚动偏差。一般纠偏逐步进行，不能一次到位。每环的纠偏量在水平方向上不超过6mm，在竖直方向上不超过5mm。安装管片以及选取管片类型时，在安装完毕以后，管片平面尽量与掘进机的轴线垂直，即管片安装完毕之后，保持掘进机各组油缸的初始行程基本一致。

（3）方向控制及纠偏注意事项

在切换刀盘转动方向时，应保留适当的时间间隔，切换速度不宜过快，切换速度过快可能造成管片受力状态突变，而使管片损坏。根据掌子面地层情况应及时调整掘进参数，调整掘进方向时应设置警戒值与限制值。"蛇"形修正及纠偏时缓慢进行，如修正过程过急，"蛇"形反而更加明显。在直线推进的情况下，应选取掘进机当前所在位置点与设计线上远方的一点作一直线，然后再以这条线为新的基准进行线形管理。在曲线推进的情况下，使掘进机当前所在位置点与远方点的连线同设计曲线相切。推进油缸油压的调整不宜过快、过大，否则可能造成管片局部破损甚至开裂。正确进行管片选型，确保拼装质量与精度，以使管片端面尽可能与计划的掘进方向垂直。

（4）掘进机掘进方向的控制与调整

由于掘进机表面与地层间的摩擦阻力不均匀，地层软硬不均、隧道曲线和坡度变化以及操作等因素的影响，掘进机推进不可能完全按照设计的隧道轴线前进，而会产生一定的偏差，开挖面上的土仓压力以及刀盘切削地层所引起的阻力不均匀，也会引起一定的偏差，在掘进机推进过程中由于不同部位推进千斤顶参数设定的偏差，易引起推进方向的偏差。当这种偏差超过一定限界时就会使隧道衬砌侵限、盾尾间隙变小使管片局部受力恶化，并造成地层损失增大而使地表沉降加大。因此，掘进机施工要控制掘进方向，及时有效纠正掘进偏差。

五新区间穿越邕江段因有软硬不均匀地层的存在，施工过程中很容易出现盾尾和铰接处涌水、管片破损、成型隧道非正常变形等问题，施工中拟采取以下措施：在穿越前由工程部组织，对生产经理、主司机、值班工程师、调度、班长、注浆司机、管片拼装手等进行交底培训，确保曲线段掘进施工的安全、连续。施工中可根据掘进机姿态和左右油缸行程差一起控制掘进机掘进姿态及纠偏。控制掘进机的纠偏力度，防止由于纠偏量过大，造成刀盘受力不均，影响掘进机姿态。

### 3. 掘进机过江段管片质量控制

（1）复合地层掘进防止管片上浮措施

通过管片吊装孔对壁后进行二次补强注浆，针对管片上浮可能造成成型管片超限，根据管片上浮量，适当地控制垂直姿态范围，抵消上浮量造成管片超限；根据掘进机掘进速度控制同步砂浆的凝结时间，保证同步砂浆及时初凝，对管片形成包裹，防止上浮；管片上浮严重，及时进行管片开孔地层含水检查，根据情况可以进行封水环施工，检查施工效果；严格控制掘进各项参数，控制泥水仓及同步注浆压力，防止泥浆串至盾尾，影响同步砂浆质量。

（2）全断面泥岩掘进防止管片上浮、错台措施

控制管片上浮措施与复合地层掘进防止管片上浮措施相同；结合 1、3 号线区间过江管片上浮情况，适当地控制注浆量，注浆量按照设计量 100%~130%；严格控制安装管片质量，安装过程中杜绝安装管片失圆、喇叭角等问题出现，造成推进过程中管片受力不均，应力集中导致破损、止水条受损渗漏等情况；掘进过程中加强拼装手安装质量，保证撑靴扶正；严格控制掘进参数，提前进行线路拟合；合理根据线路拟合进行管片选型，保证间隙满足要求；掘进机纠偏，严禁"蛇"形纠偏，导致管片成型差、隧道成型质量缺陷增多。

### 4. 不良因素影响掘进机施工控制措施

（1）钻孔进入隧道的控制措施

钻孔完成后及时进行钻孔封堵，钻孔地面以下 3m，采用双液浆进行封堵，同时建筑物保护完成后进行地面混凝土覆盖；考虑钻孔侵入隧道可能导致冒浆等情况，提前与相关单位进行协调，钻孔深度为隧道顶部 1m，减少地层扰动；针对地面泥浆冒浆突发情况，地面拌制浓泥浆进行封堵；地面安排人员进行巡查钻孔部位，安排人员进行清理，冒浆严重及时灌注水泥浆进行封堵，洞内开始推进，加大同步注浆量以及二次注浆补强。

（2）少量高强度钙质结合体对掘进施工影响处置措施

严格控制掘进参数，控制掘进贯入度；通过正反逆洗将钙质结合体循环至采石箱，通过采石箱将钙质结合体进行去除；降低掘进速度，尽量将钙质结合体搅拌成小块，利于排渣；考虑掘进过程中可能出现钙质结合体，刀具配置时适当考虑增加滚刀，利于碾碎钙质结合体。

## 4.2.5　掘进参数设定

### 1. 掘进机 SPB 模式参数

掘进机在完成始发掘进后，对掘进参数进行必要的调整，为后续的正常掘进提供条件。SPB 模式掘进参数控制如表 4.2-1 所示。

SPB 模式掘进参数控制　　　　　　　　　　　　　　　　　表 4.2-1

| 序号 | 掘进参数 | 设定值 | 备注 |
|---|---|---|---|
| 1 | 气垫仓压力 | 1.6～1.8bar | 根据实际掘进情况、液位波动情况及沉降情况进行调整 |
| 2 | 进浆密度 | 1.05～1.25g/cm³ | 掘进机掘进处于全断面泥岩地层，需要严格控制循环泥浆密度，不宜过高 |
| 3 | 进浆黏度 | 18～22s | 及时根据现场泥浆黏度进行调整，泥浆外运等方式 |
| 4 | 掘进速度 | 20～40mm/min | 速度与其他参数相匹配 |
| 5 | 进排泥浆流量差 | 与掘进速度相匹配，应不小于650m³/h | |
| 6 | 总推力 | 1700～2100t | 根据情况确定，保证推进速度满足匹配各项参数 |
| 7 | 转速 | 1.0～1.5r/min | 掘进速度与刀盘转速匹配 |
| 8 | 注浆 | 5～7m³/环 | 压力为0.25～0.3MPa，保证管片壁后填充密实 |
| 9 | 扭矩 | 2000～3500kN·m | 与推力、速度匹配，单次波动应小于600kN·m |

### 2. 掘进机 EPB 模式参数

掘进机在完成始发掘进后，对掘进参数进行必要的调整，为后续的正常掘进提供条件。EPB 模式掘进参数控制如表 4.2-2 所示。

EPB 模式掘进参数控制　　　　　　　　　　　　　　　　　表 4.2-2

| 序号 | 参数名称 | 全断面泥岩 |
|---|---|---|
| 1 | 总推力 | 1500～1800t |
| 2 | 掘进速度 | 40～60/min |
| 3 | 刀盘转速 | 1.3～1.6r/min |
| 4 | 刀盘扭矩 | 4500kN·m 以内 |
| 5 | 土压力 | 上部 1.6～1.8bar |
| 6 | 泡沫剂 | 50～80L 根据渣土改良情况及刀盘扭矩情况，加入 8～10m³ 水，可适当调整 |
| 7 | 同步注浆 | 6m³ 以上，注浆压力不超过 3.5bar |
| 8 | 出渣量 | 方量 < 70m³（4 车），门式起重机称重 < 125t，在控制出渣方量的同时，用 45t 门式起重机电子秤对每环渣土进行称重，由重量和方量对渣土进行有效控制 |

## 4.3 EPB/SPB 双模掘进机粉细砂地层施工技术

### 4.3.1 掘进机掘进及停机基本原则

鉴于粉细砂地层液化机制及相应水文地质情况，确定掘进机掘进及停机基本原则如下：严格控制泥浆性能，保证掌子面泥膜稳定有效；刀盘切口泥水压力设定大于理论泥水压力，达到压力平衡，保证地层稳定并减少地下水土流失；连续快速掘进，降低掘进机对地层的振动及扰动；停机前调高掘进机姿态并保持抬头趋势，为可能姿态变化预留条件；成型管片及洞门区域二次注浆固化管片并封堵地下水，防止顶部形成流水通道。

### 4.3.2 施工前准备措施

（1）在掘进机施工前，结合区间设计平纵断面初步设计文件、地质详勘报告，进行区间地质补勘作业，补勘孔主要针对岩层变化交界面、施工风险较大地段、详勘中缺失位置等，并和详勘报告进行比对，观察地层是否存在较大变化。

（2）提前对隧道施工影响范围内的既有钻孔进行调查（含建筑物预注浆加固），对封孔效果进行检查，如发现封孔效果较差，则需重新进行封堵。

（3）结合南宁本地类似地层施工情况，对粉细砂地层施工中风险及控制措施进行研讨，确保粉细砂地层施工安全。

（4）严格按照规范及设计要求，进行相关监测点布置及初始值采集工作，并上报监理及第三方检测审批。

（5）提前做好粉细砂段施工人员、材料、掘进机及配套设备机具检查，避免在该地层施工中出现较长时间停机现象。

（6）做好施工中问题反馈及工序考核，并且每日进行工序考核，对存在的问题及时进行处理，确保掘进机在此地层施工连续。

（7）严格按照地方要求，制定领导带班制度。

### 4.3.3　施工中控制措施

#### 1. 掘进机掘进管理

根据区间隧道埋深、地质特点、地表环境等因素，结合南宁地区类似地层施工情况，合理制定本区间掘进机施工相关参数，详细的参数控制见表 4.3-1，实际施工中需根据泥水仓压力波动情况、出渣情况、地面及建（构）筑物监测数据等进行优化。

含粉细砂地层施工参数汇总表 表 4.3-1

| 掘进参数 | 设定值 | 备注 |
| --- | --- | --- |
| 泥水仓顶部压力（bar） | 1.0～1.6 | 泥水仓压力考虑主动土压力，确保掘进机通过前地层为 1～2mm 隆起 |
| 泥浆性能指标 | 1.12～1.15g/cm³ | 粉土/粉细砂、粉细砂/圆砾复合地层 |
|  | 20～22s | 黏度根据实际出渣情况进行调整优化 |
| 刀盘转速 | 1.2～1.4r/min | 施工中严禁刀盘空转时间小于 30s |
| 总推力 | 700～1300t | 1～30 环掘进推力不大于 1000t，30 环后根据实际掘进速度进行调整 |
| 掘进速度 | 30～45mm/min | 避免长时间掘进造成超挖 |
| 扭矩 | 800～1200kN·m | 与推力、速度匹配 |
| 同步注浆 | 6.5～7.5m³/环 | 注浆压力为泥水仓顶部压力 1.1～1.2 倍，砂浆填充系数为 1.6～1.8 倍 |
| 二次补注浆 | 1～2m³/环 | 同步砂浆，盾尾后 1 环，压力不大于 0.35MPa |
|  | 0.6～0.8m³/环 | 双液浆，盾尾后 5～7 环，注浆压力 0.35～0.45MPa |
| 循环流量 | 与掘进速度相匹配，应不小于 650m³/h | 保证进排浆流量差不大于 80m³/h |

详细的参数控制如下：

（1）压力控制

施工中泥水仓顶部压力严格按照设定压力制定，施工中压力波动不大于 ±0.15bar，同时施工中根据泥水仓压力波动情况、出渣情况、地表沉降监测等数据进行优化。当地面出现隆起或沉降超过要求值时，要及时调整泥水仓压力，每次调整量 0.1bar，当压力调整超过 0.1bar 时，需及时向土木总工反馈。

①泥水仓压力降低

泥浆管路延伸时：利用掘进机自带的稳压罐进行保压（需预先调整好保压压力和稳压罐内液位）；通过打开土仓注水系统补充仓内压力。停机时间小于 12h 时：打开掘进机上进浆球阀，利用进浆来补充仓内压力；利用稳压罐保持压力平衡（需预先调整好保压压力和稳压罐内液位）。通过打开土仓注水系统补充仓内压力。

②泥水仓压力上涨

当泥水仓压力增加超过控制值时，需对土仓进行泄压，泄压可分为以下两点进行：通过泥水仓顶部自带的泄压阀进行泄压（首选）。通过打开人舱连通阀泄压（提前接入管路，保证管路使用良好，配 2 个球阀串联，防止泄压时出现关闭困难风险）。

（2）泥浆性能指标

实际施工中由实验室跟踪泥浆性能指标，当泥浆指标不满足施工需求后，立即停止生产，部门进行泥浆调制。

（3）速度、推力及扭矩管理

施工中，需根据下发的交底严格控制掘进参数，一旦发现掘进参数频繁或持续异常情况时，立即和地面调度人员、试验人员联系，通过检测泥浆性能、观察出渣情况等判断参数波动原因，如果为地层变化则根据不同地层的掘进参数设定值进行掘进，如果排除地层变化的可能，则立即通知土木总工和值班领导，判断异常的原因、制定合理的措施。

（4）掘进机姿态控制

施工中掘进机垂直趋势控制在 2～3mm/m，垂直姿态控制在 −20～−10mm，施工中需根据成型隧道复测成果调整垂直姿态控制范围；水平姿态在掘进机进入曲线段前需预偏 20mm，以便于后续掘进机姿态调整。实际施工中姿态控制范围不得大于 ±25mm，并安排专人负责每日掘进姿态汇总，当超过上述范围时需及时将相关预警下发至值班室及土木总工，并制定后续的施工控制措施；如需进行姿态回调时，严格控制纠偏范围，其中水平纠偏不大于 6mm/环，垂直纠偏不大于 4mm/环；如施工中存在掘进机下沉现象时，首先在仓压许可范围内，将压力上调 0.1bar，然后增大上下分区推进油缸压力差、收缩铰接油缸等措施，以确保掘进机垂直趋势不再增大，并将掘进机管片超前安装（管片整体向上行走），缓慢将掘进机垂直姿态回调。

（5）壁后注浆

壁后注浆主要分为同步注浆和二次补偿注浆。同步注浆采用水泥砂浆，砂浆强度不小于 1MPa，注浆标准采用注浆压力与注浆量双重控制，以确保壁后空隙的填充密实。二次补偿注浆分为补充水泥砂浆和水泥-水玻璃双液浆，水泥砂浆补注采用掘进机自带的同步注浆泵进行，补注位置为盾尾后 1～2 环顶部 135°范围，单环注浆量为 1～2m³/环，注浆压力不大于 0.35MPa；水泥-水玻璃双液浆采用二次注浆设备进行，补注位置为盾尾后 1～2 环顶部 135°范围，单环注浆量为 0.8～1m³/环，注浆压力为 0.35～0.45MPa。水泥砂浆浆液配合比如表 4.3-2 所示。

水泥砂浆浆液配合比 表 4.3-2

| 注浆方式 | 每 m³ 配合比 | | | | |
|---|---|---|---|---|---|
| | 水（kg） | 水泥（kg） | 细砂（kg） | 粉煤灰（kg） | 膨润土（kg） |
| 同步注浆 | 320 | 120 | 840 | 350 | 50 |

（6）出渣量管理

掘进机掘进施工中，需密切关注泥浆性能和掘进参数控制，在该地层施工中采取快速通过方式，掘进中禁止刀盘空转或仓内循环过久，以避免出现超挖现象，如发现存在超挖现象，在掘进机掘进中采用仓内积渣（掘进机干推 1～2cm），防止掘进机出现下沉，并在掘进机穿越该区域时增大同步注浆量，确保对地层填充效果。

（7）加强信息化施工管理

施工中地面巡视、施工监测成果需要及时反馈至掘进机操作室，值班工程师根据巡视及监测数据及时调整优化相关参数，确保含粉细砂段地层施工安全。

**2. 设备管理**

（1）盾尾密封管理

①始发前保护

掘进机始发前要在盾尾刷钢丝内人工手涂 WR90 油脂，涂抹标准为尾刷每根钢丝上要沾满油脂，并由项目部、监理部组织验收；负环管片和钢套筒后钢环接触后，开始进行油脂自动注入，在确保油脂仓内完全充满油脂后再进行掘进机的推进；待掘进机完全进入土体后，通过控制盾尾油脂注入压力及注入量，确保油脂的注入效果，以避免地层内杂物进入油脂仓，造成对尾刷的破坏；在掘进机管片外弧面、止水条外侧粘贴海绵条（宽度 30mm，厚度 2mm），以防止泥浆或水泥浆流入盾尾，造成盾尾密封损坏。

②管片拼装

管片拼装前，须将拼装区域内的积水进行抽排、渣土进行清理，避免杂物拖入盾尾，造成盾尾密封失效；封顶 K 块拼装前，必须调整好开口尺寸，使封顶块能顺利插入到位；加强管片拼装技术管理，提高拼装人员的技术水平，要求管片不拼成椭圆形，以减少椭圆和纵缝、环缝错台的现象。合理进行管片选型，要求直线段盾尾间隙不小于理论间隙的 2/3，曲线段盾尾间隙不小于理论间隙的 40%，避免因盾尾间隙过大，增大盾尾漏浆风险。

③盾尾刷及油脂强制性规定

在掘进过程中掘进班必须设立专人观察管片漏浆情况，及时清理管片背部垃圾，安装管片时应将盾尾底部清理干净后再进行管片安装。此项由掘进班主责，主司机旁站监督。维保班必须设立专人对油脂系统进行保养，每天检查、巡视油脂系统的工作情况，如发现问题及时上报维保工程师。维修保养人员每班视情况对油水分离器进行排水，加强巡视，确保进入油脂泵的空气是干燥不含水分。主司机每班必须检查油脂气动球阀及油脂注入情况，并认真填写盾尾油脂检查记录表。严格控制油脂注入量，手动与自动模式交换操作，严禁长时间使用自动模式进行油脂注入。

掘进班必须设立专人进行油脂的更换作业，更换前必须将新油桶的顶部、侧面清理干净，确保油脂桶位置摆放准确，揭开桶盖后，要防止杂物掉入油脂桶内，将压盘提升后，带上胶手套（胶手套必须干净），将旧桶剩余的油脂取出放入新油脂桶内，确保旧油脂桶内无可用油脂。在油脂更换后，操作人员必须将油脂桶内部所含的空气排干净，更换后应注意观察油脂泵的动作是否正常,油脂泵进气压力经主司机调整并确认后(通常设定为 3bar )，任何工作人员不得擅自调整，如发现压力变化或油脂泵工作不正常需经主司机同意后才能调整压力值，正常掘进过程中当班主司机必须注意每环油脂的消耗量，如发现油脂消耗量较大，及时查找问题。油脂更换人员在掘进过程中必须注意油脂的消耗量，在快要消耗完一桶油脂前和主司机取得联系，由主司机开具油脂领料单交由掘进班长，提前准备好油脂，油脂领料单第二联每天随掘进跟单送至设备部内业，便于成本分析统计。

④注浆及补注浆期间

掘进机掘进期间，注浆及补注浆需和掘进机掘进同步进行，并严格控制注浆压力，避免因压力过大造成盾尾击穿现象；掘进机停机期间，补注浆施工时严格控制注浆位置、压力、注浆量及浆液胶凝时间，并在注浆期间需不定期对盾尾手动注入盾尾油脂，避免因压力过大造成盾尾被击穿。

（2）铰接密封管理

盾尾组装完成后，对铰接密封润滑油脂道注入润滑油，盾尾油脂道注入盾尾油脂。铰接气囊接头配置完成，并与气路相接完成，应急注盾尾油脂和聚氨酯通道接头配置完成，保证能立即投入使用，同时需配置双液注浆接头在应急时使用。盾尾连接管路完成后，设置人员紧固挤压气囊螺栓，保证螺栓紧固均匀挤压气囊，每一颗螺栓都要紧固完成，保证密封拱起，具有耐击穿能力。掘进机主司机和值班工程师，加强管片拼装质量控制，并根据姿态情况，及时选择管片，保证掘进机趋势和管片拼装一致，减少铰接拉伸过度。

设置专人每日巡视铰接情况，铰接工作情况（铰接伸长量和铰接润滑保养）。根据厂家提供参数，铰接油缸最大拖拉力为 1286t，最大行程为 150mm，施工中铰接油缸行程控制在 30～100mm，对称侧油缸行程差需结合线路线形调整；如施工中铰接油缸行程接近150mm 时，需通过收缩铰接油缸将行程回缩，如拖拉力接近极限拉力时，通过盾体设置的注浆孔向盾体外压注高黏度膨润土浆液进行润滑，如上述措施均不能缓解油缸行程或拖拉力时，必须将铰接油缸更换为钢拉杆（拉杆行程根据实际长度定制，活动量为 15mm ），以避免铰接受损，并在行程或拖拉力降低后，及时将钢拉杆更换为铰接油缸。

（3）同步注浆管堵塞处理措施

掘进机掘进过程中由于机械或者其他原因导致注浆管路堵塞，可能造成管片壁后填充不及时，导致地表沉降。处置措施：为防止同步注浆管路堵塞，盾尾注浆管端头设置单向阀，只可将同步砂浆注入地层内部，杜绝因为同步注浆管路堵塞，拆除管路后通过注浆管路向盾体涌水涌砂；注浆管路堵塞，可能存在单向阀失效的风险，在掘进机注浆管接头设置堵头，防止盾尾单向阀失效后向隧道内部涌水涌砂；考虑泥浆管路堵塞，掘进机制造时同步注浆管路"四用四备"，保证了管路堵塞无法使用后，可以启用备用注浆管。

### 4.3.4　掘进机停机控制措施

掘进机停机控制措施仅针对停机时间超过 12h 的处置措施。

**1. 穿越后控制措施**

粉细砂地层施工完成后，根据掘进过程中施工参数及监测数据，选择性地进行水泥-水玻璃补注施工，注浆压力不大于 0.45MPa，注浆量单孔控制在 0.6～1m³。

**2. 停机前准备措施**

预定停机位置 5 环前，调整掘进机垂直姿态至 0，垂直趋势 + 4mm/m，保持掘进机抬头趋势；预定停机位置前 1 环管片安装后，掘进机继续推进 300mm，同步注浆材料为高性能膨化泥浆，浆液黏度控制在 40～45s，防止盾尾抱死同时为复推提供条件；盾尾油脂手动注入，保证注入压力及注入量。

**3. 停机期间控制措施**

（1）技术控制措施

①推进油缸控制

在掘进机掘进完成后，值班工程师和管片拼装司机共同检查推进油缸是否和管片抵拢，并抽查油缸伸出长度是否和掘进机显示一致，如存在未抵拢现象，需手动进行调整，在停机期间严禁伸缩推进油缸。

②盾尾防护

掘进机到达停机位置后，利用同步注浆管向盾尾内压注膨润土浆液，浆液黏度控制在 40～45s，每道同步注浆管路内压注膨润土浆液泵击次数不得少于 40 下，以保证盾尾注浆管路和盾尾被膨润土包裹，避免因停机时间过长、地层内砂土沉积，造成盾尾出现卡壳现象。

③刀盘及盾体防护

掘进机停机后，关闭所有进出浆管路板阀，将 1 道同步注浆管路和泥水仓联通阀连接，利用同步注浆泵向刀盘内压注高黏度膨润土浆液，浆液的黏度控制在 40～45s，对地层内孔隙进行填充，避免保压施工期间出现地下水渗入，造成掌子面失稳现象；膨润土注入采用梯度注入方式，如第一次注入黏度为 40s，注入压力超过地层压力 0.1bar，泥水仓压力满足要求后，确保对地层的填充效果。在刀盘内注入完成后，通过盾体上预留的径向注浆孔向盾体内压注高黏度泥浆，对盾体外空腔进行填充，避免出现盾体卡壳现象；刀盘和盾体注入完成后，在掘进机上配置的砂浆罐内留存 7m³ 高黏度膨润土浆液，如发现压力流失较大时，需及时对刀盘内压注泥浆，对地层孔隙进行填充。

④盾尾密封处理

掘进机停机后，通过盾尾后 5～7 环管片进行二次补注浆施工，二次补注浆采用水泥-水玻璃双液浆，浆液凝结时间控制在 30～45s，注浆压力控制在 0.25～0.4MPa，并在注浆完成后，检查盾尾后渗漏水情况，如存在渗漏现象时，需再次进行补注浆施工，以控制盾尾后来水。所有的控制措施均需留存相关的原始资料，并报监理部旁站签字确认。

⑤过程保压

停机期间压力控制不得小于掘进时压力，必要时可考虑将压力提高 0.1bar，以确保掌子面稳定，保压期间泥水仓压力波动不得大于±0.1bar，压力维持标准为确保刀盘区域地层具有 1~2mm 隆起；如泥水压力出现降低时，可采取如下措施进行调整：停机前调整好稳压罐压力、稳压罐液位及波动值，停机期间可利用稳压装置进行自动补偿；利用掘进机砂浆罐储存 7m³ 高黏度膨润土浆液，向泥水仓压注高黏度膨润土浆液（压力流失速度小于 0.15bar/2h）；打开掘进机进浆球阀，利用泥浆补充仓内压力（压力流失速度大于 0.15bar/2h）；通过打开土仓注水系统补充仓内压力（因注入的为清水，停机时间小于 2h 时可采用此措施补偿压力）。如泥水压力出现增高时，可采取如下措施进行调整：打开泥水仓顶部泄压阀进行泄压（首选）；通过打开人舱连通阀泄压（提前接入管路，保证管路使用良好，配 2 个球阀串联，防止泄压时出现关闭困难风险）。

（2）过程组织措施

①地表巡视

掘进机停机期间，安排作业人员 24h 对刀盘停机前后 15 环内进行巡查，并将巡查发现的问题及时反馈至掘进机操作室和值班领导，值班领导根据出现的问题，及时制定相关的处置措施，确保停机期间作业安全。

②过程监测措施

掘进机停机期间，由监测作业人员以每日不少于 2 次对掌子面前后 15 环范围进行监测，监测项目为地表沉降、周边建（构）筑物沉降、管线沉降等，并及时将监测数据上报至项目部，如发现存在沉降现象时，需及时在隧道内进行补注浆施工，以有效控制沉降。

③过程测量措施

停机期间，安排测量组每 3d 对成型隧道管片姿态进行复测，掘进机恢复掘进前对掘进机姿态进行复测，复核掘进机姿态和导向系统姿态是否存在偏差；掘进机停机期间值班人员需每 4h 对掘进机现有姿态进行复核，并做好过程记录，如发现掘进机姿态存在下沉现象时，需实时监测下沉量，当下沉量大于 10mm 时，需申请恢复掘进。

④其他措施

如在掘进机停机期间发现掘进机存在下沉现象时（导向系统显示），需及时向土木总工或值班领导反馈，必要时申请向前掘进 1~1.5m，然后再次重复停机前控制措施。所有值班人员必须认真填写交接班记录（主要为掘进机姿态记录），并将当班作业情况与下班值班人员进行交接。

## 4.4 EPB/SPB 双模掘进机小曲线施工技术

### 4.4.1 掘进参数设置

根据南宁 2、3 号线掘进机掘进的施工经验，结合危险源的地质及隧道埋深，设定掘进机小曲线段掘进参数。掘进参数表（全断面泥岩及复合地层段）如表 4.4-1 所示，掘进参数表（全断面圆砾段）如表 4.4-2 所示。

掘进参数表（全断面泥岩及复合地层段）　　　　　　　　　表 4.4-1

| 掘进参数 | 设定值 | 备注 |
|---|---|---|
| 气仓压力 | 2.2～2.6bar | 水位为绝对高程 67.3m，施工中需要根据地面监测情况及时进行压力的调整 |
| 进浆密度 | 1.1～1.15g/cm³ | 泥岩地层，自稳能力强，泥浆相对密度上涨幅度快 |
| 黏度 | 20-25s | 泥岩地层泥浆黏度过高造成出渣不畅 |
| 掘进速度 | 15～30mm/min | 根据实际掘进情况进行调整 |
| 进排泥浆流量 | 与掘进速度相匹配 | 保证进排浆流量差不大于 80m³/h |
| 总推力 | 1500～2300t | 根据情况确定，保证推进速度满足匹配各项参数 |
| 转速 | 1.2～1.6rpm | 高转速能缓解刀盘结泥饼现象 |
| 注浆 | 5.5～7.5m³/环 | 压力为 0.4～0.5MPa，保证管片壁后填充密实 |
| 扭矩 | 1800～3000kN·m | 与推力、速度匹配，单次波动应小于 1000kN·m |

掘进参数表（全断面圆砾段）　　　　　　　　　表 4.4-2

| 掘进参数 | 设定值 | 备注 |
|---|---|---|
| 气仓压力 | 2.5～2.8bar | 水位为绝对高程 67.3m，施工中需要根据地面监测情况及时进行压力的调整 |
| 进浆密度 | 1.1～1.15g/cm³ | 泥岩地层，自稳能力强，泥浆相对密度上涨幅度快 |
| 黏度 | 25～30s | 圆砾地层泥浆黏度过低造成携渣能力不足，刀盘泥膜效果相对较差 |
| 掘进速度 | 35～50mm/min | 根据实际掘进情况进行调整 |
| 进排泥浆流量 | 与掘进速度相匹配 | 保证进排浆流量差不大于 80m³/h |
| 总推力 | 1300～1800t | 根据情况确定，保证推进速度满足匹配各项参数 |
| 转速 | 1.2～1.5r/min | 高转速能缓解刀盘结泥饼现象 |
| 注浆 | 6.5～8.5m³/环 | 压力为 0.4～0.5MPa，保证管片壁后填充密实 |
| 扭矩 | 1200～2000kN·m | 与推力、速度匹配，单次波动应小于 1000kN·m |

## 4.4.2　掘进机掘进控制

### 1. 姿态控制

小半径曲线掘进应进行掘进机姿态预偏控制，让掘进机姿态偏角略大于设计线偏角（即走内弧线），建议在小半径缓和曲线段逐步将水平姿态调整至 −50mm 内，在该圆曲线段掘进时保持 −50～−40mm 掘进，坚持"勤调、量小"的原则，每环姿态不易变化过大，每环调整量在 6mm 以内。同时根据管片姿态监测的情况调整掘进方向。

小曲线段掘进过程中相关参数：小曲线半径 $R = 500m$；管片外径 $D = 6000mm$；管片内径 $d = 5400mm$；单面楔形量 $\delta = 18mm$；前盾 2.06m、中盾 2.80m、盾尾 3.80m；推进千斤顶直径 = 5700mm；转弯环楔形角为 0.3629°；采用割线掘进铰接平面角为 0.425°；推进千斤顶行程差为 36.1mm。

### 2. 推进轴线预偏设置

在掘进机掘进过程中，要加强对推进轴线的控制。曲线推进时掘进机实际上应处于曲线的切线上，因此，推进的关键是确保对掘进机姿态的控制。由于掘进机掘进过程的同步注浆及跟踪补注的双液浆效果，不能根本上保证管片后土体的承载强度，管片在承受侧向压力后，将向弧线外侧偏移。为了确保隧道轴线最终偏差控制在规范允许的范围内，掘进机掘进时给隧道预留一定的偏移量。根据理论计算和相关施工实践经验的综合分析，同时需考虑掘进区域所处的地层情况，在小半径曲线隧道掘进过程中，将设置预偏量 20～40mm。如图 4.4-1 所示，施工中通过对小半径段隧道偏移监测，适当调整预偏量。

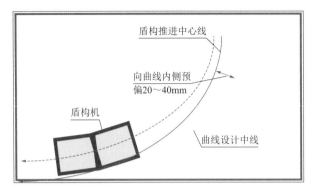

图 4.4-1　小半径曲线段掘进机推进轴线预偏示意图

### 3. 土体损失及二次注浆

由于设计轴线为小半径的圆滑曲线，而掘进机是一条直线，故在实际推进过程中，实际掘进轴线必然为一段段折线，且曲线外侧出土量又大。这样必然造成曲线外侧土体的损失，并存在施工空隙。因此在曲线段推进过程中，进行同步注浆的工程中须加强对曲线段外侧的注浆量，以填补施工空隙并尽早固定管片。每拼装 4～5 环即对后面两环管片进行复合浆液二次压注，以加固隧道外侧土体，保证掘进机顺利沿设计轴线推进。浆液配比采用：水泥浆：水玻璃＝1:1，水灰比为 1:1。二次注浆压力控制在 0.3MPa 以下；注浆流量控制在 10～15L/min，注浆量约 0.5m³/环（根据施工现场情况可做调整）。

### 4. 严格控制掘进机纠偏量

掘进机的曲线推进实际上是处于曲线的切线上，推进的关键是确保对掘进机的头部的控制，由于曲线推进掘进机环环都在纠偏，须做到勤测勤纠，而每次的纠偏量应尽量小，确保楔形块的环面始终处于曲率半径的径向竖直面内。掘进机推进的纠偏量控制在 6mm/环。针对每环的纠偏量，通过计算得出掘进机左右千斤顶的行程差，通过利用掘进机千斤顶的行程差来控制其纠偏量。同时分析管片的选型，针对不同的管片需有不同的千斤顶行程差。

### 5. 盾尾与管片间的间隙控制

小曲率半径段内的管片拼装至关重要，而影响管片拼装质量的一个关键问题是管片与盾尾间的间隙。合理的周边间隙可以便于管片拼装，也便于掘进机进行纠偏。施工中随时关注盾尾与管片间的间隙，一旦发现单边间隙偏小时，及时通过掘进机推进方向进行调整，使得四周间隙基本相同。在管片拼装时，应根据盾尾与管片间的间隙进行合理调整，使管片与盾尾间隙得以调整，便于下环管片的拼装，也便于在下环管片推进过程中掘进机能够有足够的间隙进行纠偏。根据盾尾与管片间的间隙，合理选择楔形管片。小曲率半径段时，掘进机的盾尾与管片间隙的变化主要体现在水平轴线两侧，管片转弯正常跟随掘进机，当掘进机转弯过快时，隧道外侧的盾尾间隙就相对较小；当管片因楔形量等原因超前于掘进机转弯时，隧道内侧的盾尾间隙就相对较小。因此，当无法通过掘进机推进和管片拼装来调整盾尾间隙时，可考虑采用楔形管片和直线形管片互换的方式来调整盾尾间隙（根据经验已将小曲线段掘进机掘进管片配比调整至直线：转弯 = 1：1）。

**6. 防止刀盘结泥饼糊仓**

每环记录好加水量、进排浆量、泥浆相对密度及黏度等掘进参数；刀盘中心部位 2 根冲水管，掘进时打开，一直冲刷刀盘中心，不能停止，防止糊仓（全断面泥岩及特殊情况下复合地质）；掘进过程中，出现参数不可控情况及时上报，不能冒进。

**7. 同步注浆控制**

要求在砂浆拌制时必须严格按施工配比进行配料、拌制，不得在储浆罐内有砂浆的情况下清洗管路，在隧道内不得向砂浆内加水；不得拌制无水泥砂浆进洞使用；掘进时，注浆速度和掘进速度相适应，避免砂浆跑刀盘里面去；注浆压力最大不得超过 3.5bar，注浆量不少于 6m³，保证管片后的充实度，及时调整砂浆配合比；及时清理注浆管和盾尾，保证管路畅通。同步注浆浆液优化配比如表 4.4-3 所示。

同步注浆浆液优化配比

表 4.4-3

| 同步注浆方量 | 配合比 | | | | |
|---|---|---|---|---|---|
| | 水（kg） | 水泥（kg） | 细砂（kg） | 粉煤灰（kg） | 膨润土（kg） |
| 1m³ | 450 | 120 | 840 | 350 | 20 |
| 0.75m³ | 337.5 | 90 | 630 | 262.5 | 15 |

**8. 掘进参数管理报警制度**

严格控制进排泥浆量，无法有效控制时，立即保压停机，并向相关人员（调度、总工、经理等）通报情况。刀盘扭矩变化幅度达 690kN·m 为警戒值，当变化幅度达到警戒值时，现场人员立即判断分析采取措施控制；达到 720kN·m 时，立即保压停机，并向相关人员通报情况。每掘进一环同步注浆量保证注浆量在 6m³ 以上，同时确保注浆管路畅通，原则上必须保证 4 管注浆。出现一根注浆管堵塞时，立即进行疏通，如在当环掘进完成后仍未疏通时，必须在疏通后再进行下一环掘进；一旦出现两根以上管路堵塞时，必须立即保压停机进行疏通，并及时向调度通报情况。技术负责人定期组织值班工程师与主司机每天现场交接班，对掘进情况进行分析、总结，并提出后续掘进方案及注意事项。

**9. 掘进的注意事项**

（1）小曲线段穿越明秀西路期间掘进，力争在控制进排泥浆量的情况下快速平稳通过。

（2）复合地层掘进时，以控制进排泥浆量为主；在进排泥浆量可控的前提下，尽量快速通过；如果进排泥浆量无法控制，不可冒进。

（3）做好人员组织，主机室内保证有一名主司机和一名值班工程师对掘进情况进行监视。

（4）施工过程中现场作业班组和值班人员必须坚持做好沟通与情况通报制度，严格执行值班制度，对现场发生的其他任何异常情况及时上报。

（5）值班工程师与主司机须真实记录各项掘进参数，尤其是掘进扭矩、进排泥浆量、同步注浆量等。

（6）小半径掘进机掘进段应密切注意掘进机铰接密封性。

若隧道内积水较多，首先进行排水，将循环水管去路改为临时排污管，渣土斗外运积水；受承压水影响铰接密封开口变大，现场临时加塞橡胶条和软木塞堵水，同时紧固铰接处螺栓；尽快组织对渗漏水的封堵，同时抓紧抽排隧道内积水；在盾尾后第 3 环相应点位增加管片吊装孔开孔注浆，用聚氨酯、水泥浆、水玻璃几种注浆材料组合；组织测量人员把隧道中线、掘进机的具体位置放出来，在地面标识，先考虑隧道内部注浆填充，若效果不好，做好地面引孔注浆的准备；对盾尾几环管片采用环箍（槽钢）进行加固，加强管片连接效果；及时测量管片实际姿态，提供相关数据；加强地面监测和巡视工作等；应在施工过程中保证地面、掘进机操作室及主要管理人员信息畅通，发现问题及时沟通解决。

### 4.4.3 下穿建筑物管线保护措施

沿线管线均采用地下埋设形式，深度 0.3～4.9m，埋设地层主要位于黏土层、粉质黏土层，少量位于粉土、粉细砂地层，并且管线形式众多，掘进机下穿前不进行单独保护措施。

1. 下穿管线控制措施

地面管线未做具体保护措施，主要通过以下方式控制：施工前对管线进行调查，派有经验的工程师根据调查，明确管线位置、类型以及和隧道的位置关系，在掘进施工过程中对掘进机掘进区段的管线进行巡查。隧道掘进参数控制减少地面沉降，加强同步注浆和二次注浆量，提高管线安全可靠性；加强监测密度和监测频率，对管线沉降提前预警。预警后立即修正掘进参数并对管线沉降区域进行保护处理，具体保护措施依据沉降速率及重要程度进行选择。

2. 下穿管线处理措施

在掘进过程时发生管线破坏或者变形事件是不可避免的，根据变形情况需要在变形事件发生后进行控制、处理，确保掘进机施工及周边环境的安全。根据监测沉降值分为一般、较急和紧急 3 种处理方式，根据 3 种不同的处理方式制定相应的处理措施。管线处理措施如表 4.4-4 所示。

管线处理措施 表 4.4-4

| 沉降值参数 | 处理方式 | 处理措施 | 备注 |
|---|---|---|---|
| 沉降值 ≤ -10mm | 一般 | 修正掘进参数，调整二次注浆量 | |
| 沉降值 ≤ -15mm | 较急 | 修正掘进参数，调整二次注浆量，依据管线类型采取相应注浆加固措施 | |
| 沉降值 ≤ -20mm | 紧急 | 停机进行二次注浆加固，收集整理掘进参数并重新对掘进参数进行设定，根据管线类型采取地面注浆加固或开挖支护加固 | 如过程中还发生管线破裂应立即启动应急预案，封闭事件区域 |

### 4.4.4 针对性解决方案

对于五新区间小半径转弯的难点，主要是从掘进机掘进参数、控制掘进机姿态、掘进机设备、管片选型和拼装等施工措施方面来解决，特别是要采取同步注浆和二次双液注浆相结合的措施，以保证小半径圆曲线段成型管片不出现侧向移动，并及时填充围岩空隙保证土体稳定。下面针对五新区间小半径曲线掘进提出解决措施。

1. 纠偏与隧道轴线控制

（1）中盾和尾盾采用铰接连接，有效地减少了掘进机的长径，使掘进机在掘进时能灵活地进行姿态调整，顺利通过小半径转弯。

（2）掘进机转弯时通过的孔洞不是圆形，而是在原来的圆洞基础上两边扩挖而形成的椭圆形，超挖刀的设置正好满足了这个增大净空的要求。

（3）掌握好左右两侧油缸的推力差，尽量地减小整体推力，实现慢速急转。

（4）掘进机主司机根据地质情况和线路走向趋势，使掘进机提前进入相应的预备姿态，减少之后因不良姿态引起的纠偏。

（5）加密加勤测量搬站，避免由此产生的轴线误差。由于将短距离的曲线看成是直线段来指导掘进机掘进，如果不短距离搬站测量，则相当于把长距离的弧线当作直线，故轴线偏差自然会相差很大。

（6）做好管片选型，管片分为标准环和转弯环，在管片选择的时候，需要实时对盾尾间隙进行测量来确定 K 块的位置，从而有效保证掘进机姿态尽量与设计轴线相吻合。

（7）小半径掘进机掘进时，应加大曲线外侧的同步注浆量，并及时补充二次注浆，防止外侧注浆不饱满造成管片的偏移，确保成型隧道管片能够及早稳定。

2. 控制管片水平移动和侵限

（1）进入缓和曲线段时，将掘进机姿态往曲线内侧（靠圆心侧）偏移 15～20cm，形成反向预偏移，这样可以抵消之后管片往曲线外侧（背圆心侧）的偏移。由于开始推进便是从缓和曲线开始，因此提前做好转弯姿态准备是重中之重。这样，可以保证在以后的掘进时能够较容易地控制掘进机的走向。

（2）减小油缸推力。在小半径圆曲线掘进的过程中，对土体的扰动会显著降低外围土体的强度及自稳能力，土体具有的蠕变特性以及出现水平方向土体压力不均，管片在长时间承受千斤顶水平分力等情况下，管片会向外侧整体移动。当掘进机的推力越大时管片侧向位移也越大，当掘进的转弯半径越小时管片侧向位移也越大。同时，推进时根据南朝区间前段的经验，把推力控制在 1100～1500t，在特殊地层时根据实际来及时调整推力。

（3）在管片偏移的方向额外进行注浆，达到一定的压力以抵抗管片偏移，待浆液凝固后，则管片位置基本已经确定。

3. 严格控制好姿态

在掘进机进入小半径线路前，对操作手进行针对性技术交底，使其清楚地掌握线路状况，熟记平面与剖面的拐点，提高防控意识；在掘进机掘进过程中，加强对推进轴线的控制，掘进机的曲线推进实际上是处于曲线的切线上，因此，推进的关键是确保对掘进机的控制，保证掘进机隧道线形，做好管片测量与掘进机掘进控制的信息沟通，保证掘进机隧道线形。目前区间由于是小曲线推进，掘进机环环都在纠偏，因此必须做到勤测勤纠（管片姿态两天测一次），而每次的纠偏量应尽量小，"蛇"形纠偏每环不超过 6mm，管片楔形量主要通过各类曲线管片获得，确保楔形环面始终处于曲率半径的径向竖直面内。

#### 4. 成型隧道质量缺陷控制

（1）管片错台控制措施

对错台超限处管片进行持续观测、监测直至其稳定，如发现管片姿态变化、错台出现加剧的现象，视情况采取管片壁后注浆、管片加固、二次注浆等措施。召开专题分析会，土建工程师严格要求拼装手做好管片拼装工作，如发现错台超过规范要求，应及时调整直至满足规范要求。掘进机司机及值班工程师重新进行技术培训，并要求掘进机司机按照隧道轴线严格控制掘进机掘进姿态，采取"勤纠偏"策略减小纠偏量，要求值班工程师对千斤顶及盾尾间隙进行实测实量，并结合隧道线形及盾尾间隙合理选用管片类型及K块拼装点位，以适应掘进机姿态。安装管片前要认真检查，确保管片棱角完整，止水条无损，存在问题及时更换。坚持管片螺栓三次复紧及出台车后的复检工作。加强同步注浆管理，以注浆量（6m$^3$）控制为主，注浆压力控制为辅助，并在成型隧道壁后注双液浆，防止管片上浮。掘进机在小半径线路上掘进时，应安排专人（泥水班人员）在泥水处理场查看出渣量，出现异常时应及时汇报；超挖时出渣量连续过大，应及时发现并采取应对措施。

（2）管片破损、渗水控制措施

对破损管片及时进行修补；加强对管片拼装手的培训以及管片拼装过程中质量标准控制；加强进场管片质量检查，质检工程师在管片进场后进行抽查，发现质量缺陷时，要求管片生产单位到现场修补或者返厂；在下井前、拼装前及拼装后，加强检查防水材料的粘贴质量。

## ❀ 4.5 本章小结

本章依托南宁地铁 5 号线五一立交站—新秀公园站区间隧道工程，详细阐述了EPB/SPB 双模掘进机施工技术。主要包含正常工况掘进时：掘进机选型设计技术、密闭始发施工技术、施工测量与监测技术、掘进机掘进管理控制技术、管片拼装技术、同步注浆与二次注浆技术、掘进机下穿建筑物技术、双模掘进机带压进仓换刀技术、掘进机到达接收技术等，保障了 EPB/SPB 双模掘进机的正常掘进；此外还介绍了 EPB/SPB 双模掘进机穿越邕江施工技术、EPB/SPB 双模掘进机粉细砂地层施工技术、EPB/SPB 双模掘进机小曲线施工技术等。EPB/SPB 双模掘进机因其兼顾了 EPB 模式和 SPB 模式，根据地质条件能够自由便捷地切换掘进模式，大大提高了隧道施工的安全性，提高了施工效率，保障了隧道施工的顺利进行。

### 参 考 文 献

[1] 陈凡, 何川, 黄钟晖, 等. 地铁区间隧道多模式掘进设备选型适应性研究[J]. 现代隧道技术, 2022, 59(3): 53-62.

[2] 张维. 双模盾构穿越复杂环境技术研究[J]. 科技与创新, 2022(24): 59-64.

[3] 袁正涛, 郝振国, 任洁. 浅析"土压＋泥水"双模式盾构机原理及应用[J]. 现代制造技术与装备, 2022, 58(8): 163-165.

[4] 陈凡, 黄钟晖, 何川, 等. 圆砾-泥岩复合地层土压/泥水双模盾构合理模式转换点选取[J]. 土木工程学报, 2021, 54(S1): 48-57.

[5] 叶蕾. 气垫式泥水/土压双模式盾构选型及快速换模研究[J]. 建筑机械化, 2021, 42(3): 34-40.

[6] 黄钟晖, 陈凡, 孟庆军, 等. 复合地层双模盾构风险分析与针对性设计[J]. 隧道建设(中英文), 2020, 40(S2): 297-305.

[7] 王百泉, 左龙, 刘永胜, 等. 土压/泥水平衡双模式盾构适应性设计[J]. 隧道建设(中英文), 2020, 40(S2): 314-318.

[8] 王炳华, 陈凡, 姚超凡, 等. 富水圆砾与泥岩互层地质条件下双模盾构施工工程实践[J]. 四川建筑, 2020, 40(5): 91-95.

[9] 孟庆军, 陈凡, 周峰, 等. 气垫式泥水—土压双模盾构快速转换技术[J]. 四川建筑, 2020, 40(5): 309-311.

[10] 徐敬贺. 南宁地铁 5 号线"泥水＋土压"双模式盾构掘进模式快速转换关键技术[J]. 隧道建设(中英文), 2020, 40(S1): 389-395.

[11] 何川, 陈凡, 黄钟晖, 等. 复合地层双模盾构适应性及掘进参数研究[J]. 岩土工程学报, 2021, 43(1): 43-52.

[12] 李源辉. 浅谈"双模式盾构机技术"的原理及应用[J]. 四川水泥, 2016(10): 94.

# 第 5 章 >>>

# TBM/EPB/SPB 三模掘进机施工技术

目前国内隧道领域施工中所用掘进机多为单模或双模，针对不同地层仍有一定局限性。为保证掘进机的适应性更强，"三模"掘进机也应运而生。"三模"掘进机如何在特殊地层中控制好掘进参数并保证工程的安全、质量与进度，这也将成为今后隧道掘进机施工中常见且需克服的难题之一。本章节就广州某地铁工程"三模"掘进机在全断面硬岩中掘进的工程实例，介绍了该掘进机在复杂地层下相应的施工技术。以期望该技术经验对今后隧道掘进机穿越全断面硬岩施工有借鉴意义。

## 5.1 依托工程概况

### 5.1.1 工程地质概况

广州市某地铁工程项目包含"两站三区间"，标段全长 5.527km，位于广州市黄埔区，线路由南向北敷设，经过科丰路、广深高速、开泰大道、新阳西路、开创大道、香雪三路及盈翠公园。车站采用明挖法施工，区间采用隧道掘进机法施工。项目标段范围及概况见图 5.1-1。

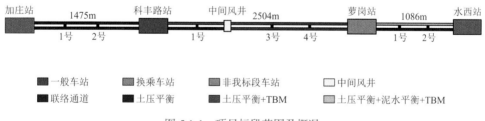

图 5.1-1 项目标段范围及概况

其中，萝岗站—水西站区间（以下简称"萝水区间"）自萝岗站出发，沿香雪三路向北敷设，旁经广州国际体育演艺中心、市民公园及水景工程、广州市黄埔区政务服务中心，然后下穿盈翠公园山体、萝岗区政府食堂进入水西站接收。

此区间场地内岩土层主要为①₁杂填土、①₂素填土、③₂中粗砂、④$_{N-2}$可塑状粉质黏土、④$_{N-3}$硬塑状粉质黏土、⑤$_{H-2}$残积土、⑥$_H$全风化花岗岩、⑦$_{H-a}$砂土状强风化花岗岩、⑦$_{H-b}$碎块状强风化花岗岩、⑧$_H$中风化花岗岩、⑨$_H$微风化花岗岩。其中隧道开挖断面范围内主要为③₂中粗砂、⑤$_{H-2}$残积土、⑥$_H$全风化花岗岩、⑦$_{H-a}$砂土状强风化花岗岩、⑧$_H$中风化花岗岩、⑨$_H$微风化花岗岩（图 5.1-2～图 5.1-4）。

图 5.1-2　右线地质剖面图

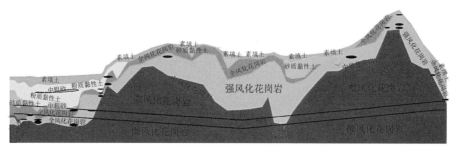

图 5.1-3　左线地质剖面图

①$_2$素填土　⑥$_H$全风化花岗岩

③$_2$中粗砂　⑦$_{H-a}$砂土状强风化花岗岩

④$_{N-2}$可塑状粉质黏土　⑦$_{H-b}$碎块状强风化花岗岩

④$_{N-3}$硬塑状粉质黏土　⑧$_H$中风化花岗岩

⑤$_{H-2}$残积土　⑨$_H$微风化花岗岩

图 5.1-4　右线地质剖面图图例

在深入研究岩土工程勘察报告、设计水文地质情况、周边建（构）筑物情况的基础上，参考国内外已有掘进机施工工程，按照安全性、可靠性、适用性、先进性、经济性相统一的原则，针对此区间施工选用 EPB + TBM + SPB 三模掘进机。

## 5.1.2　水文地质概况

地下水按赋存方式，分为第四系土层孔隙水、基岩裂隙水、构造裂隙水。

### 1. 第四系土层孔隙水

松散层孔隙水主要赋存于第四系海陆交互相沉积砂层、冲积—洪积砂层中，其含水性能与砂粒含量、形状、大小、颗粒级配及黏（粉）粒含量等有密切关系，一般透水性中等，富水性较强。第四系其余土层中的人工填土透水性较好，而淤泥质土及冲洪积土层透水性最弱。一般而言，砂层中地下水属潜水，但若出现多层砂层且上部有相对不透水层时，亦可表现为承压水性质。

人工填土层中主要为上层滞水。整个场地地表广泛分布人工填土层，部分为填砂，含少量碎石块、砖块等，该层在垂直方向上分布不均匀。填砂地段富含潜水、透水性强，黏性土地段富水量较小、透水性一般。

**2. 基岩裂隙水**

按含水岩性和含水层结构可分为层状岩类裂隙水和块状岩类裂隙水。本标段为块状基岩裂隙水主要赋存于燕山期花岗岩（$\gamma$）的强、中风化带基岩裂隙中，一般含水层的透水性和富水性均较弱，风化界面低凹处富水性较好。受上覆地层影响，块状基岩裂隙水一般具有承压性。

**3. 构造裂隙水**

构造的含水性主要取决于构造的性质、形态、大小和构造部位等。断层破碎带厚度不均，其内部填充泥质不均，透水性呈现不均匀状态，整体而言透水性中等，赋水性较好。根据区域地质资料文冲断裂带（广东地区地质构造断裂带）与姬堂站及上堂停车场相交。由于岩层及构造破碎带的涌水量和透水性主要由其裂隙发育程度所控制，存在不均匀性，存在局部有较大涌水量的可能。

## ✿ 5.2　三模掘进机始发

### 5.2.1　三模掘进机始发施工流程

三模掘进机始发施工流程见图 5.2-1。

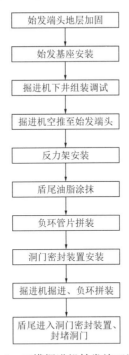

图 5.2-1　三模掘进机始发施工流程图

**1. 始发前准备工作**

萝岗站北端头作为三模掘进机的始发井，始发采用 EPB 模式，车站北端头底板有效长度和地面有效长度均为 120m，掘进机整机长度 120m，场地满足始发条件。场地布置以 SPB 模式为主，兼顾 EPB 模式，SPB 模式场地面积约 1000m²，整体布置在全封闭棚内。施工场地布置见图 5.2-2。

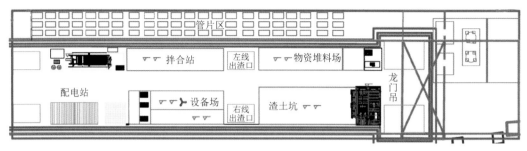

图 5.2-2 萝水区间场地布置图

同时应对始发洞门进行复测，确保洞门姿态符合设计要求和现场施工需求；根据专项施工方案、国家规范及设计图纸，组织管理人员和技术人员进行学习，对始发施工的各项工序进行技术和安全交底。

**2. 始发基座及外延钢箱安装**

（1）始发基座设计概况

始发架长度 9m，宽度 3.87m，轨面高度 0.64m。底部横向通长设置匚20 槽钢双拼焊接，纵向采用匚18 槽钢双拼焊接，并与纵向工字钢焊接，坐落在 2cm 厚钢板上进行支撑，上部斜撑采用匚18 槽钢双拼焊接，顶部左右两侧各焊接一根 43kg/m 轨道，作为掘进机运行轨道；所有连接板与工钢紧贴并满焊，焊缝高度 5mm。为便于运输安装，分两块制作，采用 M24 高强度螺栓进行连接（图 5.2-3）。

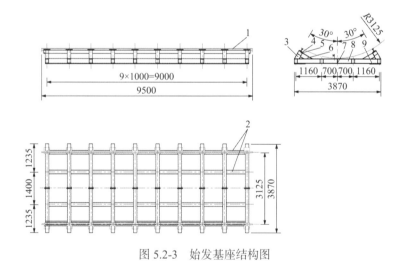

图 5.2-3 始发基座结构图

（2）始发基座安装

①萝水区间始发段设计线路为直线，始发基座在平面位置上与线路轴线重合，偏差应控制在±5mm 以内。

②经图纸计算，采用此始发基座时，为了保证掘进机垂直姿态与洞门姿态吻合，需将始发基座垫高 60mm。同时，考虑到掘进机始发进洞姿态应略高于洞门中心，因此，在进行始发基座安装时，使用 4 层 20mm 的 Q235 钢板将始发基座垫高，在使用钢板衬垫时，

应保证钢板面积足够，使始发基座与结构底板之间良好承接，防止始发基座变形。始发基座安装时，应保证掘进机中心高于洞门中心 20mm，偏差应控制在±5mm 以内。

③始发基座安装完成后，由测量组对始发基座的轴线、高程进行测量，与设计安装位置进行比对，确保偏差控制在±5mm 以内。同时根据测量结果，模拟推算掘进机放上始发基座后的设备姿态，保证掘进机姿态与实际洞门姿态相吻合，并根据掘进机姿态合理推测未来成型隧道的管片姿态，保证管片姿态与设计轴线吻合。

（3）外延钢箱设计概况

①始发洞门围护结构为咬合桩，采用玻璃纤维筋，因此无需进行洞门破除，掘进机可直接对洞门进行切削。由于结构侧墙厚度不足，在洞门钢环上安装导轨后，刀盘无法转动，因此采用外延钢箱，为刀盘预留足够的转动空间，保证始发掘进的顺利进行。

②外延钢箱纵向长度 600mm，最大外径 $R = 3460mm$，内径 $R = 3310mm$，采用厚度 12mm 钢板制作箱体，采用厚度 20mm 钢板制作前后两道高度 138mm 的环板，按照 10° 间距交替焊接厚度 12mm 和 20mm 纵向筋板连接前后端环板进行加强，钢箱按照 90° 范围分为四部分，各部分之间采用法兰连接，法兰采用厚度 12mm 钢板，上面均匀分布 7 个螺栓孔，采用高强度螺栓连接；箱体上部布置 4 个注浆孔，在掘进机进入后进行填充注浆；箱体使用 72 颗螺栓与预埋钢环连接，箱体外端安装洞门密封装置（图 5.2-4）。

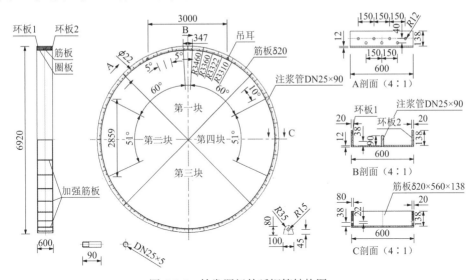

图 5.2-4　始发洞门外延钢箱结构图

（4）外延钢箱安装

①外延钢箱进场后，首先对结构尺寸进行复核，结果合格后在场地内进行地面试拼装，拼装完成后对整体尺寸、接缝密封效果进行检查，检查合格后方可吊装下井进行安装。

②安装前，对洞门预埋钢环螺栓孔进行清理，然后将箱体分块吊运下井并使用螺栓与预埋钢环连接，箱体各部分之间采用螺栓连接。

③外延钢箱安装完成后，依次在外端安装帘布橡胶板、圆环板、折页板，并在折页板上焊接短钢筋，防止折页板外翻。

④对外延钢箱预留注浆孔进行检查，发现堵塞应及时进行疏通，若在吊装过程中发生

磕碰损坏，应及时进行补焊加强，必要时对球阀进行更换（图 5.2-5）。

图 5.2-5　外延钢箱效果图

### 5.2.2　三模掘进机组装及调试

掘进机吊装下井前，应对吊装设备工作区域进行地基承载力检测，按照吊装荷载进行计算，地面承载能力满足吊装要求时，方可进行吊装。掘进机按照如下顺序吊运下井，完成吊装后，组织维保人员对掘进机各系统进行调试，尽快达到始发条件。三模掘进机及后配套下井组装顺序见表 5.2-1。

三模掘进机及后配套下井组装顺序　　　　　　　　　　　　　　　　表 5.2-1

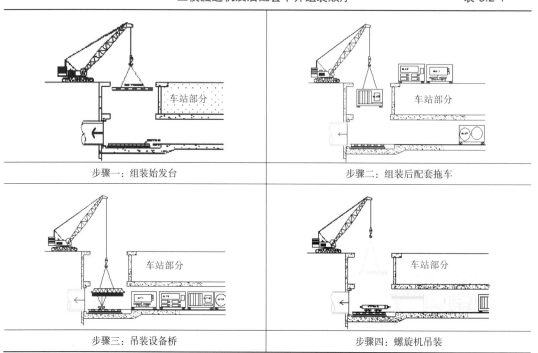

| 步骤一：组装始发台 | 步骤二：组装后配套拖车 |
| 步骤三：吊装设备桥 | 步骤四：螺旋机吊装 |

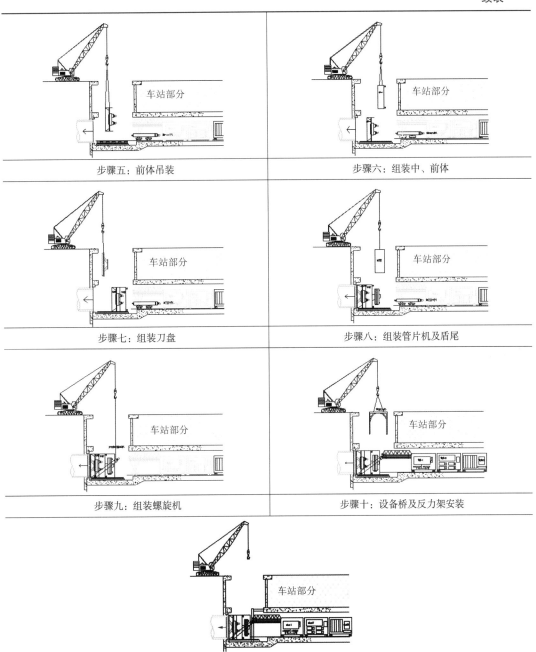

步骤五：前体吊装

步骤六：组装中、前体

步骤七：组装刀盘

步骤八：组装管片机及盾尾

步骤九：组装螺旋机

步骤十：设备桥及反力架安装

步骤十一：完成组装

### 5.2.3  反力架安装

为给掘进机前移提供足够反作用力，掘进机始发前在始发井内安装反力架系统。反力架两侧立柱与始发井底板预埋钢板焊接；立柱背面使用 400mm × 400mm H 型钢与车站底板预埋钢板焊接进行支撑；上下两道横梁分别使用 400mm × 400mm H 型钢后靠至车站中板、底板进行支撑。安装过程中确保反力架固定充分牢固，在掘进过程中受力均匀，不跑偏，不侧移。安装上横梁与中板之间的支撑时，应将支撑均匀分布，使受力尽量分散，同时在支撑与中板混凝土接触面衬垫 600mm × 600mm 的钢板，增大接触面积，避免反力架受力时对结构中板造成损坏。反力架上横梁与中板之间支撑俯视图见图 5.2-6。

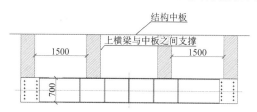

图 5.2-6　反力架上横梁与中板之间支撑俯视图

始发反力架安装完成后（图 5.2-7），由测量组对反力架位置、高度、倾斜情况进行复核，要求反力架左右偏差控制在 ±10mm 之内，高程偏差控制在 ±5mm 之内。

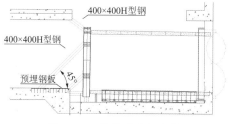

图 5.2-7　始发反力架安装

始发反力架安装完成后，对焊缝进行检测，并出具相关报告，检测结果合格方可进行下一步掘进机始发。

### 5.2.4　盾尾油脂涂抹

掘进机始发前，将更换安装全新盾尾刷，用于对盾尾形成良好的密封作用，防止外界土体或岩体中的水、泥砂、碎石进入掘进机内部。为了保证盾尾刷发挥作用，同时也是为了保护盾尾刷，应对新安装的盾尾刷进行手动油脂涂抹。根据设计，此掘进机采用 4 道盾尾刷。

在盾尾刷焊接完成后，人工对四道盾尾刷进行盾尾油脂涂抹，每一道盾尾刷油脂涂抹分为三步：第一步涂抹钢片与第一层钢丝刷；第二步涂抹每两层钢丝刷之间，应涂抹均匀、饱满，保证每两道钢丝刷之间被油脂完全填充密实；第三步涂抹最后一层钢丝刷与钢片之间（图 5.2-8）。

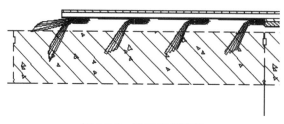

图 5.2-8　盾尾刷剖面图

涂抹时，将钢片或钢丝刷沿红色箭头方向向两侧掰开，沿绿色方向将团状油脂塞入盾尾刷内部，保证整个盾尾刷内部都能均匀浸入盾尾油脂。整体涂抹顺序由上至下，涂抹后可以明显看到整圈油脂均匀饱满，所有钢丝刷应被油脂完全包裹（图 5.2-9）。

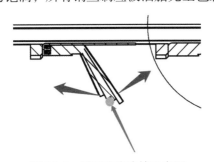

图 5.2-9　盾尾油脂涂抹示意图

根据掘进机盾尾尺寸，盾尾油脂涂抹设计量约为 1250kg、5 桶的油脂量。

## 5.2.5　负环管片拼装

掘进机始发时，需要使用负环管片作为支撑将掘进机推力传递至反力架，使掘进机向前顶进。根据设计图纸中对柔性接缝环的要求，结合掘进机尺寸、外延钢箱尺寸和现场实际施工，本次始发采用 9 环负环（含 0 环），其中负 6 环～0 环采用 1.5m 环宽的管片，负 7～负 8 环采用 1.2m 环宽的管片，负 8 环拼装点位为 12 点钟位置，后续采用错缝拼装的方式。

拼装顺序：

1. 负 8 环拼装

第一环负环的拼装较为关键，决定了后续拼装的轴线和姿态。

首先在盾尾下半部焊接 4 根 1.5m 长φ30mm 圆钢，用以支撑管片同时留出盾尾间隙，圆钢应避开推进油缸衬靴的运行范围，同时保证下部 3 块管片可以均匀支撑。

依次完成 3 块标准块拼装后，开始进行邻接块和封顶块拼装。使用拼装机将邻接块或封顶块放置到位后，连接环向螺栓，同时在盾尾内部焊接 L 形 20mm 厚钢板，用以固定邻接块，防止拼装机脱离后管片掉落（图 5.2-10）。

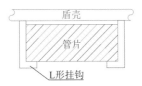

图 5.2-10　负 8 环拼装固定示意图

正环拼装完成后，割除 L 形钢板，使用推进油缸缓慢将此环管片推至盾尾刷位置。推进时，可采用拼装模式，手动控制油缸，主要采用下半部油缸推进，上部油缸随动伸出即可，防止管片扭曲变形。油缸顶进速度应控制在 50mm/min 以下，两侧油缸应对称伸出。

负 8 环管片顶进距离以能开始负 7 环拼装为准，顶进到位后将盾尾内部焊接的圆钢割除。

在进行第一环负环（负 8 环）拼装过程中，应在盾尾及附近区域设置警戒区，无关人员一律不得入内，拼装操作人员应时刻警惕，任何时候都不能置身管片下方，防止拼装过程中管片意外掉落伤人。

**2. 负 7 环拼装**

负 7 环采用错缝拼装，拼装顺序与正常管片拼装顺序一致。拼装完成后向后顶出，同样可采用拼装模式手动控制，顶进距离以能开始负 6 环拼装为准。在负环管片向后顶出的过程中，准备好木楔块，管片脱出盾尾立马使用木楔块填充管片与始发基座轨道之间的空隙，防止管片下落。当负 8 环管片顶上反力架后，立即使用 20mm 后的三角形钢板将管片外弧面与立柱之间进行焊接固定（图 5.2-11）。

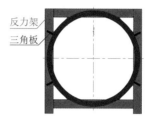

图 5.2-11　负环与反力架之间固定方式示意图

**3. 后续管片拼装**

依次完成后续管片拼装，需要注意的是，在管片脱出盾尾时，应及时使用木楔块对管片进行支撑，保证每环管片左右两侧各使用 2 块。

考虑负环管片承担掘进时的推力，除采用木楔支撑负环管片外，每环管片还采用 1 根 $\phi$10mm 钢丝绳进行环向拉紧，钢丝绳沿负环管片外侧环向布置于管片中部，并通过型号 GH3130 的花篮螺栓与始发架连接固定，将管片环箍紧（图 5.2-12）。

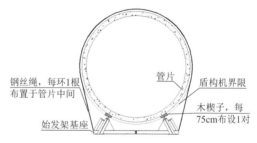

图 5.2-12　负环管片环向钢丝拉近加固示意图

### 5.2.6　洞门密封装置安装

在基坑端头内衬结构施工时，预埋洞门钢环；洞门预埋钢环由车站主体施工单位加工，加工时严格按照交底图纸说明进行，严格控制构件的加工精度以保证正常使用；并由项目部复核、协助车站主体结构施工单位预埋，预埋时严格控制安装精度：洞门中心安装位置、垂直度等。

在洞门钢环外安装外延钢箱，按照设计图纸，正常情况下洞门密封装置应安装在预埋钢环上，但在使用外延钢箱后，洞门密封装置应安装在外延钢箱外侧，安装方式与设计一致。洞门密封装置从内到外依次由帘布橡胶板、圆环板、折页板组成，其中帘布橡胶板外径 $R$ = 3460mm，内径 $R$ = 2780mm，厚度 20mm，由模具分块压制，然后连接成一整框，孔道周边及径向尼龙线密集排列，横向棉线稀疏排列。圆环板外径 $R = 3160\text{mm}$，内径 $R = 3325\text{mm}$，由厚度 16mm 的 Q235 钢板制作而成，每块圆环板覆盖角度为 10° 范围内的两个螺栓孔。折页板由圆环板 2 和翻板组成，圆环板 2 长度 180mm，翻板长度 410mm，均由厚度 20mm 的 Q235 钢板制作而成，每块折页板覆盖角度为 5° 范围内的 1 个螺栓孔，其中圆环板 2 与螺栓连接固定，翻板与圆环板 2 之间通过销轴连接，翻板可在一定角度内翻折（图 5.2-13）。

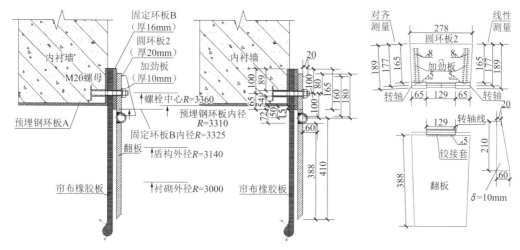

图 5.2-13　洞门密封装置

首先安装橡胶帘布，安装时要从洞门顶部开始装起，从上到下依次将外延钢箱端板范围内的螺栓先穿入橡胶帘布，然后将橡胶帘布板预留孔穿过螺栓，再逐块将圆环板和折叶压板安上后，再将螺栓拧上，安装到位后，最后对螺母再次拧紧（图 5.2-14）。

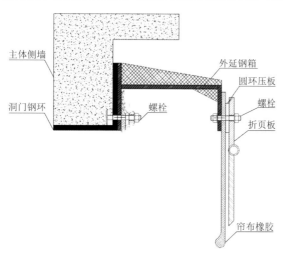

图 5.2-14　洞门密封装置与外延钢箱结合安装示意图

## 5.2.7　水平探孔

水平探孔位置布设在洞门范围内上、中、下三路打探水孔，按"米"字形布设。实际施工时，因避免将测量组放出的洞门中心点破坏，共设计钻孔 9 个，孔深穿过围护结构不少于 5m，点位布设完成后，用红色油漆标示，具体孔位布置见图 5.2-15。钻孔采用水钻水平取孔，取孔完成后安装 UPVC 管和双快水泥进行固定，UPVC 管头安装球阀，进行观察渗漏情况。探孔不得有持续股水流出和含有泥沙，整个洞门每小时渗水总量不得超过 20L，否则应重新进行加固处理。

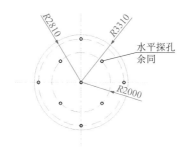

图 5.2-15　洞门水平探孔位置示意图

掘进机组装调试完成后，对掘进机的功能和运行情况进行全面的验收；始发前各项准备工作完成后，召开始发前条件验收，对各项准备工作和当前施工条件进行逐项验收，确保达到始发条件。上述步骤完成后开始进行掘进机始发。

根据本区间隧道地质情况及周边环境条件，为保证开挖面的稳定、有效地控制地表沉降和确保沿线构造物的安全，始发段采用 EPB 模式掘进。

### 5.2.8　始发掘进参数控制

初期掘进为掘进施工中技术难度最大的环节之一，不可操之过急，要稳扎稳打。在初始掘进段内，对掘进机的推进速度、土仓压力、注浆压力做相应的调整，掘进机穿越加固体过程中掘进机控制参数及措施如下：

（1）刀盘进入外延钢箱后，开始接触并切削围护结构，掘进参数控制情况：推进速度控制在 5mm/min 以内，推力 800t 以内，扭矩严格控制在 1.5MN·m 以内，滚动角 ≤3mm/m，欠压方式推进。

（2）加固区内掘进参数：推进速度控制在 10mm/min 以内，掘进速度值应尽量保持恒定，减少波动。推力控制在 1000t 以下，土仓（上部）压力 0.6～1.0bar，刀盘转速控制在 1r/min 以内，刀盘扭矩控制在 2.5MN·m 以内，推进过程中，正转与反转结合，减小掘进机滚动角（±0.5 度）。

（3）加固区后掘进参数：掘进始发穿越加固区后，土压控制在理论土压之上，推进时速度控制在 20mm/min 之间。穿越建筑物和沉降要求高的地下管线时推进速度控制应以"匀速、快速、连续"为目标，减小扰动、缩短扰动时间。

（4）同步注浆开启：盾尾进入洞门两环时开启同步注浆，此时盾尾距洞门边缘很近，注浆量暂定为 3m³/环，视洞门及帘布的情况适当调整，注浆压力小于 0.25MPa。当掘进机盾尾出加固区后，注浆量 6.5m³/环，注浆压力控制在 0.24～0.4MPa。

（5）洞门封堵：当推进至正 5 环时，利用管片注浆孔，对洞口注入双液浆，一方面防止洞口漏水，另一方面为将来洞门密封创造条件。洞门封堵注浆为整环封堵，到出加固区后两环位置结束，每环不得少于 4 个，注浆顺序由靠近洞门端向里推进，注浆期间严格控制注浆压力和双液浆的配合比，将双液浆凝结时间控制在 30s 左右，并密切监视洞门情况。

（6）设计线路情况，综合考虑进行图纸模拟，预测前 15 环（从刀盘开始切削围护结构算起）掘进机姿态，其中始发段平面线形为直线，因此水平姿态初始段与始发基座姿态有关，掘进机离开始发基座后以 0 为目标来控制，垂直姿态由于始发基座人为加高 20mm（防止始发栽头），因此呈现下坡姿态。始发段前 15 环姿态模拟结果见表 5.2-2。

始发段前 15 环姿态模拟结果　　　　　　　　　　　　表 5.2-2

| 环号 | 掘进机姿态 | | 成型隧道姿态 |
| :---: | :---: | :---: | :---: |
| | 水平（前，后）（mm） | 垂直（前，后）（mm） | 垂直（前，后）（mm） |
| −6 | 取决于始发基座姿态<br>调整姿态时以 0 为目标 | +25/+20 | / |
| −5 | | +25/+20 | / |
| −4 | | +20/+16 | / |
| −3 | | +15/+12 | / |
| −2 | | +8/+7 | / |
| −1 | 始发段设计线路为直线<br>以 0 为目标进行姿态控制 | +3/+5 | / |
| 0 | | 0/+4 | +16 |
| 1 | | −3/+1 | +12 |
| 2 | | −8/−4 | +10 |
| 3 | | −13/−8 | +10 |
| 4 | | −18/−12 | +8 |
| 5 | | −23/−16 | +6 |
| 6 | | −28/−20 | +1 |
| 7 | | −30/−20 | −1 |
| 8 | | −30/−20 | −3 |
| 9 | | −30/−25 | −3 |
| 10 | | −30/−25 | −4 |
| 11 | | −30/−25 | −4 |
| 12 | | −30/−28 | −5 |
| 13 | | −30/−28 | −5 |
| 14 | | −30/−28 | −5 |
| 15 | | −30/−28 | −5 |

## 5.2.9　三模掘进机始发掘进注意事项

（1）确保掘进机密封刷处已涂满密封油脂。

（2）掘进机始发时应缓慢推进。始发阶段由于设备处于磨合阶段，注意推力、扭矩的控制，同时注意各部分油脂的有效使用。掘进总推力控制在反力架承受能力以下（1000t），同时确保在此推力下刀具切入地层所产生的扭矩小于始发架提供的扭矩。

（3）始发前在刀头和密封装置上涂抹油脂，避免刀盘上刀头损害洞门密封装置。始发前在始发架上涂抹油脂，减少掘进机推进阻力。

（4）始发架导轨必须顺直，严格控制标高、间距及中心轴线，基准环的端面与线路中线垂直掘进机，安装后对掘进机的姿态复测，复测无误后才开始掘进。

（5）掘进机刚始发时，掘进速度宜缓慢，同时加强后盾支撑观测，尽量完善后盾钢支撑。同步注浆要求浆液的保水性要好，不离析。另外，若在同步注浆后还漏水，则应进行补注水泥-水玻璃双液浆，以达到固结堵水的目的。在掘进机始发段，总体上要求缩短浆液凝胶时间，以便在填充地层的同时能尽早获得浆液固结体强度，保证开挖面安全并防止从洞口处漏浆。

（6）在始发阶段，由于掘进机推力小、地层较软，调整掘进机姿态，使用下侧的千斤顶加朝上的力的同时一边向前推进，防止掘进机栽头。

（7）始发初始掘进时，掘进机位于始发架上，在始发架及掘进机上焊接相对的防扭转装置，为掘进机初始掘进提供反扭矩。

（8）掘进机始发时在反力架和洞内正式管片之间安装负环管片，在外侧采取钢丝拉结和木楔加固措施，以保证在传递推力过程中管片不会浮动变位。

（9）姿态控制。始发段平面设计线路为直线，一般不进行较大幅度的纠偏操作，水平姿态以±0为标准进行控制，每环纠偏量不宜大于 4mm/m；垂直姿态在刀盘进入加固区之前不进行纠偏，按照始发基座姿态保持直线推进，待刀盘开始切削掌子面时，可逐渐开始纠偏，纠偏量不宜大于 3mm/m；待盾体完全进入侧墙后，垂直姿态应以−30～−20mm 为目标进行控制，以抵抗管片上浮。始发段掘进机姿态应保持平稳，需要纠偏时，应严格规划纠偏量，设定纠偏点，使掘进机逐渐达到纠偏要求，避免"蛇"形前进。

## ✤ 5.3 三模掘进机施工技术

### 5.3.1 EPB 模式掘进施工

根据地质勘察情况，在始发后隧道开挖断面内主要为⑤$_{H-2}$残积土、⑥$_H$全风化花岗岩、⑦$_{H-a}$砂土状强风化花岗岩，因此，主要采用 EPB 模式进行掘进。

1. 前期施工参数设定

根据地质勘察报告，地层以软土为主时采用 EPB 模式，在实际施工时，提前设置一套针对软土地层、EPB 模式掘进的参数，用以指导初期施工。随着继续向前推进，根据地面监测情况和掘进机设备工作参数，及时对掘进参数进行调整优化，以便更好地控制施工质量、地面隆沉变化、施工效率。

后期施工时，除了按照表 5.3-1 进行参数设定以外，同时根据地面监测情况和掘进机设备工作参数，及时对掘进参数进行调整优化，以适应不同埋深、不同地层。

前期施工参数设定值　　　　　　　　　　　表 5.3-1

| 项目 | 残积土、全风化花岗岩 |
|---|---|
| 上部土压（bar）（根据埋深、监测动态调整） | 1.8～2.4 |
| 掘进速度（mm/min） | 25～45 |
| 扭矩（kN·m） | 1400～2200 |
| 推力（t） | 1200～1800 |
| 刀盘转速（r/min） | 1.0～1.3 |
| 渣土改良方式 | 泡沫剂、水 |

| 项目 | 残积土、全风化花岗岩 |
| --- | --- |
| 每环出渣量（m³）（考虑松散系数） | 58～62 系数取 1.25～1.3 |
| 每环同步注浆量（m³）（考虑充填系数） | 6.5 系数取 160% |
| 同步注浆压力（bar） | 2.4～4.0 |

### 2. 土仓压力设定

随着掘进机在地层中的掘进，埋深和地质条件不断变化，地面也会出现不同程度的反应，需要对土仓压力设定值适时进行调整。

（1）土仓压力设定值的理论计算

①土仓压力上限计算

$$P_{上} = P_1 + P_2 + P_3 = \gamma_w \cdot h + K_0 \cdot [(\gamma - \gamma_w) \cdot h + \gamma \cdot (H - h)] + 20 \tag{5.3-1}$$

式中：$P_{上}$——土仓压力上限值（kPa）；

$P_1$——地下水压力（kPa）；

$P_2$——静止土压力（kPa）；

$P_3$——被动土压力，一般取 20kPa；

$\gamma_w$——水的重度（kN/m³）；

$h$——地下水位以下的隧道埋深（m）；

$K_0$——静止土压力系数，对于砂土，根据经验值 $K_0$ 取 0.34～0.45；对于黏性土，根据经验值 $K_0$ 取 0.5～0.7。根据地质资料参数，该区间条件取 0.6。

②土仓压力下限值计算

$$P_{下} = P_1 + P_2' + P_3 = \gamma_w \cdot h + K_a \cdot [(\gamma - \gamma_w) \cdot h + \gamma \cdot (H - h)] - 2 \cdot C_u \cdot \mathrm{sqr}\, K_a + 20 \tag{5.3-2}$$

式中：$P_{下}$——土仓压力下限值（kPa）；

$P_2'$——主动土压力（kPa）；

$K_a$——主动土压力系数；

$c_u$——土的凝聚力（kPa）。

（2）土仓压力实际设定值

掘进机始发掘进阶段由于受到尾盾密封及洞门密封等因素的限制，土仓压力实际设定值不宜过高。加固区内土压力初定为 0.05MPa，推进时，根据洞门密封装置情况、掘进机推力及地面监测情况等相关参数做调整。

掘进机出加固区后，在保证尾盾密封及洞门密封圈安全的前提下，逐步提高土仓压力设定值至理论计算值，并随时根据地面监测情况，结合土仓压力理论计算值，小范围内调整土仓压力设定值。由于随着掘进机的掘进，埋深、地质等参数不断变化，土压计算公式内的参数也会随之变化，因此，计算结果也会不同。此处以刀盘离开加固区素混凝土墙时的条件进行计算，土仓压力上限 2.9bar，土仓压力下限 2.2bar。

### 3. 刀盘扭矩、刀盘转速与推进速度设定

在掘进机掘进时，刀盘扭矩、刀盘转速与推进速度三者之间互相关联，应综合考虑，

保证三者之间互相匹配，任一项都不超过限定值。

（1）刀盘扭矩设定

掘进机的切削刀盘扭矩主要由土体的剪切阻力产生，其经验公式为：$F_1 = \alpha D_3$。

根据掘进机穿越的地层，此处$\alpha$取1.3，代入上式扭矩$F_1 \approx 4421\text{kN} \cdot \text{m}$，小于掘进机额定扭矩，完全能满足工程需要。施工时以此值为目标值控制刀盘切削。

（2）刀盘转速设定

EPB模式掘进时，加固区内掘进时刀盘转速应保持在0.8rpm以下，防止盾体扭转，掘进机出加固区后，逐渐提高刀盘转速至1.2～1.5rpm。

（3）推进速度控制

推进速度是推力、刀盘切削速度、土体性质等多个因素共同作用下的结果，设定推进速度时应考虑其他参数的控制情况。在加固区内掘进时，推进速度应控制在10mm/min以内，同时密切关注推力和刀盘扭矩，若出现推力过大、刀盘扭矩突增的情况，应立即减小推力，降低推进速度。掘进机出加固区后，根据刀盘扭矩和渣土改良情况，设定不同的推进速度，一般情况下应保持在30～60mm/min，遇到开挖困难的土层时，适当降低推进速度，保证刀盘扭矩不超载、推力不过大，防止刀盘驱动系统损坏、成型管片挤压破损。

### 4. 渣土改良及渣样分析

渣土改良对掘进机掘进软土至关重要，主要有以下作用：

（1）使渣土和改良剂充分搅拌融合，增强渣土流塑性，促进渣土进入螺旋机内，同时又有利于皮带机的运输；渣土越接近软塑状，对刀盘和螺旋输送机转动造成的阻力越小，从而降低刀盘扭矩、减轻螺旋输送机磨损。

（2）减小渣土的整体透水性，有利于土压的建立和维持，防止外界土体中的水过多地进入土仓，保证掌子面及地面的稳定，同时可以防止螺旋机喷涌的发生。

渣土改良的方法：通过管路向土仓及刀盘面板前输送改良剂，使改良剂与渣土充分搅拌融合，改善渣土性能，使其流塑性增强、透水性降低。针对不同的工况，采取不同的改良剂，实现不同的改良目的，目前采用的改良剂主要为膨润土和泡沫剂，其性质和作用如下：

膨润土：利用膨润土中的胶质，减小渣土块之间的摩阻力和整体的透水性，增强流塑性，同时利用膨润土的相对不透水性，在掌子面上形成一层泥膜，增强周围形成的腔室的密闭性，维持土压，阻止外界的水进入开挖面。

泡沫剂：泡沫剂经泡沫发生器系统与水、气混合后，形成大量细腻的泡沫，泡沫与土体充分混合后，增强渣土颗粒之间的润滑效果，使渣土整体流塑性变大。

根据国内外成功的施工经验，本工程根据不同段的地质情况拟采用泡沫剂加膨润土进行混合改良。其效果比单独使用泡沫和膨润土效果要好。泡沫、膨润土等添加剂的改良可以减小刀盘扭矩，减轻地层对掘进机刀具的磨损，提高掘进速度和设备的使用寿命。

### 5. 出土量控制

此区间采用的掘进机刀盘外径6280mm，管片环宽1500mm，因此每环理论出土量：

$$V = \pi/4 \times D_2 \times L = \pi/4 \times 6.282 \times 1.5 = 46.44\text{m}^3/\text{环}。$$

根据此区间地质情况，考虑渣土松散系数取1.3，因此，实际渣土体积约为60.37m³。

在实际掘进时，应根据经过改良后的渣土性状，及时调整松散系数，更精确地确定渣土理论体积，从而判断实际出土量。

在掘进机掘进施工中，应时刻关注推进行程与出土量，确保不超挖、不欠挖。一旦发现出土量过大，首先应立即减小出渣速度，然后在当前刀盘开挖位置到达盾尾时，适当增大同步注浆量，以填充外界土体中由于超挖形成的空隙，避免地面出现较大沉降。

6. 同步注浆

同步注浆用于填充管片与土体之间的空隙，同步注浆材料采用砂浆，砂浆配合比见表 5.3-2。

同步砂浆配合比　　　　　　　　　　　　　　　表 5.3-2

| 水泥（kg/m³） | 膨润土（kg/m³） | 粉煤灰（kg/m³） | 砂（kg/m³） | 水（kg/m³） | 稠度（cm） | 重度（g/cm³） |
|---|---|---|---|---|---|---|
| 110 | 60 | 390 | 780 | 430 | 12 | 1.77 |

砂浆性能指标如下：

①胶凝时间：一般为 7~8h，根据地层条件和掘进速度，通过现场试验加入促凝剂及变更配比来调整胶凝时间。对于强透水地层和需要注浆提供较高的早期强度的地段，可通过现场试验进一步调整配比和加入早强剂，获得早期强度，保证良好的注浆效果。

②固结体强度：7d 不小于 2.3MPa，28d 不小于 3.2MPa。

③浆液结石率：> 5%，即固结收缩率 < 5%。

④浆液稠度：12cm。

⑤浆液稳定性：倾析率（静置沉淀后上浮水体积与总体积之比）小于 5%。

⑥注浆压力：泵送出口处的压力应控制在略大于周边水压力。注浆压力一般为 0.25~0.35MPa。

⑦每推进一环的空隙为：$1.5 \times (3.14 \times 3.14^2 - 3.14 \times 3^2) = 4.05 \text{m}^3$。

（开挖直径：6.28m；管片外径：6.2m；管片宽度：1.5m）

注浆充填系数取 150%~200%，即每推进一环同步注浆量控制范围为 6.08~8.1m³。始发段考虑对洞门密封装置影响，注浆量应适当减少。正常掘进暂定 7m³/环，现场根据监测、测量分析结果进行实时调整。

⑧注浆结束标准：同步注浆采用注浆压力和注浆量双指标控制标准，即当注浆压力达到设定值时或者注浆量达到设计值时，即可认为达到了质量要求。

当出现地层含水量较大或者其他需要缩短初凝时间的情况时，应对配合比进行调整，适当增加水泥掺量占比（表 5.3-3）。

同步砂浆配合比　　　　　　　　　　　　　　　表 5.3-3

| 水泥（kg/m³） | 膨润土（kg/m³） | 粉煤灰（kg/m³） | 砂（kg/m³） | 水（kg/m³） | 稠度（cm） | 重度（g/cm³） |
|---|---|---|---|---|---|---|
| 150 | 60 | 370 | 760 | 430 | 12 | 1.77 |

7. 二次注浆

当同步注浆效果不足，管片壁后出现空隙时，容易造成地面沉降，因此，需进行二次注浆及时补充。当管片防水效果不足，出现较为严重的渗漏时，也需要进行二次注浆，在管片壁后进行封堵。

在进行堵漏注浆或者其他对浆液凝固时间要求较高的二次注浆时，应采用双液注浆。二次注浆采用双液浆时，每 $1m^3$ 双液浆配合比见表 5.3-4。

双液浆配合比 表 5.3-4

| A 液（体积比） | | B 液（35Be′）（体积比） |
| --- | --- | --- |
| 水（kg） | 水泥（P·O 42.5）（kg） | 水玻璃（体积） |
| 650 | 1100 | |
| 70% | | 30% |

双液浆性能要求：浆液初凝时间控制在 30~60s，体积收缩率小于 5%。所用原材料水泥强度等级为 P·O 42.5 级，水玻璃为 35Be′；水灰比为 0.5~0.6，可根据地层情况及注浆目的做适当调整。

在进行地面沉降改善注浆、壁后空隙填充注浆或者其他对浆液凝固时间要求较低的二次注浆时，可采用单液浆，二次注浆采用单液浆时，每 $1m^3$ 单液浆配合比见表 5.3-5。

单液浆配合比 表 5.3-5

| 单液浆（kg） | |
| --- | --- |
| 水 | 水泥（P·O 42.5） |
| 750 | 750 |

二次注浆参数控制：

（1）注浆压力略高于同步注浆压力，一般在 0.3~0.5MPa，注浆时需密切关注管片错台情况，一旦管片错台增大，应立即停止注浆。

（2）注浆量应根据注浆需求进行调整，一般情况下每块管片壁后注浆量不应大于 $1m^3$，且一旦发现管片错台变大，应立即停止注浆。

（3）注浆时，应按照左右交替的顺序进行注浆，防止一侧注浆过多造成管片变形位移。

（4）二次注浆结束标准一般情况下以压力作为主要参考，达到设计注浆压力说明外界空隙已经填充饱满，可以停止注浆。

在进行二次注浆操作时，应提前准备逆止阀等材料，保证注浆结束后浆液不会回流。另外注浆操作时，应如实填写注浆记录，包括注浆环号、孔位、时间、注浆量、配合比、注浆压力、注浆操作手等信息，同时做好过程中的影像资料收集。

### 5.3.2 TBM 模式掘进施工

根据地质勘察报告，在 ZDK40＋929~ZDK41＋368、ZDK41＋408~ZDK41＋799.928、YDK40＋899~YDK41＋329、YDK41＋400~YDK41＋799.928 段，隧道开挖断面主要为 ⑨$_H$ 微风化花岗岩，因此主要采用 TBM 模式进行掘进。

在实际施工时，提前设置一套针对全断面硬岩地层、TBM 模式掘进的参数，用以指导初期施工（表 5.3-6）。随着继续向前推进，根据地面监测情况和掘进机设备工作参数，及时对掘进参数进行调整优化，以便更好地控制施工质量、地面隆沉变化、施工效率。

前期施工参数设定值　　　　　　　　　　表 5.3-6

| 项目 | 中风化花岗岩 |
| --- | --- |
| 上部土压（bar） | / |
| 掘进速度（mm/min） | 20～50 |
| 扭矩（kN·m） | 1400～2200 |
| 推力（t） | 1300～1700 |
| 刀盘转速（rpm） | 1.6～2.2 |
| 渣土改良方式 | 泡沫剂、水 |
| 每环出渣量（m³）（考虑松散系数） | 69～73.6（松散系数取 1.5～1.6） |
| 每环同步注浆量（m³）（考虑充填系数） | 4.8（充填系数取 120%） |
| 同步注浆压力（bar） | 2.0～2.5 |

后期施工时，除了按照参数设定值进行参数设定以外，同时根据地面监测情况和掘进机设备工作参数，及时对掘进参数进行调整优化，以适应不同埋深、不同地层。

在转为 TBM 模式掘进前，应进行一次主动开仓和刀具检查，必要时进行刀具的更换，以保证 TBM 的掘进需求。根据此掘进机的设计，模式转换时通过模式转换按钮即可完成大部分操作，无需进行繁琐的人工操作，无需加装刮渣板等部件。

1. 刀盘转速及刀盘扭矩

在 TBM 模式下，刀盘转速需进行适当提高，一般维持在 2.0～2.5rpm，刀盘扭矩应控制在 1800～2500N·m。

2. 出渣模式选择

此区间掘进机处于 TBM 掘进模式时，可选取螺旋机出渣或泥水循环出渣。

（1）螺旋机出渣模式

当采用螺旋机出渣时，出渣量控制与 EPB 模式类似，因此，每环理论出渣量为 $V = \pi/4 \times D_2 \times L = \pi/4 \times 6.282 \times 1.5 = 46.44\text{m}^3/$环。

根据此区间地质情况，硬岩掘进阶段考虑松散系数取 1.5～1.6，因此，实际渣土体积约为 69～73.6m³。在实际掘进时，应根据经过改良后的渣块性状，及时调整松散系数，以更精确地确定渣土理论体积，从而判断实际出渣量。

（2）泥水循环模式出渣

从下部进浆，下部排渣，泥浆液位约控制在土仓的 1/3 液位，确保液位覆盖排浆口。进浆管从底部进浆，翻滚土仓底部泥浆，提高排浆管的携渣效率（图 5.3-1）。

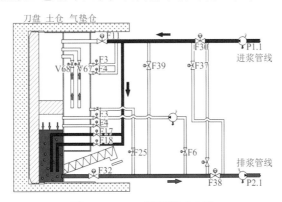

图 5.3-1　SPB 循环模式出渣

### 3. 同步注浆

在 TBM 模式下掘进机掘进时，采用同步注浆的方式填充管片与土体之间的空隙，同步注浆施工方法与 EPB 模式下一致。同步注浆用于填充管片与土体之间的空隙，同步注浆材料采用砂浆，同步砂浆配合比见表 5.3-7。

同步砂浆配合比　　　　　　　表 5.3-7

| 泥<br>（kg/m³） | 膨润土<br>（kg/m³） | 粉煤灰<br>（kg/m³） | 砂<br>（kg/m³） | 水<br>（kg/m³） | 稠度<br>（cm） | 重度<br>（g/cm³） |
|---|---|---|---|---|---|---|
| 110 | 60 | 390 | 780 | 430 | 12 | 1.77 |

（1）胶凝时间：一般为 7～8h，根据地层条件和掘进速度，通过现场试验加入促凝剂及变更配比来调整胶凝时间。对于强透水地层和需要注浆提供较高的早期强度的地段，可通过现场试验进一步调整配比和加入早强剂，获得早期强度，保证良好的注浆效果。

（2）固结体强度：7d 不小于 2.3MPa，28d 不小于 3.2MPa。

（3）浆液结石率：>95%，即固结收缩率<5%。

（4）浆液稠度：12cm。

（5）浆液稳定性：倾析率（静置沉淀后上浮水体积与总体积之比）小于 5%。

（6）注浆压力：泵送出口处的压力应控制在略大于周边水压力。注浆压力一般为 0.25～0.35MPa。

（7）每推进一环的空隙为：$1.5 \times (3.14 \times 3.14^2 - 3.14 \times 3^2) = 4.05 m^3$。

（开挖直径：6.28m；管片外径：6.2m；管片宽度：1.5m）

注浆充填系数取 150%～200%，即每推进一环同步注浆量控制范围为 6.08～8.1m³。始发段考虑对洞门密封装置影响，注浆量应适当减少。正常掘进暂定 7m³/环，现场根据监测、测量分析结果进行实时调整。

（8）注浆结束标准：同步注浆采用注浆压力和注浆量双指标控制标准，即当注浆压力达到设定值时或者注浆量达到设计值时，即可认为达到了质量要求。

当出现地层含水量较大或者其他需要缩短初凝时间的情况时，应对配合比进行调整，适当增加水泥掺量占比。同步砂浆配合比见表 5.3-8。

同步砂浆配合比　　　　　　　表 5.3-8

| 水泥<br>（kg/m³） | 膨润土<br>（kg/m³） | 粉煤灰<br>（kg/m³） | 砂（kg/m³） | 水（kg/m³） | 稠度（cm） | 重度<br>（g/cm³） |
|---|---|---|---|---|---|---|
| 150 | 60 | 370 | 760 | 430 | 12 | 1.77 |

### 4. 二次注浆

当同步注浆效果不足，管片壁后出现空隙时，容易造成地面沉降，因此，需进行二次注浆及时补充。当管片防水效果不足，出现较为严重的渗漏时，也需要进行二次注浆，在管片壁后进行封堵。

在进行堵漏注浆或者其他对浆液凝固时间要求较高的二次注浆时，应采用双液注浆，二次注浆采用双液浆时，每 1m³ 双液浆配合比见表 5.3-9。

双液浆配合比　　　　　　　　　　　　　　　　　表 5.3-9

| A 液（体积比） | | B 液（35Be′）（体积比） |
|---|---|---|
| 水（kg） | 水泥（P·O 42.5）（kg） | 水玻璃（体积） |
| 650 | 1100 | |
| 70% | | 30% |

双液浆性能要求：浆液初凝时间控制在 30～60s，体积收缩率小于 5%。所用原材料水泥强度等级为 P·O 42.5 级，水玻璃为 35Be′；水灰比为 0.5～0.6，可根据地层情况及注浆目的做适当调整。

在进行地面沉降改善注浆、壁后空隙填充注浆或者其他对浆液凝固时间要求较低的二次注浆时，可采用单液浆，二次注浆采用单液浆时，每 $1m^3$ 单液浆配合比见表 5.3-10。

单液浆配合比　　　　　　　　　　　　　　　　　表 5.3-10

| 单液浆（kg） | |
|---|---|
| 水 | 水泥（P·O 42.5） |
| 750 | 750 |

二次注浆参数控制：

（1）注浆压力略高于同步注浆压力，一般在 0.3～0.5MPa，注浆时需密切关注管片错台情况，一旦管片错台增大，应立即停止注浆。

（2）注浆量应根据注浆需求进行调整，一般情况下每块管片壁后注浆量不应大于 $1m^3$，且一旦发现管片错台变大，应立即停止注浆。

（3）注浆时，应按照左右交替的顺序进行注浆，防止一侧注浆过多造成管片变形位移。

（4）二次注浆结束标准一般情况下以压力作为主要参考，达到设计注浆压力说明外界空隙已经填充饱满，可以停止注浆。

在进行二次注浆操作时，应提前准备逆止阀等材料，保证注浆结束后浆液不会回流。另外注浆操作时，应如实填写注浆记录，包括注浆环号、孔位、时间、注浆量、配合比、注浆压力、注浆操作手等信息，同时做好过程中的影像资料收集。

### 5.3.3　SPB 模式掘进施工

根据地质勘察报告，在 ZDK41 + 368～ZDK41 + 408、YDK41 + 329～YDK41 + 400 段，隧道开挖断面地层主要为⑦$_{H-a}$ 砂土状强风化花岗岩、⑧$_H$ 中风化花岗岩，多为上软下硬地层，因此主要采用 SPB 模式掘进。另外，当 EPB 模式或 TBM 模式掘进时，突遇较长距离、较大规模未处理孤石地层时，应组织进行技术研讨，对地层情况进行评估，视情况也可转换为 SPB 模式进行施工。

在实际施工时，提前设置一套针对上软下硬地层、SPB 模式掘进的参数，用以指导初期施工（表 5.3-11）。随着继续向前推进，根据地面监测情况和掘进机设备工作参数，及时对掘进参数进行调整优化，以便更好地控制施工质量、地面隆沉变化、施工效率。

| 项目 | 强风化花岗岩、中风化花岗岩、微风化花岗岩 |
|---|---|
| 上部土压（bar） | 2.1～2.6 |
| 掘进速度（mm/min） | 5～15 |
| 扭矩（kN·m） | 1200～2000 |
| 推力（t） | 1400～2000 |
| 刀盘转速（rpm） | 0.7～1.0 |
| 渣土改良方式 | 泡沫剂、膨润土 |
| 每环出渣量（m³）（考虑松散系数） | 46～48（综合考虑进泥量、排泥量、土层物理参数） |
| 每环同步注浆量（m³）（考虑充填系数） | 7.3（充填系数取180%） |
| 同步注浆压力（bar） | 2.5～4.0 |

后期施工时，除了按照参数设定值进行参数设定以外，同时根据地面监测情况和掘进机设备工作参数，及时对掘进参数进行调整优化，以适应不同埋深、不同地层。

在转为 SPB 模式掘进前，除了掘进机内的相关操作外，应组织对隧道内泥水处理管路和地面泥水处理系统设备进行检查，确保泥水系统工作正常，满足 SPB 掘进机掘进需求。

**1. 压力设定**

SPB 掘进机与 EPB 模式掘进机的原理相近，通过维持刀盘前方和土仓压力，保持掌子面的稳定，只是两种模式维持土压的方式不同。因此，土压设定值的大小与地质条件、埋深等因素有关，与掘进机模式关系较小，SPB 掘进机的土仓压力设定与 EPB 模式相同，根据理论计算确定上限值和下限值。根据计算所得土压上限和下限值，设定土仓压力，并随时根据地面监测情况，小范围内调整土仓压力设定值。

**2. 推进及排渣控制**

掘进机推进过程中，推进速度应保持平稳，正常情况下维持在 30～60mm/min，同时调整进浆排浆流量，使之与推进速度相匹配。

切削量的控制：

挖掘土体体积的计算公式： $V_R = Q_1 - Q_0$ （5.3-3）

式中：$V_R$——挖掘土体的体积（m³）；

    $Q_1$——排泥总量（m³）；

    $Q_0$——送泥总量（m³）。

实际掘削量（固体土粒子质量）$W'$ 可由下式计算得到：

$$W' = \frac{r_s}{r_s - 1}[Q_1(\rho_1 - 1) - Q_0(\rho_0 - 1)]$$ （5.3-4）

式中：$W'$——实际掘削量（kg）；

    $r_s$——土的相对密度；

    $Q_1$——排泥总量（m³）；

    $\rho_1$——排泥密度（kg/m³）；

    $Q_0$——送泥总量（m³）；

    $\rho_0$——送泥密度（kg/m³）。

当发现切削量过大时，应立即检查泥水密度、黏度和切口水压。

泥水指标控制：密度 $\lambda = 1.15～1.25 \text{g/cm}^3$；黏度 $\upsilon = 18～20\text{s}$；析水率 < 5%。

**3. 同步注浆**

同步注浆控制标准与 EPB 模式相同。

**4. 泥水性能**

根据不同的土体，泥水管理的方法和要求也不同。根据需要调节相对密度、黏度、胶凝强度、泥壁形成性、润滑性，使之成为一种可塑流体。SPB 掘进机使用泥水的目的是用泥水来控制开挖面的稳定，在防止塌方的同时把切削下来的泥膜送至地面。

①密度

泥水的密度是一个主要的控制指标。掘进中进泥密度不应过高或者过低，前者会影响泥水的输送能力，后者则不利于泥膜的形成和开挖面的稳定。

泥水密度的范围一般控制在 $1.15 \sim 1.25 \mathrm{g/cm^3}$。下限为 $1.15 \mathrm{g/cm^3}$，上限可根据施工的特殊要求而定。在砂性土中施工、保护地面建筑物、地面穿越浅覆土时，上限可达 $1.3 \mathrm{g/cm^3}$。

②黏度

从土颗粒的悬浮性要求来说，要求泥水的黏度越高越好，考虑到泥水系统的自造浆能力，随着推进距离的增加，泥浆越来越浓，密度也在上升，进而影响泥水质量，所以泥水黏度一般控制在 18s 以上。

③含砂量

泥水处理的目的是保留小颗粒的黏土部分，去除 45μm 以上的砂颗粒。所以含砂量也是一个衡量泥水质量好坏的重要标准。

④析水率和 pH 值

析水率和 pH 值是泥水管理中一项综合指标，它们在更大程度上与泥水的黏度有关，悬浮性好的泥浆析水率就少，反之就大。

泥水的析水率必须要小于 5%，pH 值呈碱性。降低含砂量，提高泥浆黏度或在调整池中加入纯碱是保证析水率合格的主要手段。

在砂性、粉砂性土中掘进时，由于工作泥浆不断被劣化，就须不断调整泥浆的各项参数，添加黏土、膨润土、HS 系列；在黏土、淤泥质黏土中掘进时由于黏性颗粒不断增加，使得泥浆浓度越来越高，添加清水稀释泥浆成为一种重要方法。

**5. SPB 环流施工操作步骤**（图 5.3-2）

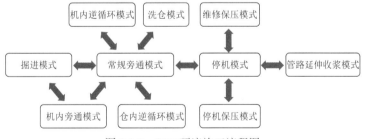

图 5.3-2　SPB 环流施工流程图

（1）旁通模式

①常规旁通模式运行操作

进浆管路：F51 打开→旁通管路：F31 打开→排浆管路：F38、F50 打开→泥浆泵：进浆泵 P1.1 运行→排浆泵 P2.1 运行。

②机内旁通模式运行操作

系统运行常规旁通模式→待常规旁通模式运行稳定后，F30、F35 打开，F31 关闭。

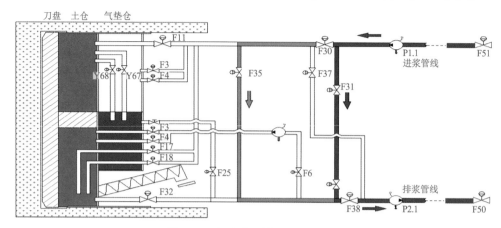

图 5.3-3　机内旁通模式循环线路

注意事项：机内旁通模式的运行必须通过常规旁通模式进行转换。

（2）掘进模式

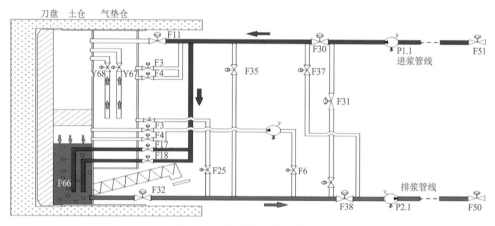

图 5.3-4　掘进模式循环线路

①掘进模式施工运行步骤

系统运行常规旁通模式或机内旁通模式→进浆管路：F51、F30、F11 打开→F3、F4 至少打开 1 路→排浆管路：F38、F50 打开，F32、F66 打开其中一路→旁通管路：F31、F35 关闭（进/排浆球阀状态满足以上条件）→泥浆泵：进浆泵 P1.1 运行（根据需求调节转速）→排浆泵 P2.1 运行（根据需求调节转速）→掘进模式停止：→旁通管路：F35 打开，F31 打开（机内旁通模式运行一定时间后）→进浆管路：F3、F4、F11 关闭（F35 或 F31 打开后）→F30、F51 状态保持不变→排浆管路：F32、F66 关闭（F35 或 F31 完全打开后）→F38、F50 状态保持不变→系统运行常规旁通模式，将盾构机到分离站的整个排浆管路的渣土排空。→逐渐降低进浆泵（P1.1）和排浆泵（P2.1）转速，停止泵的运行。

②注意事项

常规旁通模式直接切换为掘进模式前，需运行机内旁通模式，确保机内旁通与常规旁通之间的排浆管路或箱体不存在堵塞现象。掘进模式下气垫仓进浆管路开启数量不少于 1 路。掘进停止后，需运行足够长时间机内旁通模式，确保机内旁通与常规旁通之间的排浆管路或箱体不存在积渣现象。

（3）机内逆循环模式

当常规旁通与机内旁通之间的排浆管堵塞时，使用机内逆循环模式，该模式可以实现持续冲洗直至堵塞管路疏通。

①机内逆循环模式运行

系统运行常规旁通模式→进浆管路：F51 打开，其余进浆球阀处于关闭状态→机内旁通管路：F35 打开→逆冲洗管路：F37 打开→旁通球阀：F31 打开→排浆管路：F50 打开，F32、F66 处于关闭状态→F38 关闭（进浆/排浆/逆冲洗球阀状态满足以上条件）→泥浆泵：进浆泵 P1.1-1.n 运行（根据需求调节转速）→排浆泵 P2.1-2.n 运行（根据需求调节转速，见图 5.3-5）。

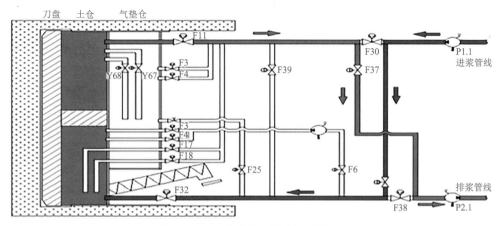

图 5.3-5　机内逆循环模式循环线路

②注意事项：仓内逆洗只能通过常规旁通模式切换，但建议先运行机内逆循环确保机内旁通与常规旁通之间的排浆管路或箱体无堵塞。

（4）洗仓模式

系统运行常规旁通模式→进浆管路：F51、F30、F3、F4 打开（其余进浆球阀处于关闭状态）→排浆管路：F38、F50 打开，F66、F32 关闭→仓外连通管路：F25 打开，F23、F24 关闭→旁通球阀：F31 关闭（进浆/排浆/仓外连通管路球阀状态满足以上条件）→泥浆泵：进浆泵 P1.1-1.n 运行（根据需求调节转速，见图 5.3-6）。

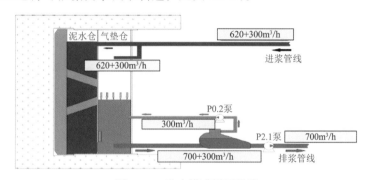

图 5.3-6　洗仓模式循环线路

（5）管路延伸模式

SPB 掘进机施工中，需通过延伸装置周期性对进/排浆管路进行加长，同时需要对泥浆管内的泥浆进行处理。管路延伸收浆模式可将主进/排浆管道内的泥浆快速排送至气垫仓内，泥浆被有效的回收利用，并实现了泥浆的零泄漏、零污染。管路延伸操作步骤见图 5.3-7。

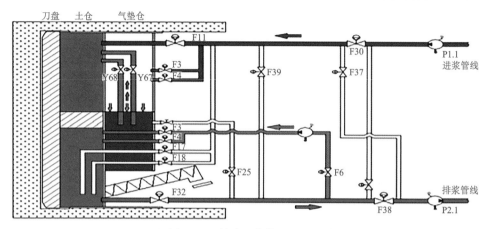

图 5.3-7　管路延伸模式循环线路

①泥浆收集操作

泥浆循环系统停止前降低气垫仓内液位，液位降低高度时需保证泥水仓压力在合理范围内→泥浆循环系统已停止运行→关闭球阀 F51、F50；关闭隧道内进/排浆管路上最近的闸阀→手动打开收浆罐顶部的排气球阀 S8，保证浆液快速顺利进入收浆罐内→连接收浆罐与进/排浆管路底部排浆口之间的软管，打开 S1、S2、S3，将管内泥浆排入收浆罐内→待收浆罐内泥浆达到高液位时，收浆罐上部排气球阀 S8 自动关闭→打开进/排浆管路进气球阀 S10、S11，向进/排浆管路内注入压力值一定的压缩空气→（S10、S11 压缩空气管路上的减压阀压力值提前设定、压力值根据现场实际情况确定）打开收浆管路上的气动阀门 S4、S6 和主管路分支气动球阀 F8，F3、F4 打开其中一路，使收浆泵与气垫仓形成通路→启动收浆泵，将进/排浆管内泥浆泵送至气垫仓内→收浆泵运行时，当收浆罐液位低于高报警时，务必手动打开收浆罐顶部的排气球阀 S8 保证浆液快速顺利进入收浆罐内→排空管内泥浆后，收浆泵自动停止；关闭 F3、F4、F8、S1、S2、S3、S4、S6、S10、S11。

②注意事项

收浆泵直接抽排过程中可能出现收浆罐低液位现象，需等待收浆罐液位恢复正常后再次启动收浆泵；收浆泵运行且收浆罐液位低于高报警时，需保证排气球阀 S8 处于打开状态，否则会影响收浆效率；进/排浆管路最后剩余少量浆液无法通过收浆泵直接抽排，此时需断开收浆软管，将剩余浆液直接排放至集污箱内即可。

③泥浆管路延伸操作

拆卸隧道泥浆管和掘进机泥浆管连接螺栓，将泥浆管分离→向前移动延伸小车，使小车与泥浆管之间有足够富裕空间的距离，能够满足新管道安装→使用泥浆管吊机，将新泥浆管安装在延伸小车前移留下的空间内，需要使用泥浆管油缸进行微调对位，紧固连接螺栓→打开球阀 F51、F50 及隧道内闸阀，泥浆管延伸完成。

（6）停机保压模式

掘进机长时间处于停机状态，泥水仓内可能发生泥浆的损失。此时运行停机保压模式对气垫仓的泥浆液位进行控制，必要时应进行泥浆的补充。

停机保压操作步骤：SPB 循环系统已停止运行→所有的进浆、排浆、旁通球阀都处于关闭状态→气垫仓补浆低液位和高液位设定完成→泥浆管最大允许流量设定完成→决定补浆动作进浆管压力值设定完成→气垫仓泥浆液位正常→将预选按钮旋转至周末保压模式档位→系统运行停机保压（周末保压）模式，程序自动执行补浆动作（图 5.3-8）。

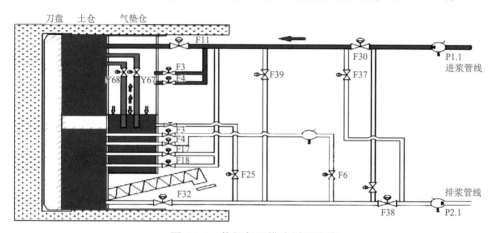

图 5.3-8　停机保压模式循环线路

## 5.3.4　三模掘进机测量及姿态控制

掘进机采用激光导向系统，精度为 2″，测距采用瑞士进口徕卡自动全站仪，整体稳定可靠。能够对掘进机在掘进中的各种姿态，以及掘进机的线路和位置关系进行精确的测量和显示。操作人员可以及时地根据导向系统提供的信息，快速、实时地对三模掘进机的掘进方向及姿态进行调整，再辅以人工测量复核，保证三模掘进机掘进方向的正确。

掘进机掘进施工中，通过测量系统实时监测掘进机姿态，根据当前姿态结合地层、管片上浮、盾尾间隙、管片超前量等参数，由掘进机主司机通过对分区油缸的控制实时调整掘进机掘进姿态，以保证掘进机姿态和成型隧道姿态满足设计及规范要求。

为了保证掘进机姿态准确，应采用自动测量系统和人工测量复核的形式。当成型隧道管片姿态与掘进姿态两者之间差别较小时，按照 100 环一次的频率进行人工测量复核，当成型隧道管片姿态与掘进姿态两者之间差别较大时，应适当加密人工测量复核的频率，按照 50 环一次的频率进行人工复核。

1. 掘进机掘进轴线控制

掘进机掘进施工过程中的轴线控制是整个掘进机施工过程中的一个关键环节，掘进机在施工中大多数情况下不是沿着设计轴线掘进，而是在设计轴线的上、下、左、右方向摆动，偏离设计轴线的差值必须要满足相关规范的要求，因此，在掘进机掘进中要采取一定的控制程序来控制隧道轴线的偏离。

在掘进过程中关键是要严格控制千斤顶的行程、油压和油量，根据最新的测量结果调整掘进机及管片的位置和姿态，按"勤纠偏、小纠偏"的原则，通过严格的计算合理选择和控制各千斤顶的行程量，从而使掘进机和隧道轴线沿设计轴线在容许偏差范围内平缓推进。切不可纠偏幅度过大，以控制隧道平面与高程偏差而引起的隧道轴线折角变化不超过 0.4%。

在利用仿形刀进行施工时，一定要注意控制好推进速度，使单位时间内推进的距离和仿形刀的工作能力相配，超挖量可以通过计算来分析确定。

曲线段施工时，由于对地层及结构衬砌的扰动较大，因此，需加强地表及洞内的监测工作，并及时根据监测的结果优化施工参数。

**2. 曲线段掘进轴线控制**

本区间在曲线段（包括水平曲线和竖向曲线）施工时，掘进机推进操作控制方式是把液压推进油缸进行分区操作，分别控制和调整推进油缸的油压，使掘进机按预期的方向进行渐进调向运动。

按设计本标段曲线段施工时，除通过调整推进油缸推力调整掘进机掘进方向外，还采取拼装转弯环（平曲线）的方法，使推进轨迹符合设计线路的弯道要求。

在曲线段推进时，应特别注意以下几点：

（1）进入曲线施工前，调整好掘进机的姿态，尽量减小掘进机中心轴线与隧道中心轴线的夹角和偏移量，避免产生较大的超挖量；

（2）精确计算每一环推进循环的偏离量与偏转角的大小，合理调整推进油缸的推力、分区与组合方法；

（3）根据掘进机自动测量系统的测量结果，确定下次推进的纠偏量与推进油缸的组合运用方式。经常对掘进机的姿态进行测量，校核导向系统的测量结果并进行调整；

（4）为防止管片移动错位，要求油缸推力差尽量减小，并尽量缩短同步注浆浆液的凝结时间，减少管片的损坏和变形，也可使千斤顶的偏心推力有效地起作用，确保曲线推进效果；

（5）在曲线推进的情况下，应使掘进机当前所在位置点与远方点的连线同设计曲线相切，纠偏幅度每次不超过 4mm；

（6）对掘进参数实行动态管理，根据开挖面地层情况适时调整掘进参数保证掘进方向的准确，避免引起更大的偏差；

（7）施工中，掘进机曲线走行轨迹引起的建筑空隙比正常推进大，应加大注浆量，正确选好压注点，并做好盾尾密封。

**3. 姿态纠偏**

受多种因素影响，掘进机姿态可能会出现偏离预定轴线的情况，此时需要及时进行纠偏操作。在进行纠偏时，应严格遵循"勤纠偏、缓纠偏"的原则，正常情况下每次纠偏量不应超过 6mm/m，当偏移量过大时，纠偏动作不可过重过急，应在前方合适距离选定一个目标点，使掘进机姿态逐渐与轴线重合，避免造成掘进机"蛇"形前进。

（1）滚动纠偏

采用使掘进机刀盘正反转的方法来纠正滚动偏差。允许滚动偏差 ≤1.5°，当超过 1.5°时，掘进机报警，掘进机司机通过切换刀盘旋转方向，进行反转纠偏。

（2）竖直方向纠偏

控制掘进机方向的主要因素是千斤顶的单侧推力，它与掘进机姿态变化量间的关系比较离散，靠操作人员的经验来控制。

当掘进机出现下俯时，加大下端千斤顶的推力；当掘进机出现上仰时，加大上端千斤顶的推力进行纠偏。

（3）水平方向纠偏

与竖直方向纠偏的原理一样，左偏时，加大左侧千斤顶的推力纠偏；右偏时，加大右侧千斤顶的推力纠偏。

### 5.3.5　管片防水材料、垫板的粘贴及管片拼装

#### 1. 管片防水材料粘贴

管片防水通过混凝土结构自防水和外贴式防水两种方式实现，其中外贴式防水采用管片密封槽与三元乙丙橡胶密封垫结合的形式，管片环、纵缝防水形式见图 5.3-9。

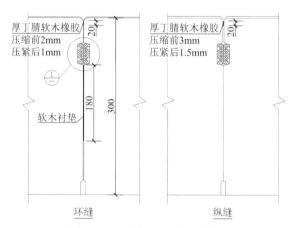

图 5.3-9　管片环、纵缝防水图

（1）管片防水材料粘贴

管片制作完成并检测合格后，开始粘贴防水材料，工艺流程为：管片检查→管片清理→管片烘干→抹胶→晾干→套贴弹性密封垫→敲紧、抹平→涂缓膨胀剂→抹胶→晾干→粘贴传力衬垫→敲紧、抹平→存放。

管片防水材料粘贴方法如下：

①将管片专用胶均匀满涂于弹性橡胶密封垫的粘贴面和管片密封沟槽表面，粘贴胶涂刷后，晾置一段时间（一般 10～15min，随气温、湿度而异），时间卡控标准以胶粘剂不粘手、不拉丝为准；

②将弹性橡胶密封垫套入管片预留沟槽中时，统一将密封垫的外边缘与管片预留沟槽的外弧边靠紧，套入密封垫时先将角部固定好，再向角部两边推压，用木锤连续性敲击，再检查安装效果，特别是 4 个边角位置的安装质量。

（2）管片环缝垫板粘贴

管片环缝设置垫板，用于缓冲两环管片之间的挤压作用，防止管片挤压破损，如图 5.3-10 所示。

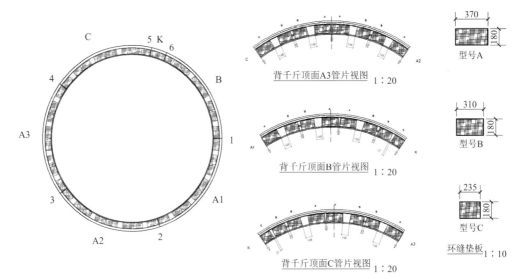

图 5.3-10　管片环缝垫板粘贴图

管片环缝垫板粘贴方法如下：

①将胶粘剂均匀涂于传力垫板粘贴面和管片对应位置的混凝土表面上；

②将环缝垫板粘贴到设计位置。其中 A 块、B 块、C 块、K 块采用的垫板型号、数量不同，粘贴位置也不同，应严格按照图纸进行粘贴；垫板粘贴后，表面应平整，不得出现脱胶、翘边、歪斜等现象。

**2. 管片拼装流程**

管片拼装工艺流程如图 5.3-11 所示。

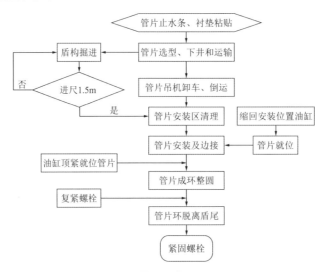

图 5.3-11　管片拼装工艺流程图

**3. 管片选型**

此区间管片采用直线环、左转弯环和右转弯环三种类型管片，曲线段施工时通过不同管片组合实现掘进机和成型隧道的转弯。在掘进施工中，应时刻关注当前掘进参数，在当前环掘进时，结合上一环的参数，对下一环管片进行预判选型。

在进行管片选型时，主要考虑以下因素：

（1）当前设计线路情况，包括平面曲线和纵坡变坡情况，依次确定理论上转弯环管片与直线环管片的数量搭配；

（2）掘进机相对设计线路的姿态；

（3）掘进机推进油缸行程差、铰接油缸行程差；

（4）当前盾尾内的管片超前量与设计超前量的大小关系；

（5）盾尾间隙情况；

（6）上一环管片的拼装点位，避免管片出现小通缝或者大通缝拼装。

**4. 管片拼装及质量控制**

此区间管片采用错缝拼装，拼装施工流程及技术要点如下：

（1）管片验收及检查。管片进场前，由管理人员对进场管片进行验收，验收合格后方可进场；下井前，由值班技术人员对管片进行第二次检查；管片达到掘进机内时，由值班技术员进行第三次检查。在进行检查时，应严格按照相关规范所规定的标准进行，重点关注管片是否存在缺角、止水材料粘贴不合格、蜂窝、麻面、裂缝、破损等缺陷，一般缺陷应按照规范和方案要求进行修补处理，重大缺陷应拒绝进场或进行退场处理。

（2）管片吊卸。管片进入掘进机车架内，检查合格后使用单（双）轨梁逐块卸下，运至前方拼装区。在进行管片吊卸时，应由专人负责保持管片稳定，防止出现磕碰损坏，同时应根据拼装顺序调整拼装区放置顺序，避免拼装前再次调整。

（3）管片拼装。掘进完成后开始拼装前，应先对盾尾进行清理，避免盾尾内积水积泥。随后收回下一块管片对应区域的推进油缸，拼装手操作拼装机抓举管片，送至对应区域，调整管片的倾角，与上一环管片对正，确保环内错台、环间错台符合要求后，方可拉近并与上一环管片靠紧，一旦靠紧后发现错台过大，应将管片退出并调整姿态，严禁在靠紧情况下直接调整，以防止损坏管片防水效果。逐块拼装并拧紧螺栓，完成整环拼装。

（4）管片螺栓复紧。管片螺栓应严格执行三次复紧，管片拼装完成后进行第一次紧固，下一环推进过程中进行第二次紧固，管片脱出盾尾进行第三次紧固。螺栓紧固标准应按照设计和规范要求进行。

管片拼装控制标准如表 5.3-12 所示。

管片拼装控制标准　　　　　　　　　　　　　表 5.3-12

| 检测项目 | 允许偏差 | 检验方法 | 检验数量 | |
|---|---|---|---|---|
| | | | 环数 | 点数 |
| 衬砌环椭圆度（‰） | ±5 | 断面仪、全站仪测量 | 每 10 环 | — |
| 衬砌环内错台（mm） | 5 | 尺量 | 逐环 | 4 点/环 |
| 衬砌环间错台（mm） | 6 | 尺量 | 逐环 | |

## ⚙ 5.4　三模掘进机接收

按照施工组织设计，此区间左右线均由萝岗站始发，到达水西站接收，掘进机接收采用钢套筒接收。

### 5.4.1 掘进机接收施工流程

钢套筒接收工作流程如图 5.4-1 所示。

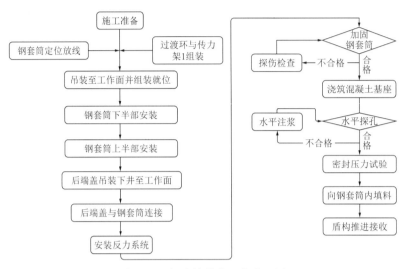

图 5.4-1 钢套筒接收工作流程图

### 5.4.2 接收条件复核

应急降水井位置示意图见图 5.4-2。由于水西路站掘进机接收端未进行加固，因此，在掘进机到达前应组织对接收端头水文地质条件和现场准备情况进行复核，确保满足掘进机接收要求。

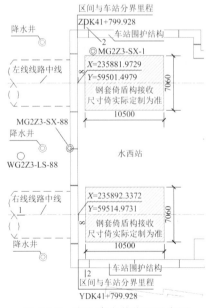

图 5.4-2 应急降水井位置示意图

（1）在接收端头区域打设 3 口应急降水井，两条隧道边线以外 2m、车站围护结构以外

2m（视现场施工场地条件，场地不足时可适当缩短）处各打设一口，两条隧道中间、车站围护结构以外 3m 处打设一口，共 3 口，降水井构造与始发端降水井相同，深度应达到设计隧道底以下 3m 或进入中、微风化岩层不少于 1m。

（2）应急降水井施工完成后，在不同时间测量井内静水位并做好记录。

（3）在掘进机到达前 100m 时，组织进行抽水试验，分别以其中 1 口井作为观测井、另外 2 口井作为降水井，交替三次，获得降水曲线和动水位，评估端头地层水补给速度和应急降水井的降水效果。在进行持续降水时，动水位低于隧顶埋深时，可以认为具备条件掘进进入钢套筒。

### 5.4.3　接收前测量及掘进机掘进

当掘进机施工进入接收范围时（即进洞前 100m），应对掘进机的位置进行准确测量，明确进洞隧道中心轴线与隧道设计中心轴线的关系，同时应对接收洞门位置进行复核测量，确定掘进机的贯通姿态及掘进纠偏计划。纠偏要逐步完成，坚持一环纠偏不大于 5mm 的原则。在掘进机距离接收井 100m 时，即进入到达掘进阶段。须做好如下准备工作：

（1）首先减小推力、降低推进速度和刀盘转速，控制出土量并监视土仓压力值，避免地表隆起。

（2）掘进机采用自动导向系统与人工测量辅助进行掘进机姿态监测。为确保掘进机掘进中心线与隧道的设计中心线一致，每掘进 10 环即进行人工测量，以校对自动导向系统的测量数据并复核掘进机的位置、姿态，发现偏差及时进行纠正，确保掘进机接收，每次纠偏量控制在 6mm 以内。

（3）最后 10 环管片上安装纵向拉紧联系装置，以防盾尾在脱出管片后，管片环与环之间间隙被拉大，引起漏水。纵向拉紧联系装置由 10 号槽钢联系条、管片螺栓和连接件等组成。先在管片的注浆孔上安装连接件，连接件为隔环布置，保证处于同一直线上。然后将 4 根联系条通过管片螺栓固定在连接件上，使这些管片连成一个整体。

### 5.4.4　接收钢套筒及反力架安装

#### 1. 钢套筒下放及定位

钢套筒定位时，要求钢套筒架中心线与隧道设计轴线重合，误差不大于 2cm。

在地面组装好钢套筒的第一段，并把过渡连板与第一段连接好，整体下放到端头井内，使钢套筒的中心与事先确定好的隧道中心线重合。

在地面组装好钢套筒的第二段，下放到端头井内，使钢套筒的中心与事先确定好的线路中心线重合，向后移动第二段并与第一段连接。

按照以上顺序，依次下放并安装其余段钢套筒。

#### 2. 钢套筒的连接和安装

①主体部分连接

在安装钢套筒之前，首先在端头井确定中心线，从地面下放的钢套筒对准轴线放置。两段筒身前后轴线对齐放置，接口安装橡胶密封垫后，拧紧连接螺栓，连接部位密封均采用 8mm 橡胶垫密封。

②后端盖连接

筒体安装到位并连接完成后，将后端盖下放至端头井，与筒体轴线对齐。后端盖与筒体之间安装 8mm 橡胶垫密封，并使用螺栓连接固定。

③反力架安装

后端盖安装完成后，开始安装后端反力架。反力架通过斜撑将后端盖与车站主体结构连接，将掘进机推进时施加给钢套筒的推力传递到车站主体结构。斜支撑底部与底板连接，斜支撑预埋件与底板受力钢筋应进行焊接固定，并对焊缝进行探伤检测。

④整体加固

### 5.4.5　接收掘进

1. 第一阶段：刀盘抵到纤维筋地下连续墙前正常段的掘进施工

掘进机到达，正常段掘进施工时应严格控制掘进机姿态，确保掘进机平面、高程偏差控制在允许范围内，确保在进入钢套筒内时使得掘进机沿设计轴线进行掘进施工。根据掘进机各项施工参数，调整掘进机掘进速度，准备进入第二阶段的推进。

2. 第二阶段：掘进机进入钢套筒段的掘进

参数设置：推速 < 10～20mm/min、推力 < 12000kN、土压 < 0.5bar，视实际推力大小，以不超过此值为原则：在钢套筒内掘进以管片拼装模式掘进，掘进机在钢套筒内掘进前土仓需建立适当压力，提高拼装模式的推力，如果推力不具备将盾体向前顶推的能力，则采用掘进模式，刀盘转速控制在 0.8rpm 以下，刀盘转动前，要与钢套筒外部进行联系，确认人员及设备安全后，才能进行掘进模式。掘进机在钢套筒内掘进过程中，要确保与外界联系，密切观察钢套筒的情况，一旦发现变形量超量或有渗漏时，必须立即停止掘进，及时采取补救措施。在此过程中应对拼装好的每一环进行拉结，确保相邻两环之间连接紧密。

3. 第三阶段：停机注浆

当盾尾即将脱离洞门圈外侧时停机，在脱出盾尾后方 2～6 环的位置打环箍二次注浆，注双液浆打封闭环箍，阻止后方的水源进入盾尾前方，双液浆配比：水泥浆水灰比 1：1，水玻璃与水泥浆体积比 1：1，水玻璃采用 35Be，注浆压力 0.25～0.5MPa。

注浆完成后，在管片上开孔检查，确认外界土体没有来水。

4. 第四阶段：盾尾脱离洞门钢环

继续拼装管片，掘进机向前顶进，直至掘进机盾尾脱离侧墙，掘进机完全进入钢套筒内。在此过程中应对每一环管片进行拉结，同时继续密切关注钢套筒和反力架情况，测量组实时监测变形情况，一旦发现变形过大，立即停止推进并组织开会商讨下一步措施。

### 5.4.6　洞门封堵

盾尾进入侧墙预埋钢环时，进行第一次洞门封堵注浆，注浆位置应选取距离掘进机 2 环以外的管片，注浆范围选择 2～5 环，采用双液注浆，注浆时按照左右交替、从下到上的顺序逐环进行开孔和注浆。注浆时应确保浆液堆集高度，保证管片顶部与外界土体的空隙被完全填充。

盾尾脱离侧墙后，进行第二次洞门封堵注浆，注浆位置选取最后 1～5 环，注浆要求与第一次注浆相同。

注浆完成后，在管片上开孔检查外界是否还有来水以及顶部浆液填充效果，检查满足要求后，方可进行下一步钢套筒拆解。

### 5.4.7　钢套筒拆解

接收洞门封堵注浆凝固之后，打开钢套筒上预留的卸压口，测试有无水涌出，然后缓慢降低土仓压力，观察情况，如无异常，则将刀盘前方渣土尽量出空，确认无涌水后，打开钢套筒上的填料孔，观察注浆情况和钢套筒内压力情况，确认注浆密实、钢套筒内完全泄压后，方可拆开逐块钢套筒，先拆除钢套筒上半部，准备掘进机吊出。

钢套筒拆卸程序：当掘进机到达预定位置，一切就绪后，首先进行反力架的拆除，然后进行钢套筒后端盖、上半部以及下半部的楔形板完全拆卸后，最后进行掘进机的拆解。

在拆除钢套筒端盖时，为防止端盖拆除过程中发生突发摆动，在拆除过程中，采取必要的防止端盖摆动约束措施。如在端盖与套筒之间设置定位销和拉结油缸，以便在端盖与套筒连接螺栓拆除时实现受力转换，避免端盖因螺栓破坏而发生瞬间崩开的情况。

每一块构件起吊时，在构件两侧设置起吊保护缆绳，设专人在有效安全防护的情况下配合吊机实施起吊，以防止起吊过程中发生大幅度摆动或碰撞。作业人员需站在安全位置，避免位于起吊摆动范围和下方。

## ✿ 5.5　特殊工况下施工技术

现有掘进机的掘进方式只能为 EPB 式、SPB 式、EPB/SPB 双模式、敞开式 TBM 掘进机其中一种，因此，掘进机适应地层变化的工作能力受到极大限制。现阶段我国城市轨道交通、引水隧道、电力隧道大力发展，隧道穿越地区地质变化较大，在大量的复杂地段，现有掘进方式的掘进机容易出现掘进困难、施工工期长、增加工程成本等缺陷，对轨道交通建设造成不利影响，特别是对于由硬岩地层与局部含泥砂富水地层或断裂带地层进行掘进时，现有模式掘进困难。具有三种掘进模式的掘进机可以解决复杂地形下现有模式掘进困难的问题，尤其是对于岩层突变，如岩层中心 V 形砂槽，该机型能快速从 TBM 模式切换到掘进机的 SPB 模式掘进，降低工程危险。

### 5.5.1　掘进机下（侧）穿建（构）筑物

根据设计图纸，萝岗站—水西站掘进机区间在 DK41 + 270～YDK41 + 300 侧穿黄埔区政务服务中心员工食堂，YDK41 + 357 下穿地下室。另外，在区间南段接近萝岗站的香雪大道上，现存一条有轨电车轨道，目前处于未运营状态，且在设计图纸中未体现。作为本区间穿越的建（构）筑物，在后续施工中做好相应的控制措施。在施工中，如何控制掘进机施工，减小建（构）筑物、隧道结构变形位移，是本工程重点。区间沿途建（构）筑物情况见表 5.5-1。

区间沿途建（构）筑物情况　　　　　　　　　　　　表 5.5-1

| 序号 | 1 | 2 |
|---|---|---|
| 建筑物 | 黄埔区行政服务中心楼 | 凯月楼（员工食堂） |
| 建筑物结构及基础形式 | 框架结构；天然基础 | 框架结构；<br>浅基础，地下室 1 层，采用 9m 长抗拔锚索 |
| 建筑物与隧道距离 | 位于隧道 2 倍埋深范围内，最小距离 32.5m | 位于隧道 1 倍埋深范围内，最小平面净距 9.18m，隧道埋深 39.1m |
| 建筑物现状照片 | | |
| 建筑物与隧道相对位置平面图 | | |
| 建筑物与隧道相对位置剖面图 | | |

为了保证施工安全和施工质量，将采取以下应对措施：

**1. 施工前准备**

施工前进行沿线周边建（构）筑物进行调查，调查了解建（构）筑物结构、与隧道关系及综合评估施工对其影响，确定变形控制指标，详细记录整理。列出需重点保护的对象名称及反映其所处里程、地面位置、类型、结构等详细参数的清单；制定合理的应急预案。

### 2. 确定施工参数

在掘进机穿越前设置试验段，通过试验段的掘进及时总结出掘进机所穿越土层的地质条件，掌握这种地质条件下掘进机推进施工的方法、合理的施工参数、同步注浆量，指导下一步穿越段施工。

### 3. 穿越前技术、设备准备

掘进机穿越前对所有施工人员进行方案技术交底，并进行应急措施交底及演练。安排制定穿越过程中施工管理值班表及应急抢险组织机构。

在掘进机进入建筑物影响范围之前，对掘进机进行机械设备和压浆管路的检查和维护，对于存在故障和故障隐患的机械一律进行维修，对浆管和浆罐进行一次彻底的清洗，保证穿越过程中不发生机械故障和浆管堵塞等情况。

调整并选定掘进机通过建筑物的掘进机掘进参数，将掘进机的姿态调整至最佳，以最好的状态通过建筑物影响区。

既有建（构）筑物布置监测点或自动监测系统，采取初始值。

按照设计要求提前对部分下穿建（构）筑物进行加固。

### 4. 穿越施工过程控制

穿越过程中加强管理，严格对试验段参数进行总结，并制定有指导性的掘进参数，减少施工过程中对既有建（构）筑物的影响。根据既有建（构）筑物布置监测点或自动监测系统，加强穿越期间监测频率，并对监测数据进行分析，优化施工参数。

①严格控制掘进机正面平衡压力，尽量将其波动值控制在最小范围内，尽可能减小掘进机施工对周边土体的扰动，避免由于推进应力过大或过于集中而对建筑物基础造成破坏。

②严格控制掘进机的推进速度，保证掘进机匀速、连续掘进，避免出现速度的较大波动，尽量将对地层的扰动降至最小。

③严格控制轴线和纠偏量，姿态调整不宜过大、过频，减少不必要的纠偏，姿态调整控制在每环纠偏±5mm 范围内，以避免土体的超挖，从而降低对地层的扰动。

④严格控制同步注浆，确保空隙得以及时和足量的充填，减少土体损失，缩短衬砌脱出盾尾的暴露时间，并改良浆液配比，缩短浆液凝固时间，及时进行二次注浆，合理控制注浆压力，并根据监控量测进行洞内二次深孔注浆。

⑤一定要保证盾尾密封，加强盾尾仓的管理：在推进过程中，增加盾尾刷保护及严格控制盾尾油脂的注入；并安排专人观察盾尾漏浆情况，保证掘进机铰接部位的密封性，确定无漏浆后再进行正常掘进。

### 5. 穿越施工后控制措施

由于掘进机推进时注浆的浆液在填补建筑空隙时可能会存在一定间隙，且浆液的收缩变形也存在地面变形的隐患；在施工过程中根据动态监测情况，在管片脱出盾尾 5 环后，对管片的建筑空隙进行二次注浆，如果地面或关键沉降变化量大的，可以根据实际情况及时在隧道内进行壁后跟踪注浆。

### 5.5.2　全断面硬岩地层掘进

根据地质勘察报告,萝岗站—水西站掘进机区间存在较长的全断面微风化花岗岩地层,长度占整个区间长度的 74%～77%。在掘进机掘进全断面硬岩阶段,可能出现盾体卡机、刀具磨损异常、管片上浮的情况,如何避免这些情况的发生是本工程的重点。

1. 为保证施工安全和施工质量采取的应对措施

(1)开仓检查刀具时,重点关注边缘刀具,保证刀盘开挖半径,防止由于开挖半径过小造成盾体被卡。

(2)姿态控制保持平稳,避免出现“蛇”形掘进或者纠偏过急、过猛的情况。在保证姿态的前提下,各分区油压差值尽量减小,每环的姿态调整量应适当缩小。

(3)全断面硬岩段掘进时,降低仓内渣土存量,减小对刀具的额外磨损。

(4)按照计划积极进行开仓检查,一旦发现刀具磨损到达规定的限制,立马进行更换。刀具出现偏磨、刀圈断裂等情况时,组织进行原因分析,调整掘进参数。大面积更换刀具完成后,先空转刀盘 10～15min,然后再缓慢向前推进,逐渐提升推进速度至正常值。

(5)保证同步注浆和浆液质量。进行同步注浆时,保证注浆量和注浆压力满足规范要求,注浆过程应做到连续、均匀。同步浆液做好质量检测,检测合格后方可使用,同时对浆液进行留样观察,发现浆液质量不稳定时及时进行调整处理。通过调整配合比,适当缩短浆液凝固时间,尽快对管片形成围护作用,减小管片上浮的情况。

(6)根据实施上浮情况,可按照每 5 环一次的频率进行环箍注浆,截断后方来水,减小管片所受到的浮力。

2. 掘进参数控制

(1)拟定合理的刀盘转速:刀盘转速的高低决定掘进机掘进效率,转速的选择与掘进机性能、掌子面平整度、刀具磨损规律等共同决定,“三模”掘进机在开启前盾稳定器的情况下,刀盘转速最高可达 5.36r/min(普通 EPB 掘进机刀盘最高转速约 3.35rpm),本区间硬岩段刀盘转速设定在 3.0～4.0r/min。

(2)控制刀盘扭矩:应根据刀具启动扭矩、仓内渣位、扭矩波动情况共同决定。在空仓掘进的条件下刀盘扭矩控制在 1300kN·m 左右,扭矩波动 ≤ 300kN·m。

(3)推力和掘进速度控制:硬岩段推力和掘进速度主要根据刀盘扭矩来进行动态调整,掘进过程中主要控制推力和掘进速度的变化量。

(4)仓内渣位及仓压控制:根据硬岩段裂隙水含量决定是否带压掘进。地层基本无水或者水量极小时可采用常压空仓掘进;当地层裂隙水较大时需带压掘进,仓内渣位需覆盖螺旋机并保持1/3仓,保证螺旋机不漏气,仓压应高于水压。

(5)其他参数控制:掘进机垂直姿态尽量控制在−50～0mm 内,以此抵消上浮量。纠偏量控制在每环 5mm 以内,严禁“蛇”形纠偏。

3. 刀具管理

(1)选择合适刀具:硬岩段掘进对刀具要求既需要有足够的贯入度还要有更高的耐磨性。因此,本区间掘进机滚刀采用圆弧状窄刃光面刀。

（2）控制开仓频率：本区间根据岩石强度及刀具磨损规律来决定开仓查刀频次，防止出现刀具异常磨损情况。正常情况下开仓频率为 5 环/次。

（3）遇到速度降低、推力或扭矩增大等异常情况均应停机检查刀具。

**4. 注浆管理**

硬岩段掘进时同步注浆基本不饱满，如不及时进行二次注浆，地层水会填充该空间，造成管片上浮、渗漏水，因此，二次注浆在全断面硬岩中极为重要。本区间共安排两个二次注浆队伍，第一队在车架内主要负责拖出盾尾后的止水环、管片顶部二次补注双液浆的填充工作，第二队主要负责拖出车架后的堵漏及二次补注单液浆的后续填充工作，通过多次补注浆的方式填充围岩与管片间的空隙。经过后期反复检查，认定本工程管片拼装质量良好。

**5. 存在问题与不足**

（1）三模掘进机盾体内管线、设备配置多造成内部空间狭小，日常保养以及设备故障维修时不方便，导致机械设备维修效率降低。

（2）掘进机推进油缸设计多为单缸布置，因原设计防旋转措施效果不佳导致管片拼装和掘进过程中单缸容易旋转，单缸支顶到管片纵缝处易造成管片接缝处边角破损。

（3）掘进机铰接采用主动铰接形式，理论上出现刀具损坏后，可通过后退刀盘的方式减小换刀打刀槽的工作量，但实际施工过程中通过"伸出中盾撑靴＋缩回铰接"的操作很难实现后退刀盘的目的，反而造成盾尾前移影响成型管片质量，现场仍然采用土仓加气保压的方式后退刀盘，该操作方式耗时较长，影响换刀工作效率。

**6. 三模掘进机与 EPB 掘进机对比**

通过与相邻区间 EPB 掘进机在类似全断面硬岩地层的掘进对比，本区间三模掘进机掘进 60 环（544～604 环）与 EPB 掘进机掘进 60 环（480～540 环）的相关参数对比见表 5.5-2。

三模掘进机与 EPB 掘进机参数对比　　　　　　　表 5.5-2

| 对比内容 | 本区间（三模掘进机） | 相邻区间（EPB 掘进机） |
|---|---|---|
| 环号 | 544～604 | 480～540 |
| 所耗时长 | 17d（无长时间停机） | 49d（存在机械故障长时间停机情况） |
| 下穿地层 | ⑨$_H$ | ⑧$_H$、⑨$_H$ |
| 推力 | 14000～19000kN | 11000～27000kN |
| 扭矩 | 1100～1600kN·m | 1100～2400kN·m |
| 上部土压 | 0bar | 0～4.9bar |
| 推进速度 | 5～18mm/min | 4～11mm/min |
| 刀盘转速 | 2.5～3.5r/min | 1.5～2.0r/min |
| 贯入度 | 2.5～4.1mm/r | 5～9mm/r |

本区间三模掘进机在全断面硬岩中最高掘进记录为 11 环/d，一般情况下能保证 5 环/d 的掘进速度，通过参数对比可知，本区间三模掘进机相较于 EPB 掘进机在全断面硬岩中掘进的主要优势有以下三点：

（1）能快速实现掘进模式转换，且模式转换安全、快速、劳动强度低；

（2）三模掘进机功效高，整机性能更优，对全断面硬岩的适应性更强；

（3）三模掘进机的稳定性好，在全断面硬岩中掘进时故障率低，能保证连续掘进。

当然，三模掘进机仍存在如内部空间小、千斤顶多为单缸影响管片拼装质量、退刀盘时，导致盾尾前移等不足之处仍需要继续改进与优化。

### 5.5.3　掘进机穿越未探明孤石及未实施孤石处理区域施工

孤石区掘进容易造成刀盘磨耗，从而导致刀盘强度和刚度降低，严重时可能会导致刀盘变形；另外因为孤石区掘进刀盘受力不均匀，可能导致主轴承受损或主轴承密封被破坏、刀盘堵塞、掘进机负载加大等，也容易出现卡刀、刀具偏磨、线路偏移等情况。

在掘进机施工前，已进行了加密补勘，补勘间距纵向1.67m，横向2m，较小的间距可以保证对孤石的充分探明。根据补勘情况，采用钻孔爆破的方式对孤石进行处理。处理完成后，随机抽取部分区域进行钻孔取芯，验证爆破效果，同时对爆破后的区域进行注浆加固，加固完成后随机抽取部分区域进行钻孔取芯，验证注浆效果。对于爆破和注浆施工，已召开验证会，验证效果满足相关要求。

虽然已提前对区间孤石进行了处理，但难免会出现处理遗漏的情况，另外部分区域受地面限制或者地质勘察报告中认为此区域不存在孤石而未进行未实施钻孔处理的孤石发育地区，都会给掘进机掘进造成隐性风险。

为了保证施工安全和施工质量，将采取以下应对措施：

**1. 地层注浆加固后掘进机推进**

针对存在孤石而又无法处理的区域，在确认位置后，从地面对孤石周边一定范围的地层采用袖阀管进行加固，待浆液凝固后，浆液将孤石紧紧包裹住，待掘进机掘进时，孤石受到刀盘正面的切削作用而破碎，不会被挤压至土体产生较大的扰动，掘进机姿态也比较容易控制。

**2. 掘进机直接掘进通过**

当工期较紧，没有时间对孤石进行辅助施工，同时孤石区段周围没有管线以及桩基建筑物等存在时，施工中对地层的变形影响要求较低，则可以不进行任何辅助工法，通过调整掘进机掘进参数，直接通过。

待掘进机刀盘接近孤石后，采用低贯入度，增加泡沫注入量，并以"小推力、低转速、低扭矩"为指导思想，使刀具对孤石进行切削破碎，靠刀盘的冲击破碎通过孤石区域。此方法适合处理较大类型孤石，且孤石与刀盘的接触面较大。

**3. 钻孔爆破处理孤石**

地质勘探过程中遇到孤石时，查明孤石的产状、大小、形状，并依此来制定爆破孔的数量、分布和装药量，利用小口径钻头从地面下钻，在孤石上钻出爆破眼，然后在小孔内安放适量的静爆炸药对孤石进行爆破，一次爆破完毕后，清除孔内岩块继续进行下一次静爆，进而达到分裂、瓦解孤石的目的。对于垂直高度特别大的巨石可以进行多次爆破直到钻孔穿过巨石。

**4. 全回转钻机处理**

当掘进机下（侧）穿建（构）筑物等不宜采用地面钻孔孤石爆破时，为确保掘进机掘进完全，针对所揭露孤石采用全回转钻机处理。

### 5.5.4　掘进机穿越上软下硬地层

萝岗站—水西站掘进机区间，根据地质勘察报告，区间内存在一定长度的上软下硬地层，其中左线上软下硬地层长度为 28m（3%），上软下硬地层长度为 25m（2%）。在穿越上软下硬地层时，掘进机掘进过程中如何控制掘进机及管片姿态，减小地表沉降变形及刀具损耗是本工程重点。

上软下硬地层掘进机掘进控制如下：

掘进参数方面，以"前期施工参数设定值"设定参数作为基础，实际掘进时，根据地面监测情况、出渣情况、掘进机设备工作参数等，对掘进控制参数进行积极、及时的调整。在上软下硬地层掘进时，重点控制刀盘转速、推进速度、土仓压力、出土量等参数（表 5.5-3）。

（1）使刀盘低速转动，减小刀盘由软弱地层转动到硬岩地层时受到的冲击力，避免刀具损坏。

（2）降低推进速度，从而降低刀盘贯入度，避免刀具切入硬岩深度过大而造成刀刃崩裂等情况。

（3）上软下硬地层掘进速度较慢，下部硬岩切削速度慢，上部软土受到长时间扰动容易出现超挖，因此要严格控制土压和出土量，避免超挖造成地面沉降。掘进过程中，土压较正常情况下提高 0.1~0.2bar；同时，按照掘进行程计算理论出土量，与实际出土量进行对比，判断是否超挖。

（4）做好渣土改良，增加膨润土注入量，利用膨润土在上部软弱地层形成泥膜，提高掌子面稳定性。

（5）适当增大同步注浆量，提高成型隧道外部开挖空隙填充效果，补偿超挖造成的地层扰动和沉降。

上软下硬地层掘进参数　　　　　　　　　　　　　　　　　　　表 5.5-3

| 项目 | 全断面软土 |
| --- | --- |
| 上部土压（bar）（根据埋深、监测动态调整） | 2.0~2.6 |
| 掘进速度（mm/min） | 5~15 |
| 扭矩（kN·m） | 1400~2000 |
| 推力（t） | 1000~1200 |
| 刀盘转速（rpm） | 0.8~1.1 |
| 渣土改良方式 | 膨润土、泡沫剂、水 |
| 每环出渣量（m³）（考虑松散系数） | 58~62（松散系数取 1.25~1.3） |
| 每环同步注浆量（m³）（考虑充填系数） | 6.5（充填系数取 160%） |
| 同步注浆压力（bar） | 2.4~4.0 |

除了从掘进参数方面进行控制以外，同时采取以下措施，进一步降低掘进机掘进对底

层的扰动，保证地面稳定性。

（1）首先根据地质详勘资料确定上软下硬地层的位置、埋深、长度等，与前期已经掘进通过的地层物理参数进行比较分析，提前预判上软下硬地层的具体特征。

（2）选取合适的掘进机工作模式。

（3）掘进时，刀盘转速较全断面硬岩地层应降低 20%～30%，减小滚刀在通过地层分界面时与硬岩的冲击，避免刀具损坏。

（4）合理设置分区油压。掘进机在上软下硬地层中，由于刀盘前方受力不均，在下部硬岩的作用下，掘进机姿态容易向上抬起，为了保证掘进轴线，应适当加大上部油压。

（5）调整同步注浆。对同步浆液的配合比进行调整，缩短凝固时间，尽快建立起对上部软弱地层的支撑，改善地面沉降。

（6）加大渣土改良力度，适当调大发泡剂比例，改善渣土流动性；增大膨润土注入量，利用膨润土形成泥膜，同时维持一定的压力，保证掌子面的稳定。

（7）密切关注地面监测数据，一旦发现地面沉降变大，应立即加密监测频率，当累计沉降量达到报警值的 60%时，立即组织进行壁后二次注浆。

### 5.5.5 掘进机开仓施工工艺

根据地质勘察报告，左线存在上软下硬地层长度约 28m（3%）、全断面硬岩地层长度约 840m（77%），右线存在上软下硬地层长度约 25m（2%），全断面硬岩地层长度约 799m（74%），因此掘进过程中将对刀具磨损较大，需要进行开仓检查及更换刀具。开仓施工存在一定的风险，如何在检查更换刀具保证施工正常进行的情况下降低风险，是本工程施工的重点。

为了保证施工安全和施工质量，将采取以下应对措施：

（1）提前规划主动开仓位置

根据地质勘察报告，在进入上软下硬地层、全断面硬岩地层、孤石较为发育地层之前，进行主动开仓。在进行开仓位置选取时，应考虑地质情况较为稳定、地面建（构）筑物较少的位置，减小开仓风险。

（2）尽量避免被动开仓

在规划主动开仓位置时，应综合考虑多方因素，如地质条件、水文条件、地面建（构）筑物条件、穿越重要建筑物或重大风险源情况、设备本身的机械性能特点等，尽量将可能需要开仓的位置考虑周全，避免被动开仓。

（3）开仓前的准备工作

在接近计划开仓位置之前，提前开始准备开仓施工所需的设备、工具、材料，对开仓施工班组进行技术交底。对开仓施工中的各工序进行编排和优化，确保前后工序衔接紧密，缩短开仓时间。

刀具管理在掘进机施工中占非常重要的位置，制定合理的刀具管理计划和方案对保证进度、控制成本和施工安全均起着重要的作用。因此，需要制定合理的刀具管理计划进行刀具管理，本区间根据地质情况及地面情况确定换刀点，根据以往经验一般选择在强风化、全风化、强风化地层采用带压进仓方式，在中风化、微风化角岩地层采用常压开仓方式。现场施工时可根据具体施工参数进行调整。

1. 刀具管理

刀具管理包括地质分析、管理计划的制定、换刀作业、刀具的维修、掘进中的刀具管理、磨损量的统计分析等，各项之间存在紧密的联系，是一个完整的体系（图 5.5-1）。

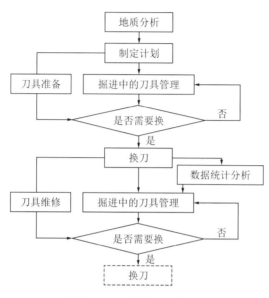

图 5.5-1　刀具管理逻辑图

2. 刀具组合配备

刀具的类型包括单刃滚刀、双刃滚刀、刮刀等，在实际施工中需要根据刀具磨损数据分析结果确定换刀计划。

3. 刀具检查

滚刀更换标准：正面滚刀磨损量达 20mm 必须更换；边滚刀磨损量达 10mm 必须更换；保径刀磨损量达 10mm 必须更换。

刮刀更换标准：凡是刀刃被磨掉或刀具、刀座变形的必须更换；边缘刮刀磨损严重不能满足开挖直径时应及时更换；其他刮刀有明显磨损和损坏时应及时更换。

4. 刀具更换

根据地层特点和掘进施工的需求，提前选取主动开仓换刀的位置。

（1）区间左线

①隧道开挖面地层由⑦$_{H-a}$砂土状强风化花岗岩、⑧$_H$中风化花岗岩，变为⑧$_H$中风化花岗岩、⑨$_H$微风化花岗岩之后，隔 80 环主动开仓检查刀具，根据实际情况决定是否换刀。相应里程 ZDK40＋925.670～ZDK41＋368.65。

②隧道开挖面地层由⑦$_{H-a}$砂土状强风化花岗岩、⑧$_H$中风化花岗岩，变为⑧$_H$中风化花岗岩、⑨$_H$微风化花岗岩之后，隔 80 环主动开仓检查刀具，根据实际情况决定是否换刀。相应里程 ZDK41＋413.32～ZDK41＋79.928。左线地质剖面图见图 5.5-2。

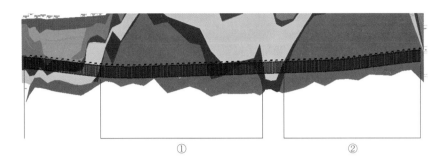
①　　　　　　　　　　②

图 5.5-2　左线地质剖面图

（2）区间右线

①隧道开挖面地层由⑦$_{H-a}$砂土状强风化花岗岩、⑧$_H$中风化花岗岩，变为⑧$_H$中风化花岗岩、⑨$_H$微风化花岗岩之后，隔 80 环主动开仓检查刀具，根据实际情况决定是否换刀。相应里程 YDK40 + 916.84～YDK41 + 338.44。

②隧道开挖面地层由⑦$_{H-a}$砂土状强风化花岗岩、⑧$_H$中风化花岗岩，变为⑧$_H$中风化花岗岩、⑨$_H$微风化花岗岩之后，隔 80 环主动开仓检查刀具，根据实际情况决定是否换刀。相应里程 YDK41 + 400.64～YDK41 + 799.928。右线地质剖面图见图 5.5-3。

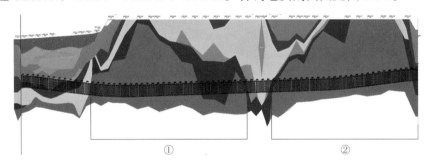
①　　　　　　　　　　②

图 5.5-3　右线地质剖面图

（3）进行刀具更换时，应注意事项

①优选较好地层及地面无主要道路及建（构）筑物；

②根据地层确定换刀方式，常压或带压，如常压开仓可根据出土后土压是否稳定，从而判断进仓是否开仓；如不稳定，应采取带压进仓，采用膨润土制泥膜方式，在制作泥膜过程中，观察压力变化情况，压力波动正常后再保压进仓，直至土压稳定方可进仓；

③加强停机进仓工作前后的监控测量工作，地表沉降频率加密至每 2～3h 一次，并及时报送技术负责人；

④带压作业初期，在掘进机专业技术人员陪同下进行进仓作业，并由专业人员指导进行现场的减压及急救工作；

⑤进仓前检查所使用工具等是否处于完好状态；

⑥严格按照刀具的拆装工序工艺要求进行，保证装配面的清洁、刀具位置对中；

⑦严格按照刀具螺栓的紧固扭矩紧固螺栓；

⑧刀具更换完毕后认真检查更换时所用的工具，防止遗忘在土仓内，掘进机掘进时对

设备产生破坏。

在掘进机隧道施工中，三模掘进机正被大力推广，相关的技术发展也进入一个新的阶段，未来的前景与严峻的挑战共存。在极端复杂地质条件下的掘进机隧道施工，对掘进机自身的实效性还需要进一步提升。推广三模掘进机时需要根据所使用项目的地质情况，使得不同模式下的掘进机能够扬长避短。既要努力创造条件充分发挥三模掘进机的作用，又要及时准确判断掘进机换模阶段。通过对掘进机施工数据库深入分析，并考虑是否可以搭载检测方法或系统，不断完善掘进机自身潜在功能，提高施工控制水平。

## 参考文献

[1] 陈凡, 何川, 黄钟晖, 等. 地铁区间隧道多模式掘进设备选型适应性研究[J]. 现代隧道技术, 2022, 59(3): 53-62.

[2] 蔡鸿. 多模式盾构排渣特性及参数优化研究[D]. 成都: 西南交通大学, 2022.

[3] 赖伟龙. 三模式盾构所能达到最小断面的设计研究[J]. 建筑机械化, 2022, 43(1): 45-46, 74.

[4] 凌波, 李飞, 陈晴煊. 具有三种掘进模式的盾构关键技术研究[J]. 建筑机械化, 2020, 41(2): 17-18.

[5] 李建斌. 我国掘进机研制现状、问题和展望[J]. 隧道建设(中英文), 2021, 41(6): 877-896.

[6] 隧道建设(中英文)编辑部. 国内外隧道掘进机多模式衬砌支护系统应用案例[J]. 隧道建设(中英文), 2020, 40(5): 710.

[7] 甄成. 盾构施工穿越敏感区域的微扰动变形研究[D]. 郑州: 华北水利水电大学, 2023.

[8] 郭金强. 广州地铁七号线下穿黄埔港对桩基处理方案优化研究[J]. 珠江水运, 2019(13): 39-40.

[9] 《中国公路学报》编辑部. 中国交通隧道工程学术研究综述·2022[J]. 中国公路学报, 2022, 35(4): 1-40.

[10] 苗圩巍, 颜世铠, 李纪强, 等. 我国全断面隧道掘进机的发展现状及发展趋势[J]. 内燃机与配件, 2021(2): 203-205.

# 第 6 章 >>>

# 多模掘进机模式转换技术

## 6.1 EPB/TBM 双模掘进机模式转换

模式转换分为两种：EPB 模式转换为 TBM 模式和 TBM 模式转换为 EPB 模式。

### 6.1.1 前期注意事项

由于模式转换是在隧洞内转换，环境恶劣以及安全风险大，因此需要特别注意安全，在实施刀盘掘进模式转换之前，务必确认刀盘前部没有岩渣掉落，掌子面稳定，同时确认刀盘区域可进行铆焊作业，模式转换过程中严格遵守如下安全注意事项：

（1）作业前必须确认刀盘前方掌子面稳定，无大渗水和大掉渣现象，同时具备刀盘内焊接、安装等作业。

（2）作业前必须进行严格的技术交底，确保作业人员掌握技术要领及采取安全保护措施。

（3）严格按有关安全操作规程的相关规定执行。

（4）工作人员必须穿着劳保鞋、系好安全带、戴好安全帽。并且安全带必须固定在已焊好的吊耳或者吊钩上。由土木工程师鉴定开挖面的稳定性，确认安全后，方可进刀盘前部工作。

（5）刀盘前部与后方主控室的通信畅通，以便有紧急情况时工作人员能迅速撤离刀盘前部。

（6）必须做好刀盘区域的通风换气工作，以保证工作人员在舱内能够正常呼吸。内部还要配备医用氧气瓶，以便紧急情况下给伤员吸氧，吸氧应在医学专家指导下进行。

（7）使用可靠的保障方式保护起吊物，旋转最佳的起吊点起吊物件，同时严禁在起吊重物过程中，人员在其下方工作或停留。

### 6.1.2 模式转换准备

模式转换作业是在洞内进行，须做好充分的准备工作，包括模式转换作业人员、设备、材料以及机具准备，模式转换物资准备，模式转换工作人员安全培训以及安全操作规程培训，模式转换操作方案技术交底等。

1. 组织和人员准备

模式转换作业准备：成立指挥组 1 个、协调组 1 个、技术顾问组 1 个、舱内作业小组

2 个、地面监控测量组 1 个、注浆加固作业小组 1 个及应急组 1 个。

人员配置：土木工程师、机电工程师、安全员、舱外操作主管、人舱管理员，必要时配置带压作业班班长、带压作业人员、紧急医务人员、后备带压作业人员等，开舱前完成所有进舱作业人员的体检及进舱培训工作，凡未参加体检、培训、身体不适或经体检不适合者不得进舱作业。

### 2. 工具准备

提前准备好模式切换时需要的工具、器械、相关部件及系统确认。

（1）工具、器械：焊机、焊条、割枪、角磨机、手拉葫芦、强力气动冲击扳手、套筒临时吊耳、运输工装等。

（2）相关部件：溜渣槽隔板密封保护板、溜渣槽溜渣板、回转接头保护盖板、驱动箱防护板、土仓换刀平台、刀盘刮渣板、溜渣板、油管堵头若干、小回转接头、换模工作等。

（3）系统确认

①泡沫系统：确认该系统是否具备使用条件，检测、调试，配备所需物料及管路。

②膨润土系统：确认该系统是否具备使用条件，检测、调试，配备所需物料及管路。

③冷却水系统：确认刀盘喷水是否具备使用条件，检测、调试，配备所需物料及管路。

④油脂润滑系统：确认螺旋输送机驱动密封润滑的递进分配阀是否具备使用条件，伸缩手动润滑点是否配置，检测、调试，配备所需物料及管路。

⑤螺旋输送机前闸门系统工作是否正常。

⑥所有土压传感器是否正常，否则更换。

⑦液压系统：确认各液压系统工作正常，管路连接正确，管路无破损缺失。

⑧Samson 保压系统：确认保压系统各元器件无损坏，管路连接正常无破损，检测、调试系统正常工作。

⑨模式转换前所需设备确认：编组、龙门式起重机、隧道通风机、抽水泵等设备进行配合。

编组用于换模所需工具、装拆零部件的水平运输。

龙门式起重机用于换模所需工具、装拆零部件的垂直运输。

隧道通风机，用于隧道内及土仓内通风。

抽水泵用于土仓内抽排水。

## 6.1.3 EPB 模式至 TBM 模式的转换流程

确定最佳转换位置：设备在到达指定模式切换地点时，盾构司机停止推进，将渣面降低一部分，观测顶部土压力变化值。确认地质稳定和土仓压力稳定后，开仓检查确认掌子面是否满足常压切换。

开仓确认掌子面稳定后停机，通过螺旋输送机旋转，缓慢将土仓渣位降低至土仓底部，时刻观察子面情况。清理土仓内部残留渣土，通过人工清土，将土仓清理干净，渣土存放在渣土袋中，通过盾体右侧物料运输通道运出洞外。若土仓底部有积水，需要开启排水泵将水排出。

模式转换时尽可能将主机前盾、中盾后姿态调整至平行。EPB 模式主机示意图见图 6.1-1。

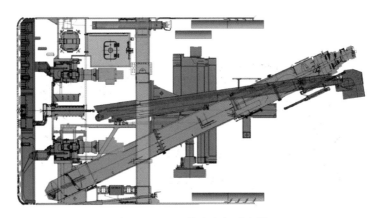

图 6.1-1　EPB 模式主机示意图

### 1. 控制螺旋输送机后退

控制螺旋输送机后退至最大行程（约 1000mm），后退过程中时刻观察螺旋输送机出渣口，避免与后配套一号拖车结构干涉，控制前闸门油缸关闭前闸门，如图 6.1-2 所示。

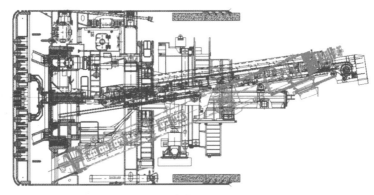

图 6.1-2　螺旋输送机后退示意图

### 2. 拆除刀盘两半扣及 U 形梁

（1）确认地质状况后，打开土仓，将土仓换刀平台安装至土仓内盾体隔板前侧（图 6.1-3）。

图 6.1-3　土仓换刀平台示意图

（2）将土仓顶部刀具吊装孔清理干净，安装强力吊环；也可根据实际需要将准备的临时吊耳焊接在盾体顶部锥形板上（图 6.1-4）。

图 6.1-4　土仓顶部刀具吊装孔示意图

（3）打开刀盘 U 形梁上观察窗，断开 U 形梁内的管路（图 6.1-5）；将两半扣之间的连接螺栓和圆锥销拆除，利用土仓顶部刀具吊装孔和临时焊接的吊点，通过前盾右侧物料门，将两半扣移动至盾体平台上（图 6.1-6）；在 U 形梁分块上分别安装吊环，再拆除 U 形梁与刀盘的连接螺栓，然后拆除传动法兰的连接螺栓；最后，使用手拉葫芦吊着 U 形梁通过前盾右侧物料门，将其移动至盾体平台上（注意：吊装过程中请避免管头、螺栓等部件掉落发生人员伤害。另外，请注意拆除过程中管路接头、管路、法兰等部件的保护，避免部件的损坏与磨损）。

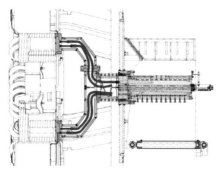

图 6.1-5　U 形梁内部管路布置示意图

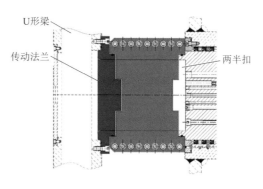

图 6.1-6　两半扣和传动法兰示意图

（4）打开盾体右侧物料门，人员站在土仓内的工作平台上，利用土仓顶部吊装孔和吊装工具（配合利用盾体内连接法兰处的预留吊装孔和吊装工具）将步骤 3 所述结构件通过盾体右侧物料门后放置于盾体平台上，再使用盾体右侧平台位置处的吊装轨道将步骤 3 所述结构件运输至盾体后侧，然后再使用装有吊装工装的拼装机将步骤 3 所述结构件回转、后移至合适位置后，利用管片吊机将其吊运到编组，最终由编组运送至洞外并妥善保存（注意：需提前准备好吊装所需要的带螺栓的吊钩、手拉葫芦、吊带、卸扣等工具和工装）。

（5）将大回转接头的所有管路断开（大回转接头为 EPB 模式下的回转接头，后文用大回转接头进行描述），用相应堵头封堵后，并做好标识（此处包括刀盘上管路拆除后的保护）。

（6）将大回转接头前端的密封压环、隔环、密封以及过渡件拆除，并安装所有的保护盖板，注意安装保护盖板时将所有对应的密封条有序安装到位。将拆下的零件做好相应保护吊至洞外，吊装过程中防止异常碰坏，并做好防锈保护。

### 3. 安装刀盘溜渣结构

（1）将刀盘上刮渣板、翼板等结构件通过右侧物料通道运输至土仓内。

（2）拆除刮刀旁边底座上的保护板及部分刮刀，通过将拆除的部件有序从盾体右侧物料门运出后妥善保存。

（3）将刀盘副梁旋转至便易作业位置（如最底部），拆除刀盘副梁后部的保护块，清洁刀盘溜渣结构的安装表面。编组将刀盘溜渣结构件运送到后配套拖车处，陆续经由管片吊机、管片拼装机，将溜渣结构件旋转运送到盾体右侧平台上，再使用盾体右侧的吊机将溜渣结构件依次运送至盾体右侧物料门口，然后用盾体连接法兰上的吊点和土仓内部的临时吊点相互配合，将溜渣结构件通过物料门，之后利用土仓内部的临时吊点或盾体切口环上的吊点将溜渣结构件依次运至刀盘背部安装位置，最后进行定位、焊接。焊接刀盘刮渣板示意图如图 6.1-7 所示。溜渣结构运输过程实物图见图 6.1-8。

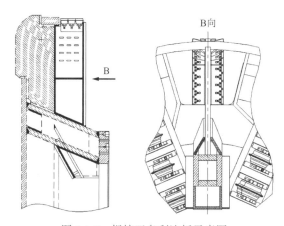

图 6.1-7　焊接刀盘刮渣板示意图

图 6.1-8　溜渣结构运输过程实物图

（4）安装完成第一个副梁刮渣板后，拆除盾体隔板上换刀平台（若安装）。缓慢旋转刀盘，将另一个副梁旋转至最底端，重复上述步骤（1）～（3）依次将第 2 至第 8 个刮渣板安装完成。

### 4. 安装小回转接头及溜渣槽中心盖板

（1）安装前，确保伸缩隔板完全收回并将溜渣槽伸缩油缸手动球阀关闭，防止溜渣槽意外伸缩，提前清洁原U形梁与刀盘连接法兰面，将小回转接头（小回转接头为TBM模式下的回转接头，后文用小回转接头进行描述，注意不要将密封件损坏）和管路盖板等部件（包括密封圈和需要连接的管路）通过盾体右侧物料门运送至安装位置，在原U形梁与刀盘连接法兰处，安装管路盖板（注意管路保护盖板的标记需与图纸对应，并请勿遗漏安装盖板与底座间的密封圈）。管路盖板安装示意图如图6.1-9所示。

（2）拆除刀盘中心滚刀背部的两处保护块，并清理其底座表面（图6.1-10）。

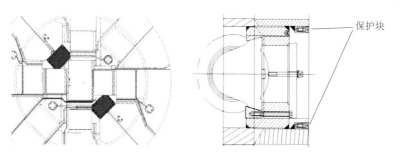

图 6.1-9　管路盖板安装示意图　　　　图 6.1-10　保护块

（3）将小回转接头底座安装至原保护块处，在底座上安装小回转接头并连接小回转接头与管路盖板之间的管路（注意：管路外需缠绕保护胶皮），如图6.1-11所示。

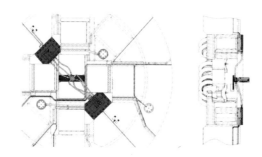

图 6.1-11　刀盘管路连接示意图（标红盖板中间的虚线条为内部凸台结构）

（4）安装伸缩隔板上大回转接头连接处的保护盖板 4，涂抹防锈油。将伸缩隔板伸出至最大行程，安装小回转中心旋转限制轴，安装保护盖板 3，涂抹防锈油，将原来大回转接头中心孔封堵（图6.1-12）。

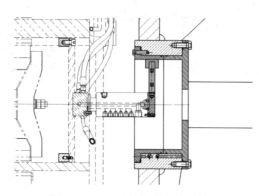

图 6.1-12　大回转接头保护结构

**5. 拆除中心大回转接头**

（1）将伸缩隔板后部横梁拆除，腾出吊装大回转接头空间。

（2）在驱动箱上部焊接吊装工装，安装手动葫芦和吊装梁，拆除大回转接头底部支架和皮带机支架前部横梁，后利用顶部吊点将大回转接头吊装至驱动箱下部，再将回转接头放置在主机下部平台。可根据现场情况将大回转接头放置在其他合适区域，注意保存大回转接头。

（3）将中心伸缩隔板上与主驱动连接的螺栓拆除（图 6.1-13）。

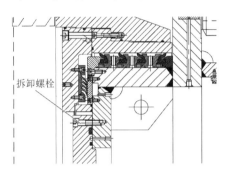

图 6.1-13　伸缩隔板螺栓

（4）检查确认中心伸缩隔板上喷水管已断开，伸缩油缸行程内没有障碍物；控制中心伸缩隔板油缸，将其整体向前伸出，缓慢操作，观察避免与刀盘背部的可能安装的梯子、平台干涉，直至中心伸缩隔板限位环与驱动箱内环后端面接触。

**6. 控制伸缩隔板伸出以及主机皮带机伸出**

（1）中心伸缩隔板完全伸出，将伸缩隔板与驱动贴合面上的保护盖板、大回转接头安装孔的保护盖板和溜渣板运输至洞内；然后，使用管片吊机、管片小车、管片拼装机将部件运送至主机皮带机，主机皮带机作为通道运送至主驱动背侧；最终，安装密封保护到位（图 6.1-14）。

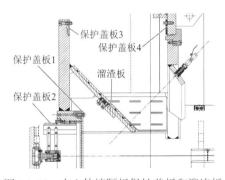

图 6.1-14　中心伸缩隔板保护盖板和溜渣板

（2）中心伸缩隔板保护盖板和溜渣板安装完成后，安装主机皮带机最前部的挡板，控制主机皮带机向前移动，缓慢操作，先伸出 500mm 后，安装主机皮带机出渣斗（注意先安装钢结构后，再安装橡胶板），可利用除尘硬风管和除尘风管延伸装置悬挂吊点。安装完成后继续控制主机皮带机向前移动，避免主机皮带机伸缩过程中与主驱动内部油脂管路干涉；

操作主机皮带机伸至开挖仓内直至主机皮带机完全伸出。主机皮带机出渣斗见图 6.1-15，主机皮带机完全伸出示意图见图 6.1-16。

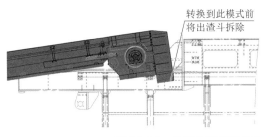

图 6.1-15　主机皮带机出渣斗

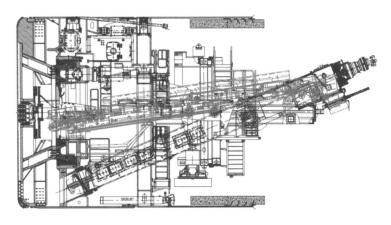

图 6.1-16　主机皮带机完全伸出示意图

（3）将主机皮带机向前移动到最前位置后，将主机皮带机张紧油缸伸出，操作过程中注意主机皮带机尾部与后配套以及流体、液压管路干涉，张紧油缸到达合适压力后停止（油压到达 10～15MPa，视皮带张紧情况而定）。

（4）安装主机皮带机段的除尘风管上橡胶皮；连接设备桥至主机皮带机的除尘风管。（注意：设备桥顶部有两小段除尘风管在 EPB 模式时已被拆下，需要重新安装）。

（5）再次确认螺旋输送机完全收回和主机皮带机伸出到最前端。

（6）将主驱动伸缩装置的伸缩油缸做好胶皮防护。

**7. 安装土仓隔板喷水以及设备桥段主机皮带机位置**

（1）EPB 模式时，土仓上部喷雾口上安装有堵头；而转换成 TBM 模式时，需要在这些喷雾口上安装上灭尘喷嘴。

（2）由 EPB 模式转换成 TBM 模式时，须将土仓底部排污口进行疏通。

（3）使用捯链将后配套皮带机从螺旋输送机出渣口移动至主机皮带机出渣口（注意所用葫芦的限重），移动过程中避免后配套皮带机接渣斗（掘进方向后配套皮带机左侧接渣斗为铰接形式，换模时可翻转）与螺旋输送机溜渣槽和主机皮带机出渣斗等附近的结构、管线干涉。

（4）后配套皮带机支撑位置按照 TBM 模式正确定位（图 6.1-17）。

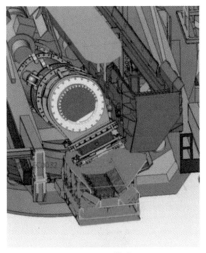
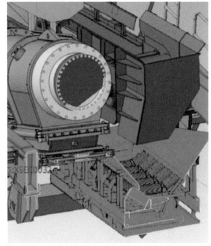

(a) TBM 模式　　　　　　　　　　　(b) EPB 模式

图 6.1-17　后配套皮带机支撑位置

## 8. 完成 TBM 模式转换

完成以上作业后，再次确认所有 TBM 模式下零部件已全部安装完，并将所有紧固螺栓检查一遍（参照附表螺栓扭矩表进行螺栓紧固），确认紧固牢固。将用到的所有工具及其他材料全部收齐一并运出，并最后确认所有人员、材料、工具、物件等都已安全撤离。最终，完成模式转换。

注意：①重新安装盾体上已拆下的平台，检查主机皮带机拉线开关，检查管路连接，检查上位机上模式是否切换，检查螺旋输送机前闸门是否已关闭。②将 TBM 模式暂时不使用的系统中管路阀组关闭，如泡沫系统、膨润土系统、螺旋输送机系统、SAMSON 系统，另外注意定期对上述系统进行维护保养。

模式转换流程（敞开转土压）如图 6.1-18 所示。

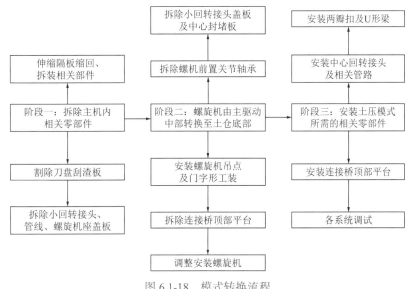

图 6.1-18　模式转换流程

（1）拆除主机内相关零部件

①伸缩隔板缩回，拆装相关零部件

a. 将伸缩隔板与主驱动贴合面上密封保护板分块拆卸并运输至洞外；

b. 控制中心伸缩隔板油缸，将其整体向后缩回，缓慢操作，观察避免与刀盘和管线干涉，直至伸缩隔板与主驱动贴合紧密；

c. 将主驱动与伸缩隔板之间的螺栓连接打紧，并安装两道密封圈；

d. 伸缩隔板收回后完成连接螺栓安装，并做保压试验，油缸伸出和缩回状态示意图如图 6.1-19、图 6.1-20 所示。

e. 拆除中心螺旋机与伸缩隔板之间连接的螺栓。

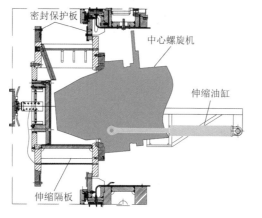

图 6.1-19　油缸伸出状态示意图　　　图 6.1-20　油缸缩回状态示意图

②拆除土仓内相关零部件（小回转接头、管线、刀盘溜渣板）

a. 拆除小回转接头的管线，用相应堵头封堵后，做好标识（此处包括刀盘上管路拆除后的保护）。拆除小回转接头，安装小回转接头底座保护块（图 6.1-21）。

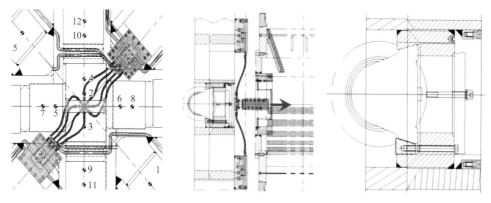

图 6.1-21　小回转接头管路拆卸示意图

b. 在土仓内将溜渣结构与刀盘主结构分离，溜渣结构分解至可移出土仓的状态即可（通常情况下，将溜渣结构与刀盘主结构焊缝刨除即可），最终通过土仓底部螺机筒运出（图 6.1-22）。

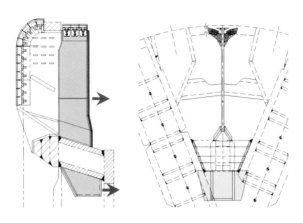

图 6.1-22　拆除刀盘刮渣板示意图

c.拆除前盾螺旋机座盖子及土压底部前盾溜渣板，检查螺旋机前闸门是否安装完备、动作是否正常（图 6.1-23）。

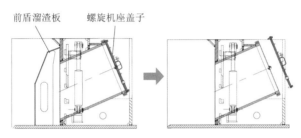

图 6.1-23　盾体螺旋机座盖子拆除

（2）螺旋机由中部转换至土仓底部

①准备工作

为保证螺旋机顺利由中部转换至底部，合理选择螺旋机主吊点（或支撑）数量及位置是关键因素之一，如图 6.1-24 所示。

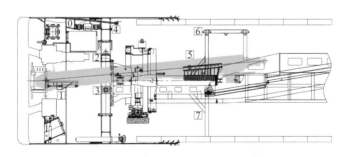

图 6.1-24　吊点（或支撑）位置示意图

注：1—伸缩隔板支撑（含油缸）；2—人舱底部；3—米字梁中部横梁；4—米字梁顶部；5—螺旋机支撑滑道；6—螺机门形吊装梁；7—拼装机主梁底部支撑，其余辅助吊点依据现场实际情况选择而定。

②具体操作步骤

a.拆除连接桥顶部平台，为后续螺旋机由中部旋转移动到底部预留足够的操作，模式转换完成后，重新安装连接桥顶部平台及 EPB 模式新增横梁（图 6.1-25）。

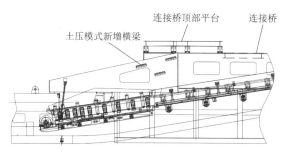

图 6.1-25　EPB 模式时拼装机至连接桥示意图

b. 利用手拉葫芦、工装销轴等措施将螺旋机整体向后沿螺机支撑滑道移动至轨道末端，移动过程中防止螺机支撑座在末端脱离滑道；拆除螺旋机前置关节轴承、防扭块、筒节 6 等部件（图 6.1-26、图 6.1-27）。

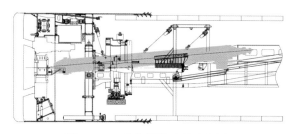

图 6.1-26　吊装螺机过程示意图 1

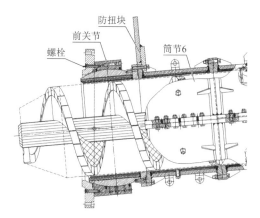

图 6.1-27　螺机前置关节轴承/筒节 6

c. 拆除米字梁中部横梁后，利用手拉葫芦等辅助设备将螺旋机向下旋转一定角度，反复调整将螺机轴前端与螺机座子位置对齐，吊装螺机过程示意图如图 6.1-28 所示。

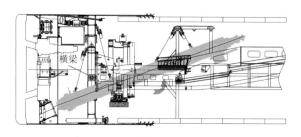

图 6.1-28　吊装螺机过程示意图 2

d. 吊装螺机到位后，拆除螺机支撑装置，再次调整螺机角度到 23°，将螺机缓慢插入座子内，用螺栓固定，打紧扭矩；安装双拉杆、更换螺旋机出渣门 1、2、出渣门防护。拆除门型吊梁、螺机支撑装置等，连接螺旋机管线（注：螺机轴呈缩回状态，并机械固定见图 6.1-29）。

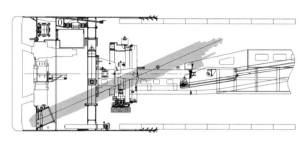

图 6.1-29　吊装螺机过程示意图 3

（3）安装 EPB 模式所需的相关零部件，并系统调试

拆除原回转接头处盖板和中心封堵板如图 6.1-30 所示。

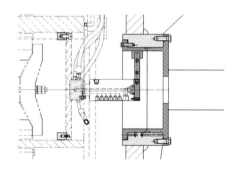

图 6.1-30　拆除原回转接头处盖板和中心封堵板

（4）安装中心回转接头及相关管路

①安装中心回转接头（图 6.1-31）。

②安装中心回转接头，将中心回转接头带上相应的管接头预先接好，避免将回转接头安装后无法连接管接头及管路。

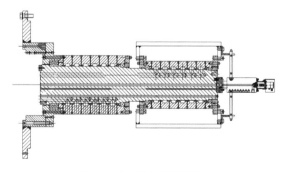

图 6.1-31　中心回转接头

③中心回转接头装上之后，安装螺栓从伸缩隔板中心前面安装，注意回转接头安装时，回转接头连接环定位销孔位置处于正上方，若未在正上方，需进行调整（图 6.1-32）。

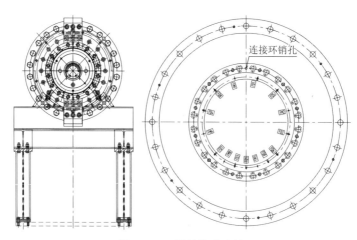

图 6.1-32　回转接头连接

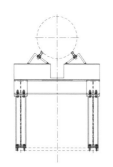

图 6.1-33　回转接头支架

④中心回转接头安装好后，再将回转接头支架安装到主驱动的驱动箱底板上。支架安装好后，调节回转接头支架两侧的螺栓，直至螺栓能够贴紧回转接头外壁（图 6.1-33）。

（5）安装两瓣扣及 U 形梁

①将两瓣扣和 U 形梁从洞外运到管片小车上，通过管片小车将结构件运输到拼装机处，通过拼装机吊装工装将结构件运输至盾体后侧，再通过使用盾体右侧平台上的吊装葫芦运至盾体右侧物料门处。

②利用盾体顶部锥板上刀具吊耳和临时焊接吊耳，在合适位置安装手拉葫芦，将两瓣扣和 U 形梁从盾体右侧物料门处，运输至土仓内部，U 形梁分为三块，上面有吊装孔，先安装 U 形梁及其内部管线，然后安装两瓣扣（图 6.1-34）。

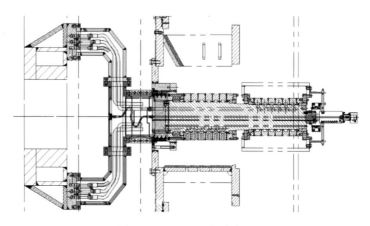

图 6.1-34　U 形梁管路布置

③将连接桥顶部平台、连接桥段的皮带机等重新安装，螺机轴伸出。

④将液压、流体、电气等系统安装、调试好，完成整个模式转换工作。

由 EPB 模式转换为敞开模式时，可依上述步骤反向进行。

### 6.1.4 双模掘进机模式转换时机判别

#### 6.1.4.1 传统双模掘进机模式转换时机判别

传统上在盾构掘进区间，为确保双模掘进机在模式转换工况下的施工安全性，如果硬岩强度为 30～140MPa 的地层中段长有 120m 以上适用 TBM 模式掘进；120m 以下硬岩段及对施工地面沉降要求高的软土地层适用 EPB 模式掘进。

1. TBM 敞开模式转换到 EPB 模式

当盾构机从敞开模式转换到 EPB 模式时，盾构机距离硬岩段长度为 10～15m（安全距离）时停机进行转换（图 6.1-35）。

图 6.1-35  TBM 模式转换到 EPB 模式转换位置示意图

2. EPB 模式转换到 TBM 模式

EPB 模式转换到 TBM 模式时，盾构机距离硬岩段长度为 20～25m（安全距离）时停机进行转换（图 6.1-36）。

图 6.1-36  EPB 模式转换到 TBM 模式转换位置示意图

传统模式转换界定转换距离主要依据地勘资料界定软硬交界地质范围，如何准确界定软硬交界地质界面是目前工程上面临的难题。如在广州地铁某区间隧道工程中，由于地面鱼塘密布，导致钻孔间距较大，其推测出的地质条件与实际地层出入较大，因此，如果钻孔距离太远，地质推测不准；如果钻孔过密，又无形中增加施工成本。且深圳多山区，隧道施工埋深大，一些地方不具备钻孔条件。实际工程现场，多凭借出土的渣样，岩渣的碎石量及地质勘察等辅助参数进行判别。多凭借有经验的工程师看掘进参数。主观性特别强，这样就会导致，要么是模式转换位置过早（如还有很长距离的硬岩转换到 EPB 模式，导致掘进效率降低），要么是模式转换位置过晚（如已经进入不稳定地层还未开始模式转换，引发施工风险事故）。拟通过装备掘进参数的分析来对模式转换位置进行识别。因此，有必要依据掘进参数分析来辅助进行模式转换判别。

### 6.1.4.2　基于掘进参数分析的模式转换时机判别

基于过渡地层掘进参数分析的模式转换判别。其核心思路是依靠掘进参数的研究来感知掌子面围岩状态。在开展 TBM 和 EPB 模式转换分析前做出如下假设：

（1）装备在均一稳定地层中掘进，掘进参数的设置应该控制在一个小范围区间波动（或者认为掘进参数近似相同），才能够保障高效稳定的掘进。

（2）装备在差异较大的地层中掘进，如双模掘进机适应的 TBM 和 EPB 模式，或者不同围岩强度等级的地层中掘进，如何针对不同地层找到合理的掘进参数设置区间，是保障装备高效安全掘进的前提。

（3）地层的突变存在着一定的过渡区间，对过渡区间地层掘进参数进行研究，发现掘进参数的变化规律，可以能够有效提前预测未知风险。

已知双模掘进机左线在 4 月 20 日至 5 月 4 日开始进行 TBM 到 EPB 模式转换，提取前 2d 掘进参数，即过渡地层掘进参数，284～295 环各参数的关键变量进行验证判断（表 6.1-1），去除异常数据后数据样本点由 24125 条数据样本变为 9973 条数据样本。

TBM 模式下过渡地层各环关键掘进参数　　　　表 6.1-1

| 分组标签环号 | | 环号 | 推进速度（mm/min） | 刀盘转速（rpm） | 刀盘扭矩（kN·m） | 总推进力（kN） |
|---|---|---|---|---|---|---|
| 284.00 | 数字 | 831 | 831 | 831 | 831 | 831 |
| | 平均值 | 284.00 | 21.28 | 2.99 | 1771.48 | 12948.66 |
| | 中位数 | 284.00 | 21.29 | 2.99 | 1762.73 | 13074.41 |
| | 峰度 | | 27.360 | −.787 | 7.388 | 28.462 |
| | 几何平均值 | 284.00 | 21.11 | 2.99 | 1745.70 | 12928.59 |
| 285.00 | 数字 | 880 | 880 | 880 | 880 | 880 |
| | 平均值 | 285.00 | 19.69 | 3.00 | 1632.43 | 12760.54 |
| | 中位数 | 285.00 | 19.65 | 2.99 | 1640.96 | 12812.03 |
| | 峰度 | | 15.839 | −1.147 | 12.614 | 50.092 |
| | 几何平均值 | 285.00 | 19.50 | 3.00 | 1612.55 | 12745.67 |
| 286.00 | 数字 | 838 | 838 | 838 | 838 | 838 |
| | 平均值 | 286.00 | 20.71 | 3.02 | 1770.51 | 12153.61 |
| | 中位数 | 286.00 | 20.94 | 3.02 | 1793.75 | 12420.24 |
| | 峰度 | | 20.149 | 2.603 | 8.234 | 13.663 |
| | 几何平均值 | 286.00 | 20.57 | 3.02 | 1749.48 | 12127.84 |

| 分组标签环号 | | 环号 | 推进速度<br>（mm/min） | 刀盘转速<br>（rpm） | 刀盘扭矩<br>（kN·m） | 总推进力<br>（kN） |
|---|---|---|---|---|---|---|
| 287.00 | 数字 | 872 | 872 | 872 | 872 | 872 |
| | 平均值 | 287.00 | 20.47 | 3.21 | 1656.41 | 10082.88 |
| | 中位数 | 287.00 | 20.82 | 3.26 | 1633.09 | 10055.28 |
| | 峰度 | | 4.830 | −1.272 | 3.198 | 15.615 |
| | 几何平均值 | 287.00 | 20.14 | 3.20 | 1617.61 | 10068.16 |
| 288.00 | 数字 | 844 | 844 | 844 | 844 | 844 |
| | 平均值 | 288.00 | 20.73 | 3.02 | 1518.26 | 10309.98 |
| | 中位数 | 288.00 | 20.94 | 3.02 | 1530.44 | 10358.31 |
| | 峰度 | | 11.229 | .087 | 6.099 | 23.120 |
| | 几何平均值 | 288.00 | 20.47 | 3.02 | 1499.27 | 10297.94 |
| 289.00 | 数字 | 572 | 572 | 572 | 572 | 572 |
| | 平均值 | 289.00 | 22.93 | 2.99 | 1783.64 | 11482.43 |
| | 中位数 | 289.00 | 23.21 | 2.98 | 1802.17 | 11598.91 |
| | 峰度 | | 6.697 | −1.259 | 10.384 | 32.983 |
| | 几何平均值 | 289.00 | 22.73 | 2.99 | 1756.96 | 11462.39 |
| 290.00 | 数字 | 823 | 823 | 823 | 823 | 823 |
| | 平均值 | 290.00 | 20.46 | 2.86 | 1809.27 | 11940.09 |
| | 中位数 | 290.00 | 20.41 | 2.94 | 1820.03 | 11974.85 |
| | 峰度 | | 8.734 | −1.573 | 7.896 | 23.584 |
| | 几何平均值 | 290.00 | 19.76 | 2.85 | 1774.95 | 11918.21 |
| 291.00 | 数字 | 877 | 877 | 877 | 877 | 877 |
| | 平均值 | 291.00 | 19.34 | 3.01 | 1630.13 | 12909.08 |
| | 中位数 | 291.00 | 19.60 | 3.01 | 1609.73 | 12972.83 |
| | 峰度 | | 11.105 | −.483 | 4.456 | 9.667 |
| | 几何平均值 | 291.00 | 19.07 | 3.01 | 1611.49 | 12890.73 |
| 292.00 | 数字 | 837 | 837 | 837 | 837 | 837 |
| | 平均值 | 292.00 | 20.75 | 3.03 | 1693.87 | 13391.38 |
| | 中位数 | 292.00 | 20.88 | 3.03 | 1699.60 | 13470.64 |
| | 峰度 | | 47.822 | 2.327 | 14.012 | 56.994 |
| | 几何平均值 | 292.00 | 20.55 | 3.03 | 1676.06 | 13378.73 |
| 293.00 | 数字 | 753 | 753 | 753 | 753 | 753 |
| | 平均值 | 293.00 | 22.10 | 3.00 | 1812.98 | 12799.33 |
| | 中位数 | 293.00 | 22.34 | 3.00 | 1836.36 | 12874.13 |

续表

| 分组标签环号 | | 环号 | 推进速度<br>（mm/min） | 刀盘转速<br>（rpm） | 刀盘扭矩<br>（kN·m） | 总推进力<br>（kN） |
|---|---|---|---|---|---|---|
| 293.00 | 峰度 | | 8.908 | −.615 | 8.108 | 13.331 |
| | 几何平均值 | 293.00 | 21.84 | 3.00 | 1788.15 | 12781.74 |
| 295.00 | 数字 | 1120 | 1120 | 1120 | 1120 | 1120 |
| | 平均值 | 295.00 | 15.49 | 3.01 | 1407.40 | 14224.57 |
| | 中位数 | 295.00 | 15.34 | 3.02 | 1396.99 | 14351.80 |
| | 峰度 | | 3.725 | 76.982 | 3.591 | 35.659 |
| | 几何平均值 | 295.00 | 15.12 | 3.01 | 1374.32 | 14184.24 |
| 总计 | 数字 | 9247 | 9247 | 9247 | 9247 | 9247 |
| | 平均值 | 289.22 | 20.11 | 3.01 | 1667.16 | 12345.86 |
| | 中位数 | 289.00 | 20.53 | 3.02 | 1681.33 | 12630.66 |
| | 峰度 | | −1.128 | 6.314 | 6.937 | 3.842 | 27.300 |
| | 几何平均值 | 289.20 | 19.72 | 3.01 | 1636.10 | 12260.38 |

通过对 TBM 过渡地层 284～295 环数据处理后得到的 9973 条数据整体进行分布统计，分别同 TBM 模式稳态掘进和 EPB 模式稳态掘进对比，如表 6.1-2 所示。

TBM 模式到 EPB 模式转换掘进参数变化表　　　　　　　　　　表 6.1-2

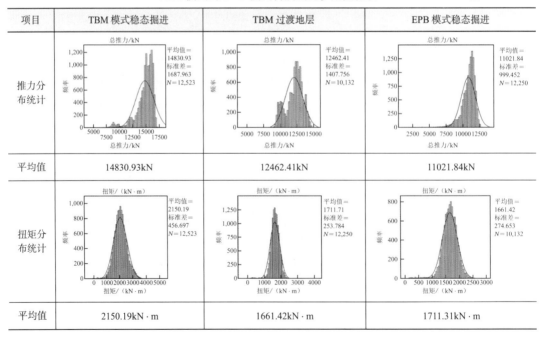

| 项目 | TBM 模式稳态掘进 | TBM 过渡地层 | EPB 模式稳态掘进 |
|---|---|---|---|
| 推力分布统计 | | | |
| 平均值 | 14830.93kN | 12462.41kN | 11021.84kN |
| 扭矩分布统计 | | | |
| 平均值 | 2150.19kN·m | 1661.42kN·m | 1711.31kN·m |

对比双模掘进机从 TBM 模式到 EPB 模式推力的变化如图 6.1-37 所示，在 TBM 模式向 EPB 模式过渡过程中，已知 284 环到 295 环为实际模式转换前的掘进环（即可以理解为 284～295 环为过渡地层的掘进参数）。

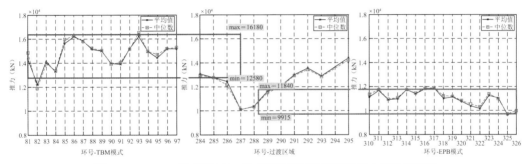

图 6.1-37　TBM 模式到 EPB 模式转换不同地层系统推力变化判别线

从图 6.1-37 可以看出，在 TBM 模式稳态掘进下推力的变化为 12580~16180kN，EPB 模式在稳态掘进推力的变化为 9915~11840kN，通过过渡地层掘进参数可以发现，推力已经突破 TBM 模式下的稳态掘进箱体判别线，且逐渐降低（可以理解为岩层由硬到软的一个渐变过程）。结合渣样分析，应当重点关注是否进行模式转换。对比双模掘进机从 TBM 模式到 EPB 模式推力的变化，如图 6.1-38 所示。

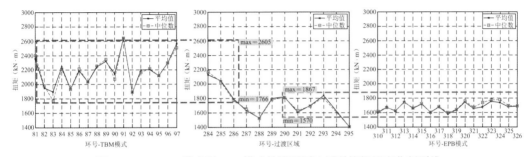

图 6.1-38　TBM 模式到 EPB 模式转换不同地层系统扭矩变化判别线

从图 6.1-38 可以看出，在 TBM 模式稳态掘进下扭矩的变化为 1766~2605kN·m，EPB 模式在稳态掘进推力的变化为 1570~1867kN·m，结合渣样分析，通过过渡地层掘进参数可以发现，在 286~287 环扭矩数值明显降低，已经突破 TBM 稳态掘进的箱体上下限值，说明在该位置应该注意是否开展模式转换。

采用的箱体判别线是针对单一模式均一地层判断的判别线。考虑到即便是均一地层，但是实际地层不可能是固定不变的，相对均一地层在掘进参数的选择上，应当是在一定范围的合理波动，所以后续可考虑通过相邻掘进环的累积，来分析参数的变化。

### 6.1.4.3　基于可掘性分析的模式转换时机判别

由于贯入度受到刀盘推力的影响，总推力与贯入度的比值定义为总贯入度指数 TPI（Total penetration index），总贯入度指数 TPI 在实际意义中指的是岩石是否易于掘进，即固有地质参数对掘进的影响，不因地质参数而波动。

在掘进过程中主控参数、围岩特性、掘进参数相应构成了施工数据的闭环，理论情况下，主控参数一定的条件下，围岩强度越高，掘进产生的总推进力 $F$、刀盘扭矩 $T$ 越大。以切深 $P$ 为主控参数，总推进力 $F$、刀盘扭矩 $T$ 为负载，分别定义单位贯入度下的总推进力为推力切深指数 FPI 与单位贯入度下的刀盘扭矩旋转切深指数，FPI 和 TPI 是国外现有用来探索隧道岩石掘进（难、易）评价的关键指标。

$$\text{FPI} = \frac{F}{P} \tag{6.1-1}$$

$$\text{TPI} = \frac{T}{P} \tag{6.1-2}$$

$$\text{STI} = \frac{T}{r_e p} \tag{6.1-3}$$

FPI 与 TPI 将掘进参数与掘进响应归一化为一个参数，理论上围岩强度越高，FPI 与 TPI 越大。为了研究过渡地层模式转换分别对 TBM 模式下、EPB 模式下及 TBM 模式过渡地层掘进参数进行分析。

1. TBM 模式下 TPI 和 FPI 变化规律

对双模掘进机在 TBM 模式下 81 环到 97 环 TPI 和 FPI 进行计算，通过在 SPSS 软件中分别按照环数对 TPI 和 FPI 参数变化趋势进行分析。双模掘进机在 TBM 模式稳态掘进的特征参量如表 6.1-3 所示，分布统计图如图 6.1-39 和图 6.1-40 所示。然后，按照环计算 TPI 和 FPI 参数的变化趋势如图 6.1-41 所示，定义 85% 的置信区间。置信区间分别基于正态分布和经验分布进行分析，FPI 区间为 1669~2826，TPI 区间为 245~385.6（图 6.1-42 和图 6.1-43）。

TBM 模式稳态掘进 FPI 和 TPI 分布表　　　　　　　　表 6.1-3

| 特征参量 | TPI | FPI |
|---|---|---|
| 数字 | 12523 | 12523 |
| 平均值 | 106.5219 | 778.9738 |
| 中位数 | 106.0037 | 726.3167 |
| 最小值 | 20.06 | 210.21 |
| 最大值（$X$） | 2747.83 | 36170.48 |
| 标准偏差 | 49.28416 | 787.62475 |
| 方差 | 2428.928 | 620352.749 |

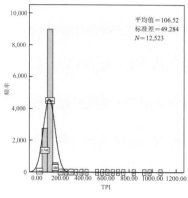

图 6.1-39　TPI 分布规律

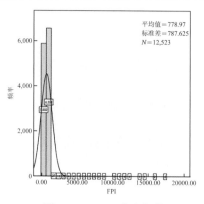

图 6.1-40　FPI 分布规律

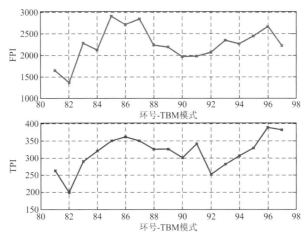

图 6.1-41　TPI 和 FPI 参数的变化趋势

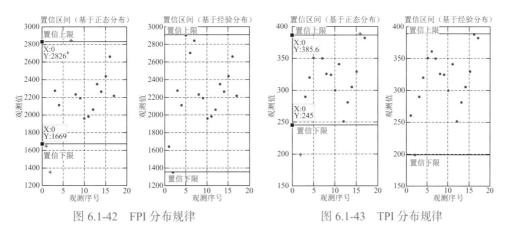

图 6.1-42　FPI 分布规律　　　　　　　图 6.1-43　TPI 分布规律

## 2. EPB 模式下 TPI 和 FPI 变化规律

提取布吉—石芽岭风井区间双模掘进机在 EPB 模式下 81 环到 97 环TPI和FPI进行计算，通过在 SPSS 软件中分别按照环数对 TPI 和 FPI 参数变化趋势进行分析。双模掘进机在 TBM 模式稳态掘进的特征参量如表 6.1-4 所示。然后按照环计算TPI和FPI参数的变化趋势如图 6.1-44 所示，定义 85%的置信区间。置信区间分别基于正态分布和经验分布进行分析，取 85%置信区间；FPI 区间为 1520～2400，TPI 区间为 231.2～271.7（图 6.1-45 和图 6.1-46）。

EPB 模式稳态掘进 FPI 和 TPI 分布表　　　　　　　　　　　　表 6.1-4

|  | FPI | TPI |
| --- | --- | --- |
| 数字 | 12227 | 12227 |
| 平均值 | 1533.3766 | 234.8397 |
| 中位数 | 1563.8842 | 239.1093 |
| 最小值 | 292.19 | 32.71 |
| 最大值（$X$） | 6955.20 | 784.95 |
| 标准偏差 | 301.63605 | 38.64008 |
| 方差 | 90984.307 | 1493.056 |

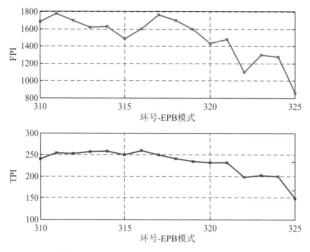

图 6.1-44　TPI 和 FPI 参数的变化趋势

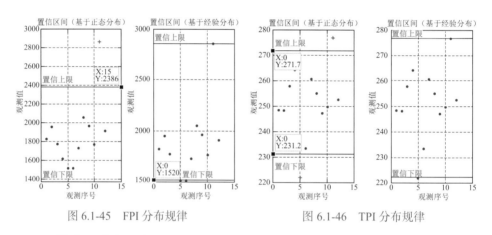

图 6.1-45　FPI 分布规律　　　　　图 6.1-46　TPI 分布规律

### 3. TBM 模式下过渡区域 TPI 和 FPI 变化规律

提取布吉—石芽岭风井区间双模掘进机在 TBM 模式下过渡区域 284 环到 295 环 TPI 和FPI掘进参数进行计算。分布统计图如图 6.1-47 和图 6.1-48 所示。

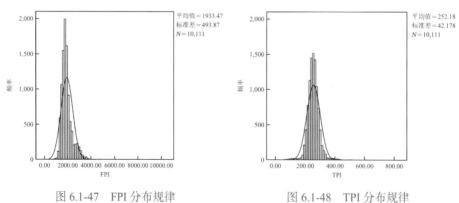

图 6.1-47　FPI 分布规律　　　　　图 6.1-48　TPI 分布规律

取 85% 置信区间，TBM 模式下在过渡区域掘进 FPI 的平均数值为 1933.47；TPI 的平均数值为 252.18，然后按照环计算 TPI 和 FPI 参数的变化趋势如图 6.1-49 所示。

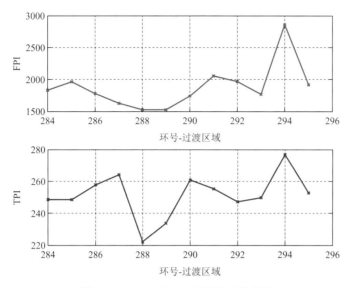

图 6.1-49　TPI 和 FPI 参数的变化趋势

通过对 TBM 模式和 EPB 模式稳定掘进的参数分析发现 TBM 在掘进到过渡地层区域 FPI 和 TPI 呈现规律性降低，说明岩石强度降低，应当关注该区域为过渡地层。结合渣样变化考虑是否模式转换。

## 6.2　EPB/SPB 双模掘进机转换技术

### 6.2.1　不同模式掘进区间

以南宁地铁 5 号线五新区间为例进行介绍。根据南宁地铁施工以来各地层地质特点、掘进适应性和掘进机适应性，南宁地铁 5 号线五新区间，始发至 460 环，因隧道埋深浅、地表为复杂建筑物群、穿越地层为软土地层，对沉降控制要求高，SPB 模式最宜；460～860 环过江期间施工地质为全断面泥岩，SPB 模式掘进易造成渣土土仓滞排，掘进功效低，此地层稳定性好，为不透水层，EPB 模式掘进效率高；861 环至 1380 环，主要为富水圆砾地层，EPB 模式螺机闸门易喷涌，SPB 模式安全高效。综上所述，本区间 EPB/SPB 双模掘进机在 1～460 环下穿建筑物段施工期间采用 SPB 模式掘进，461～860 环邕江段施工期间采用 EPB 模式掘进，861～1380 环采用 SPB 模式掘进，1381～1399 环接收段施工期间采用 EPB 模式掘进。

### 6.2.2　SPB/EPB 模式转换方案

区间右线掘进机采用中铁装备制造中铁 685 号 EPB/SPB 双模掘进机施工，在掘进机主机内同时布置环流系统和螺机皮带系统，保证 SPB 模式掘进和 EPB 模式掘进能快速转换。SPB 排浆管设计常用排浆管和备用排浆管，常用排浆口在螺机底部开孔焊接，安装板阀，EPB 模式时，板阀关闭。备用排浆管安装在螺机左侧最低位置，在土仓壁上安装板阀，尽量减少板阀到土仓壁的距离。双模掘进机主机如图 6.2-1 所示。

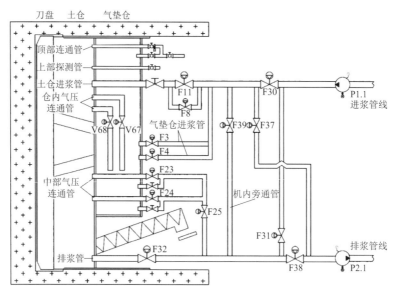

图 6.2-1　EPB/SPB 双模掘进机主机

**1. 转换前置条件**

转换位置时地层稳定性必须较好，避免在转换过程中掌子面失稳，增加掘进机施工风险；即将到达预定转换地点前 1 环，将刀盘转速降低为 0.5r/min，掘进机掘进速度不大于 20mm/min。

**2. 转换位置选择**

根据区间平纵断面设计文件，结合厂家提供相关资料及广州花广区间施工情况，区间右线拟定的双模转换位置 450 环（里程 YCK18 + 932，SPB 模式转换 EPB 模式）、860 环（里程 YCK19 + 545，EPB 模式转换 SPB 模式），地表均位于邕江南岸江滩，周边较空旷，对周边影响较小；如在 EPB 掘进机施工中，出现参数异常、监测数据异常、螺机经常出现喷涌现象、出渣量偏大等情况时，需及时将掘进机掘进模式由 EPB 模式转换至 SPB 模式。

**3. 转换流程**

（1）SPB 模式转换 EPB 模式

①在刀盘到达既定转换位置后，关闭仓内压力连通管路，并将 SPB 环流系统转换为旁通循环系统。

②旁通模式下，打开泥水仓顶部进浆球阀，按照既定的刀盘转速及掘进速度，进行土仓内积渣，土仓内泥浆通过顶部进浆球阀外排，此阶段控制泥水仓顶部压力波动不大于 ±0.15bar，压力控制可通过调整出浆流量进行调整。

③在掘进机掘进完成 700mm 后（切削渣土控制在 30m³ 左右），打开顶部泥浆管路，观察是否有浆液外排，如无浆液流出，关闭顶部进浆管路，停止环流系统，并向仓壁上环流管路内压注盾尾油脂，避免环流管路被积渣堵塞，同时打开顶部排气孔对顶部压力进行卸载。

④上述工作完成后，打开螺机前后闸门，运行螺机及皮带机，开始运行 EPB 模式缓慢掘进，待出渣正常后，即具备 EPB 模式下掘进需求。在本阶段施工中，因置换后渣土流塑状较大，可能出现短暂喷涌现象。

（2）EPB 模式转换 SPB 模式

①在掘进机即将到达转换点前 800mm，关闭螺机前后闸门，按照既定参数降低刀盘转

速及掘进速度，并在本掘进期间，可压注适量膨润土，一是增加渣土流动性，二是在掌子面形成泥膜，增加掌子面稳定性。

②到达转换点后，停止掘进，刀盘维持原转速，缓慢打开螺机闸门，并启动螺机，控制螺机转速为 2～3r/min，缓慢出土；出土期间通过保压系统加压，确保掌子面压力波动不大于±0.15bar，并试运行 SPB 旁通循环模式，确保旁通模式下环流系统正常运行。

③在土仓内渣土外排至 1/3 时，停止刀盘及螺机转动，关闭前后闸门，打开中部进浆管路（位于仓壁上 2/5 位置），向泥水仓内灌浆，并同时打开顶部连通管路（位于仓壁 1/5 位置），将气压及泥浆排放至气垫仓；过程中控制泥水仓压力波动不大于±0.15bar，压力控制通过保压系统设定压力进行外排。

④当气垫仓内液位达到 0～0.8m 时，关闭顶部连通管，停止灌浆，环流系统转换至气垫仓内循环模式；然后依次开启进出浆管路，将泥水仓内渣土外排；在刀盘扭矩降低至 800kN·m 后（可根据刀具具体配置进行控制），开始正常段掘进施工。

双模掘进机转换流程如图 6.2-2 所示。

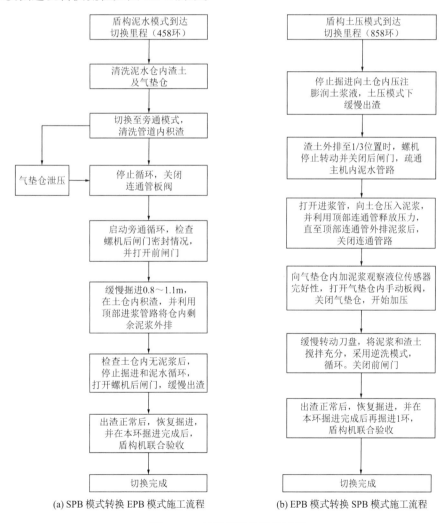

(a) SPB 模式转换 EPB 模式施工流程　　(b) EPB 模式转换 SPB 模式施工流程

图 6.2-2　双模掘进机转换流程

### 6.2.3  SPB 模式转换 EPB 模式施工技术

**1. 施工准备**

地面临建：渣坑建设完成并能投入使用。

配套人员：人员各岗位齐全，并完成人员交底，持证上岗。

设备材料准备：膨润土罐内加入制好指标的膨润土，系统运转正常；泡沫罐内调整好泡沫，系统运转正常；皮带机调试运转正常；渣车编组准备到位；45t 门式起重机安装验收完成，道岔铺设完成。泡沫和膨润土管路要提前疏通完成，特别是到土仓和刀盘管路，一一疏通，并做记录，保证正常使用。

技术准备：参与模式转换人员交底完成。

**2. 施工方案**

当掘进里程达到 SPB 模式转换 EPB 模式位置时，停止掘进，用低于 1.2t/m³ 泥浆清洗土仓内部渣土，尽最大可能排出土仓内渣土，为打开螺机前闸门做准备。土仓渣土清理完成后，通过气垫仓仓内循环，清洗气垫仓。土仓和气垫仓清洗完毕后，SPB 模式转换至旁通模式，清洗泥浆管管路渣土，待泥水分离设备二级旋流器筛板无渣土排出，视为泥浆管路渣土全部排出。目的是在长期不用 SPB 模式掘进时，进排浆管内无渣土沉淀，为下次 SPB 模式掘进做准备。环流系统旁通循环如图 6.2-3 所示。

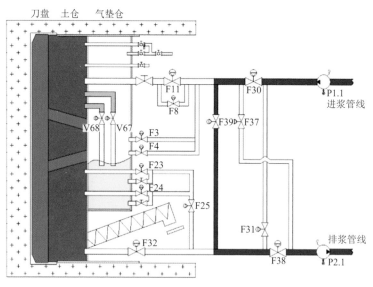

图 6.2-3  环流系统旁通循环

管路清洗完毕后，关闭环流系统，关闭气垫仓内 V67、V68 连通管液压闸阀，关闭 F23、F24 气动闸阀，保证气垫仓和土仓完全隔离，关闭保压系统，观察土仓和气垫仓压力变化 1h。当 1h 内压力变化不大于 0.1bar。释放气垫仓气压，打开气垫仓门，人员进入气垫仓内部，关闭 V67、V68 连通管手动板阀；并检查 V67、V68 连通管关闭情况，观察连通管出口，无浆液流出视为连通管关闭成功。

（1）土仓浆气置换模式

①在旁通循环模式下，通过上部探测孔向土仓加气，为保持土仓压力平衡，通过中部液位探测孔进行浆气置换，将土仓液位降至 3 点位置以下，浆气置换完成。

②浆气置换完成后，检查螺旋输送机后闸门密封情况，确定密封良好后，打开土仓内螺机前闸门，通过缓慢掘进将土仓渣土堆积，为保证土仓压力平衡，可将上部探测孔打开释放气压。当掘进机推进（0.8～1.1m）或上部探测孔无气体排出时，视为土仓渣土堆积完成。土仓管路如图 6.2-4 所示。

图 6.2-4　土仓管路

③伸出螺旋输送机螺旋轴，打开螺旋输送机后闸门，运行螺旋输送机、皮带机，开始运行 EPB 模式缓慢出渣推进，待运转稳定后，即可进行正常推进。

（2）SPB 旁通循环模式

①开启 SPB 循环旁通模式，检查螺旋输送机后闸门密封情况，确定密封良好后，打开土仓内螺机前闸门。

②在旁通模式下，掘进机按照 0.5rpm 的转速，缓慢推进（推进速度不超过 20mm/min），伸出螺机轴，开始进行土仓堆渣。

③随着推进的缓慢进行，渣土不断堆积，为避免土仓压力的升高，需排出土仓中原有的泥浆，因此打开土仓进浆球阀 F11，将进浆管当作排浆管进行土仓排浆，利用旁通模式将泥浆带出。

④注意观察土仓压力，使掘进速度与排浆速度相匹配，稳定土仓压力。

进浆管做排浆管如图 6.2-5 所示。

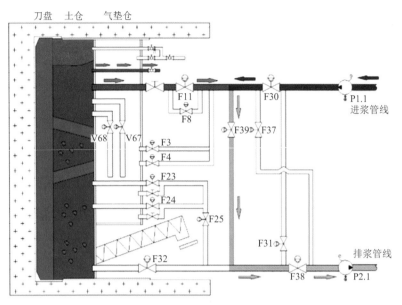

图 6.2-5　进浆管做排浆管

⑤随着掘进机缓慢推进，土仓中渣土堆积越来越高，预估已经堆积的渣土量到达进浆口时，打开上部液位探测管，如果没有浆液流出（如果有浆液流出，现场技术人员需要判断是否适合 EPB 模式推进），停止推进，关闭球阀 F11，停止运行泥水循环系统。环流系统停止后，可以通过隔板上土仓连通管、进浆口、排浆口上预留的疏通支口注入盾尾油脂，对上述管路进行填充，减小 EPB 模式下管路堵塞的概率。排浆口机械疏通口如图 6.2-6 所示。

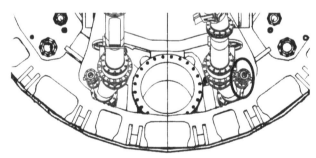

图 6.2-6　排浆口机械疏通口

⑥打开螺旋输送机后闸门，运行螺旋输送机、皮带机，开始运行 EPB 模式缓慢出渣推进，待运转稳定后，即可进行正常推进。要注意观察螺旋输送机出土口渣土状态，刚置换完成后渣土状态可能处于流塑状，会出现短暂的喷涌现象，如果喷涌严重需继续渣土堆积，直到适合 EPB 模式掘进。

3. 设备模式转换后验收

根据 EPB 掘进机验收报告要求，逐项对系统进行验收，特别是 EPB 掘进机使用、SPB 掘进机不使用的系统，例如泡沫系统等。

### 6.2.4　EPB 模式转换 SPB 模式施工技术

**1. 施工准备**

地面临建：检查 SPB 模式临建设施是否良好，泥浆池内部保证有满足掘进指标足够的浆液，并能投入使用。

配套人员：人员各岗位齐全，并完成人员交底，持证上岗。

设备准备：掘进机掘进施工配套设备主要有分离设备、压滤设备、离心机、垂直运输（龙门式起重机）、隧道内部中继泵、洞内水平运输（电瓶机车编组）等，配套设施均达到良好条件。隧道内泥浆管路连接良好，并畅通。

技术准备：参与模式转换人员交底完成。

**2. 施工方案**

当掘进里程达到 EPB 模式转换 SPB 模式位置时，停止掘进，准备模式转换。为增强渣土被泥浆置换过程中土仓气密性，停机前可以适当增加土仓膨润土注入，不仅增强渣土的流动性，更可以在掌子面形成一层薄泥膜。SPB 模式启动前，必须保证环流系统所有设备联动正常。气渣置换如图 6.2-7 所示。

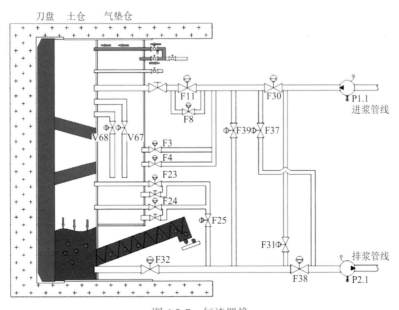

图 6.2-7　气渣置换

刀盘原地缓慢搅拌，并启动螺旋输送机，转速 2～3r/min，打开螺旋输送机下闸门，慢慢出土，此时要特别注意观察土仓压力变化，土仓压力保持 ±0.1bar。土仓渣土下降过程中，可以利用 SAMSON 系统向土仓仓内注入压缩空气，保证仓压稳定。在土仓内剩余渣土量约为预估量的 1/3 时（根据刀盘扭矩及出渣量判断），螺旋输送机停止转动，关闭螺旋输送机后闸门，收回螺机，并检查后闸门密封情况。疏通进土仓内进出浆管，疏通管路时，要关注仓压变化。进浆管疏通后，开始运行 SPB 循环系统旁通模式，此时根据仓压变化打开土仓顶部连通阀进行排气，当顶部连通阀有浆液流出时关闭手动球阀，气浆置换工作完成，土仓内部充满泥浆。注意事项：运行旁通时，注意进浆压力的调整，协调好进浆速度与排气能力，维持土仓压力稳定。土仓内浆气置换如图 6.2-8 所示。

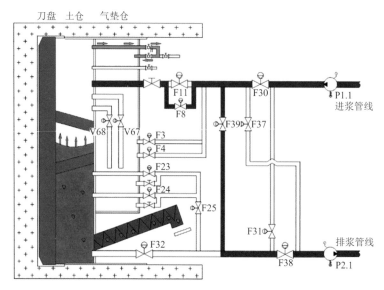

图 6.2-8　土仓内浆气置换

气浆置换完成后，关闭顶部连通阀，疏通土仓和气垫仓连通管，疏通左右两根排浆管，检查气垫仓液位传感器。人员进入气垫仓内缓慢打开 V67、V68 连通管路上手动闸阀。确认土仓和气垫仓连通管液动闸阀关闭良好。注意事项：打开连通管手动闸阀时，注意观察液动闸阀是否关严；确定上位机上液位显示和现场一致。疏通管路循环如图 6.2-9 所示。

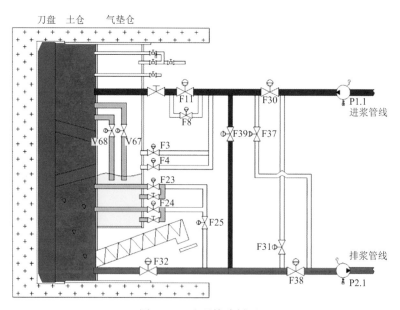

图 6.2-9　疏通管路循环

气垫仓内加水至液位为 0 的位置，关闭气垫仓门，根据土仓压力设置气垫仓内

SAMSON 系统气压。转动刀盘 0.8rpm，使仓内底部渣土与泥浆充分混合，利用逆洗模式，检查出浆管路疏通情况，通畅后，关闭螺机前闸门，停止逆洗模式。打开 V67、V68 连通管液压闸阀，V23、V24 仓外中部气压连通管，在旁通模式下，打开进浆管 F11，出浆管 V32、V66 观察气垫仓液位变化，以此确定气压连通管路是否通畅；如各管路正常即可进行 SPB 模式掘进。

**3. 设备模式转换后验收**

根据 SPB 掘进机验收报告要求，逐项对系统进行验收，特别是 SPB 掘进机使用，EPB 掘进机不使用的系统，例如环流系统等。

### 6.2.5　模式转换过程中特殊情况处理

SPB 模式转 EPB 模式，需要在主机室内部使用远程按钮，关闭土仓和气垫仓左右连通管液动闸阀（V67 和 V68），两板阀处于气垫仓上部高压气覆盖，不易损坏，关闭此阀后，切除气垫仓和土仓连通，保证气垫仓能常压打开进入关闭手动板阀和疏通管路等作业；EPB 模式掘进时，气垫仓暂时不使用。如在模式转换过程中 V67 和 V68 液动闸阀关闭失效，需要人员带压进入气垫仓手动关闭闸阀，切断气垫仓和土仓连通。

SPB 模式转 EPB 模式时，根据螺旋输送机土仓内前闸门设计，转换时需打开前闸门。由于前闸门在 SPB 模式时，长期不用，会出现闸门打不开风险。闸门打开前，先用环流系统清洗仓内，保证仓内积累渣土少，再打开前闸门。如发现前闸门无法打开，可使用 EPB 模式在土仓内注入分散剂，浸泡 24h，浸泡后，再次利用 SPB 模式循环洗仓，洗仓完毕后，尝试打开前闸门。如发现前闸门还是无法打开，需要带压进仓作业，清理前闸门附近渣土，保证前闸门顺利开启，此作业按照进仓方案执行。

## ✿ 6.3　TBM/EPB/SPB 三模掘进机

三模掘进机是一种具有 EPB、SPB 和 TBM 三种掘进模式，并能同时实现三种模式之间的模式转换一键式切换的掘进机，模式转换安全快速、劳动强度低，适用于城市结构建筑物复杂地层施工。其主要优势有：①刀盘结构进行加强设计，比常规刀盘重 1t 左右，刀盘刚度强度足够，适用于各种复杂地层工况需求；②刀盘采用小刀间距（75mm 刀间距）设计，保证 TBM 模式下的切削能力；③主驱动驱动功率 1500kW，最大转速 5.02rpm，满足 TBM 模式下的高转速要求；④SPB 模式掘进时的泥膜和压力平衡方式有利于上软下硬地层掌子面稳定，适应该地层缓慢掘进的需求；⑤进浆口分别设置在开挖仓顶部、开挖仓底部和刀盘背部，根据不同地层、不同模式下冲刷需求进行切换使用；⑥TBM 模式下的排渣系统采用快速排渣泥浆循环系统，开挖仓泥浆只有整仓的 1/3，开挖的渣块可快速输送出开挖仓；⑦开挖仓内的泥浆可以冷却刀盘刀具，提高刀具使用寿命；⑧开挖仓采用封闭设计，减少粉尘影响隧道环境；⑨刀盘上设计开挖直径测量装置，可在停机时检测实际开挖直径。

### 6.3.1 掘进模式选择思路

多模式掘进设备具体选型流程如图 6.3-1 所示，首先依据地层力学性质和水文情况将隧道地层进行区段划分，基于城市地铁隧道多模式掘进设备选型经验，存在显著差异的地质条件和施工环境因素构成了是否选取多模式掘进设备的关键，若确定选取多模式掘进设备，可依据地质情况（如硬岩段岩石强度等）确定是否采用 TBM 型多模式设备。若采用，则针对软土掘进机型区段和 TBM 型区段进行模式比选；若不，则采用软土掘进机型双模式，各区段只需针对 EPB、SPB 两种模式进行比选即可。下一步需对软土掘进机型区段进行 EPB 和 SPB 模式的适应性比选，对 TBM 型区段进行敞开式、单护盾和双护盾模式的适应性比选，建立各模式的适应性模糊评价模型，计算不同模式的综合适应度，选取各区段适应度最优的掘进模式。最后，基于施工工期、工程造价对区段模式进行修正，确定各区段满足模式转换下限长度判别条件，保证模式转换在掘进效率和施工成本方面的边际效益，最终确定多模式设备类型及各区段采用的具体掘进模式。

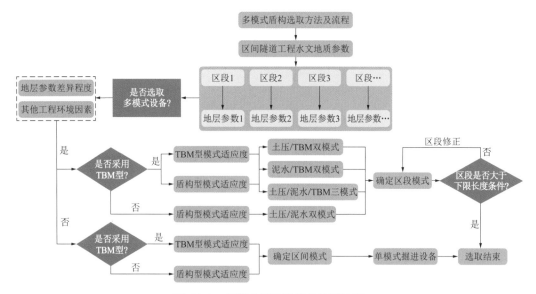

图 6.3-1 多模式掘进机设备选型流程

由于区间地质情况较为复杂，因此在不同地层中选取不同模式。软土及经过处理的孤石地层选用 EPB 平衡模式，上软下硬地层或突遇孤石地层选用 SPB 模式，中风化、微风化硬岩地层选用 TBM 模式。图 6.3-2 和图 6.3-3 为广州某地铁区间三模掘进机模式转换规划图。

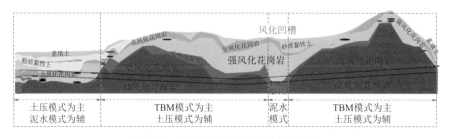

图 6.3-2 左线掘进机推进模式规划图

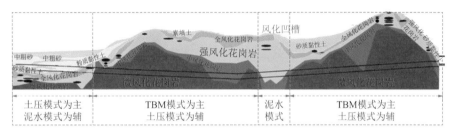

图 6.3-3　右线掘进机推进模式规划图

在进行模式选取时，除了考虑地质勘察报告以外，也要结合实际出土情况进行判定，防止由于地质未勘明或者其他情况造成的实际遭遇地层与勘察报告不符，进而导致掘进机模式不适应当前地层的情况发生。

### 6.3.2　三模掘进机模式设计

三模掘进机整机由主机和后配套拖车组成，同时集成了泥浆系统及皮带机系统。三模掘进机整机布置详见图 6.3-4。

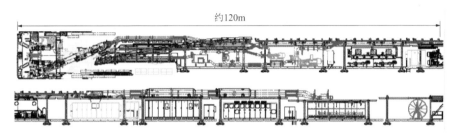

图 6.3-4　整机布置图

EPB＋SPB＋TBM 三模掘进机主机集成了 EPB 掘进机、SPB 掘进机、TBM 的设计理念与功能，三种模式采用同一形式刀盘，具备两种出渣方式：螺旋机出渣和泥浆管道携渣。主机同时增加了气垫仓，有效减小土仓压力波动。详见图 6.3-5 主机布置图。

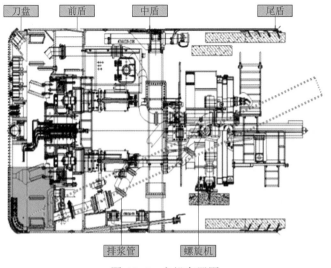

图 6.3-5　主机布置图

### 1. EPB 模式

当开挖面地质为黏性土层和岩层组合而成的复合地层，且地面环境比较简单时，可采用 EPB 模式掘进。通过密封仓内土体压力来平衡开挖面水土压力，切削下来的渣土通过螺旋输送机 + 皮带机排出；此时泥浆循环系统停止工作，刀具可根据地层情况采用切削刀和滚刀相配的形式，刀盘采用小转速模式开挖。

EPB 模式下，通过土压力平衡掌子面水土压力，通过螺旋输送机 + 皮带机 + 渣车输送渣土，EPB 模式适用于黏土地层、复合地层掘进，具备施工工序简单、掘进效率高、耗能少和施工成本低等优点，三模掘进机 EPB 模式工作原理详见图 6.3-6。

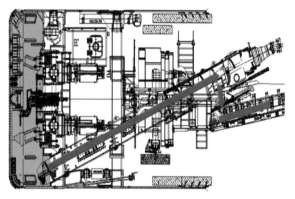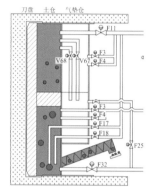

图 6.3-6　EPB 模式工作原理图

### 2. SPB 模式

当开挖面地质为砂性地层、地下水比较丰富或上砂下岩复合地层及地面沉降控制要求高或极高地段（过高铁线路、运营地铁线及浅基础建（构）筑物等情况），可采用 SPB 模式掘进。通过进浆管道往密封仓内输入泥浆来平衡开挖面水土压力，待压力取得平衡后，采用进浆管道与底部排浆管道循环输送泥浆的方式来输送渣土；此时螺旋输送机 + 皮带机排渣通道停止作业，关闭螺旋输送机出渣闸门；同样刀具可根据地层情况采用切削刀和滚刀相配的形式，刀盘采用小转速开挖。

SPB 模式下，通过开挖仓泥浆压力平衡掌子面水土压力，通过泥浆管道输送渣土（上部进浆口进浆），SPB 模式适用于砂层、上软下硬地层、对地表沉降控制高等地层掘进施工，具备工作压力高、地表沉降控制好、刀盘刀具寿命长等优点，三模掘进机 SPB 模式工作原理详见图 6.3-7。

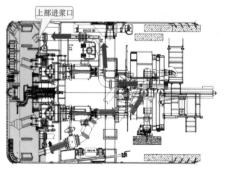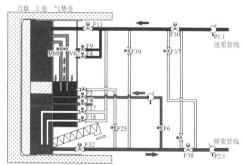

图 6.3-7　SPB 模式工作原理图

## 3. TBM 模式

当地层为全断面硬岩时，采用 TBM 模式掘进。全断面硬岩时，开挖面稳定，密封仓内无需建立压力来平衡开挖面，刀具全部更换为滚刀，刀盘采用高转速模式开挖。TBM 模式下，开挖仓常压或带压，泥浆液位的高度为整仓的 1/3 液位，通过泥浆管道输送渣土（下部管道进浆），TBM 模式适用本区间全断面硬岩地层掘进施工，具备掘进效率高，还具有刀具寿命长、工作区域无粉尘（省略除尘系统）等优点，三模掘进机 TBM 模式工作原理详见图 6.3-8。

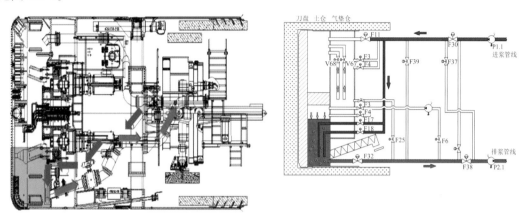

图 6.3-8　TBM 模式工作原理图

## 6.3.3　三模掘进机模式转换流程

在掘进机施工中，根据前期确定的推进模式选择规划，结合地质详勘资料，同时分析出渣渣样情况、掘进机推进参数、地面监测情况等，适时进行掘进机的模式转换以适应不同地质条件。

### 1. EPB 模式转 SPB 模式

（1）换模准备

①泥水分离站的安装调试及制备新浆。

②隧道内泥浆管道的铺设。

③设备泥浆环流系统调试，确认整个环流系统正常运行，传感器正常工作。

④对所有进浆口、排浆口进行提前疏通。

⑤环流系统与分离站的联调联动。

⑥调试 SAMSON 气体保压系统。

（2）操作过程

①原地缓慢转动刀盘，螺机缓慢出渣降低土仓渣位，待螺机下闸口出现喷浆现象时，停止降渣位。土仓（泥水仓）渣位降低过程中向仓内注入压缩空气，保持土仓（泥水仓）压力在要求范围内。

②降渣位完成以后，关闭螺机后闸门，螺机回收到规定位置后须在螺旋机前端筒体内注入膨润土等渣土改良介质，使螺旋输送机形成土塞效应，然后运行泥水常规旁通模式。

③继续转动刀盘，打开主进浆球阀 F30、F11，同时打开顶部排气管进行排气，直到顶部排气管喷浆，关闭排气球阀。该过程需要保证泥水仓（土仓）压力在规定范围内。

④在常规旁通模式下运行机内逆循环，然后运行仓内逆循环模式，对排浆管路和排浆口进行疏通。

⑤确定所有管路通畅后，对气垫仓进行灌浆，运行 SAMSON 保压系统并设定气垫仓压力，打开气垫仓内连通闸阀 V67/V68。

⑥系统运行气垫直排掘进模式，缓慢推进，根据出渣情况逐步提高推进速度至正常掘进状态，模式切换完成。

（3）注意事项

①模式转换过程中，要注意土仓（泥水仓）压力的稳定，土仓（泥水仓）内的压力稳定是首先且必须保证的。

②到达切换点位前的一段掘进距离时，降低刀盘转速及贯入度；同时可适当增加膨润土注入量，增加渣土置换过程中的气密性。

③如地层稳定性或气密性较差，在模式转换前进行严格的掌子面泥膜的制备，保证土仓（泥水仓）降渣位的过程中仓内的气密性。

④如果长时间未运行环流系统，在模式转换之前，务必对所有泥浆管口进行机械疏通，确保泥浆口未完全堵塞。

**2. SPB 模式转 TBM 模式**

由于三模掘进机处于 TBM 掘进模式下可根据前方地层情况选择螺旋机出渣和泥水循环出渣两种方式，泥水循环出渣则近似于 SPB 模式掘进，因此，本节只针对模式变换过程中的泥水循环变换为螺旋机出渣的过程做简要介绍。

（1）换模准备

调试刀盘喷水系统，确保系统运行正常，所有喷口均未堵塞，建议在 SPB 模式掘进的停机时间进行调试。调试皮带机、螺旋机，确保运转正常，不存在干涉现象。此时螺机后闸门关闭，螺机内部充满浆液，点动慢速旋转，螺机有动作即停止，避免带来风险。

（2）操作过程

①系统运行 SPB 模式（气垫直排）。

②停止推进，SPB 模式下进行泥水仓循环，将泥水仓渣土尽可能排出。

③系统运行 SPB 模式且开启"推进旁通屏蔽"状态，关闭 V67、V68、F23、F24，测试关闭的阀门是否存在泄漏。

④SPB 模式且开启"推进旁通屏蔽"状态下，开始推进，运行环流常规旁通模式，打开进浆球阀 F11 进行排浆。

⑤根据掘进距离、主进浆管监测口排渣情况、刀盘扭矩变化等综合判断泥水仓内渣土排出情况。渣土排出完成后，螺机伸出到达规定位置，伸出过程中避免螺机与其他部件干涉。

⑥伸出螺机后，转动刀盘，缓慢推进，小幅度打开螺机出口下闸门，根据喷浆情况调整下闸门打开幅度，过程中注意土仓（泥水仓）压力变化。

⑦待出渣平稳后，逐渐降低推进速度，模式转换完成，开始 TBM 模式推进。

（3）注意事项

①模式转换过程中，要注意土仓（泥水仓）压力的稳定，首先且必须保证土仓（泥水仓）内的压力稳定。

②从开始堆渣到出渣状态平稳，尽量在一环内完成，需统筹好起始位置、堆渣距离等。

③首次打开螺机后闸门排渣时，势必存在喷浆现象，需处理好喷浆与掘进速度的匹配，避免土仓压力波动太大。

④在 TBM 模式切换完成后，如果长期不使用 SPB 模式，需要用盾尾油脂将前隔板所有泥浆口进行封堵，降低 TBM 模式下管口堵塞的风险。

⑤如果确定在接下来的掘进中 EPB 一定会再次切换为 SPB，在 TBM 模式下掘进时需要继续铺设泥浆管路，定期运行环流系统旁通模式，确保整个环流系统处于正常状态。

**3. TBM 模式转 EPB 模式**

当三模掘进机到达指定模式切换地点时，掘进机司机停止推进，模式转换时尽可能将主机前盾、中盾后姿态调整至平行。提前准备好模式转换时需要的工具、器械：焊机、焊条、割枪、角磨机、手拉葫芦、强力气动冲击扳手、套筒临时吊耳、运输工装等。TBM 模式转 EPB 模式操作流程见图 6.3-9。

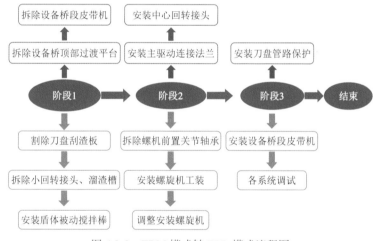

图 6.3-9    TBM 模式转 EPB 模式流程图

按照三模掘进机设计，在进行模式转换时，仅需在操作时按下模式转换按钮即可完成大部分操作，其中主要涉及盾体系统、螺旋机系统、流体系统的操作。

（1）盾体系统

EPB 模式转 TBM 模式时前盾隔板上加水及喷雾系统应核实是否能够使用。

（2）螺旋机系统

①EPB 模式转 TBM 模式时，核实螺旋机喷水口、泡沫口、磨损检测、电机温度传感器等功能是否正常。

②EPB 模式转 TBM 模式时，核实螺旋机接料斗前部及刀盘处是否安装喷水系统。

③螺旋输送机出渣门防护，在不同模式下，应分别选取溜渣筒和出渣门防护。

④TBM 模式下螺机内部加水时，回转中心球阀关闭，利用混合箱加水气动球阀给泡沫

混合箱加水，内部程序设定不配；利用泡沫泵实现螺机加水口同时加水，并可进行控制加水口数量。

⑤TBM 模式下螺机内部加泡沫：与常规模式设定相同，但只保留部分泡沫泵加泡沫。

（3）流体系统

①润滑系统：TBM 模式转为 EPB 模式时，主驱动内密封前腔油脂管路上球阀常闭，外密封前腔油脂管路上球阀常开。需每日打开内密封油脂管路球阀约 15min 注入 30ml，首先需要关闭外密封处手动球阀打开内密封手动球阀，注入完毕后关闭内密封管路球阀，打开外密封管路球阀。

②EPB 模式转为 TBM 模式时，主驱动内密封前腔油脂管路上球阀常开，外密封前腔油脂管路上球阀常闭。

③EPB 模式和 TBM 模式时迷宫密封均注入 HBW 油脂，上位机系统根据刀盘是否旋转自动控制。

④回转接头安装完毕后，正确安装注脂管路，回转接头润滑要求一进一出，即出口管路引出约 1.5m。

⑤改良系统：回转接头安装完毕后，正确安装改良管路。

### 6.3.4　三模掘进机模式转换注意事项

根据此区间所使用的三模掘进机相关设计，在进行掘进模式转换时，仅需一键操作即可完成转换，而在实际使用时，由于涉及转换后的检查确认，实际需要时间约 0.5d。在进行模式转换停机期间，为了保证施工安全，应采取以下措施：

（1）在进行模式转换操作前一环掘进时，应适当放缓推进速度，保持低速、匀速掘进，不进行较大幅度的纠偏，同步注浆压力适当降低，同步注浆量降低 5%～10%，防止在停机期间出现掘进机卡机的情况；

（2）停机前，通知地面监测队伍，进行一次加测，并及时发布监测数据，随后在停机期间按照 6h/次的频率进行持续监测，监测数据及时发布，出现较大幅度变化时，按照流程进行上报；监测预警值按照常规地面隆沉累计变化−2.4～+0.8cm、管线隆沉累计变化±1.6cm、建筑物隆沉累计变化−1.6～+0.8cm 进行控制；

（3）停机期间，需安排专人负责地面巡视，对周边地面及建筑物情况进行检查，并拍照留存，出现异常情况时立即上报；

（4）邀请掘进机厂家进行现场指导和辅助，缩短现场转换操作时间，保证转换操作的安全；

（5）在停机期间，可能出现地面隆沉变化较大引起管线、建（构）筑物破坏等情况，一旦出现此类情况，应按照预定的应急处置原则，组织应急小组进行处理。

### 6.3.5　三模掘进机模式转换时机

#### 1. EPB 模式转 SPB 模式

当三模掘进机需要从 EPB 模式转换为 SPB 模式时，切换位置的选择必须为地层稳定性较好的，避免在切换过程中出现掌子面失稳，增加掘进机施工风险。如在 EPB 施工中，出现参数异常、监测数据异常、螺机经常出现喷涌现象、出渣量偏大等情况时，需及时将掘进机掘进模式由 EPB 切换至 SPB 模式。

为确定 EPB/SPB 模式转换最优位置，西南交大何川教授团队采用有限差分法建立考虑流固耦合的掘进过程数值模型，建立以拱顶下沉最小、挤出变形最小、渗流量最小为优化目标的多目标优化模型，确定最优的模式转换位置。转换最优位置确定流程图如图 6.3-10 所示。

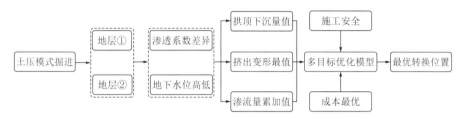

图 6.3-10　EPB 转 SPB 模式最优位置流程图

根据现场施工经验，三模掘进机在即将到达预定切换地点前 1 至 1.5 环，可将刀盘转速和掘进速度降低，逐步进行模式转换。

### 2. SPB 模式转 TBM 模式

当三模掘进机需要从 SPB 模式转换为 TBM 模式时，一般来说，地质条件从软岩向硬岩过渡，或者从稳定性差过渡到稳定好的围岩，则需要将掘进模式从 SPB 转换到 TBM。如何确定从 SPB 模式转换到 TBM 模式的最优位置？一方面，需要结合地勘资料、地质雷达进行细化；另一方面，SPB 转换到 TBM 掘进荷载增大，相应的扭矩、推力等需要增大，因此掘进参数会存在显著变化。模式转换前根据地勘资料，辅以地质雷达或其他物探技术进行初步预判，施工过程中根据相关掘进参数的突变，并配合超前地质钻最终确定模式转换最佳位置，即根据"地勘报告、地质雷达辅助技术初判，掘进参数反馈细判"的原则确定地层软硬交界面，综合考虑土压刀具配置在硬岩中的磨损和停机转换模式的稳定性，初步确定从 SPB 转换到 TBM 的最佳转换位置。SPB 模式转 TBM 模式流程图如图 6.3-11 所示。

图 6.3-11　SPB 模式转 TBM 模式流程图

依据上述判定标准，当掘进机从 SPB 模式转换到 TBM 模式时，掘进机需进入硬岩段长度为掘进机长度 + 安全距离 10～15m 时停机进行模式转换为宜。

### 3. TBM 模式转 EPB 模式

当三模掘进机需要从 TBM 模式转换为 EPB 模式时（图 6.3-12），应在掘进机离开全断面硬岩前 10～15m 时进行，以保证土压提前开始建立，保证地面稳定。具体转换地点应根据地质详勘情况、出渣情况、地面监测情况共同确定。

图 6.3-12　TBM 模式转 EPB 模式

# 第 7 章 >>>

# 多模掘进机现场问题应急处理

掘进机隧道工程是我国建设"交通强国"的重大工程，对我国经济社会发展起着重要的支撑作用，具有工程规模宏大、施工技术要求高、质量标准高和安全风险高的特点，稍有不慎会发生工期延误、安全事故、质量事故和环保事件，造成不可挽回的经济损失和社会影响。因此，有必要系统全面深入地对工程建设各个方面的风险进行研究，开展风险辨识、风险分析和风险评估，并对关键风险点制定应对措施，持续进行风险监控，做好应急预案，有效地防范各类风险，达到工程项目安全、顺利、如期建成的目的，也可以为类似工程提供借鉴，对于掘进机隧道工程的安全建设、高质量发展有着重要的指导意义。

## 7.1 施工风险评估与分级

### 7.1.1 风险评估流程

建设工程施工过程中，诱发安全事故的因素很多，安全风险评估能为全面有效落实安全管理工作提供基础资料并评估出不同环境或不同时期的安全危险性重点，加强安全管理，采取宣传教育、行政、技术及监督等措施和手段，推动员工做好每项安全工作。

施工风险评估的程序一般包括前期准备；辨识与分析危险、有害因素；定性、定量风险评估；提出风险控制对策措施建议；做出风险评估结论；编制风险评估报告等。

前期准备：明确风险评估对象和风险评估范围；组建风险评估小组；收集相关法律法规、标准、规章、规范；收集并分析该项目的基础资料、相关事故案例；对类比工程进行调查等内容。

风险源辨识：考虑自然环境、工程地质和水文地质、周边环境、工程自身特点以及工程管理等因素，辨识和分析评估对象可能存在的各种风险因素；分析风险因素发生作用的途径及其变化规律。

风险估测：根据风险评估的目的、要求和评估对象的特点、工艺、功能或活动分布，选择科学、合理、适用的定性、定量评估方法对风险因素导致事故发生的可能性及其严重程度进行评估分析。

提出风险控制措施建议：为保障评估对象能安全运行，从评估对象的总图及平面布置、功能分布、工艺流程、设施、设备、装置等方面提出安全技术对策措施；从评估对象的组织机构设置、人员管理、物料管理、应急救援管理等方面提出风险控制对策措施；从保证评估对象安全运行的需要提出其他风险控制措施。

做出风险评估结论：概括风险评估结果，给出评估对象在评估时的条件下与国家有关法律法规、标准、规章、规范的符合性结论，给出危险、有害因素引发各类事故的可能性及其严重程度的预测性结论，明确评估对象实施后能否安全运行的结论。风险评估流程见图 7.1-1。

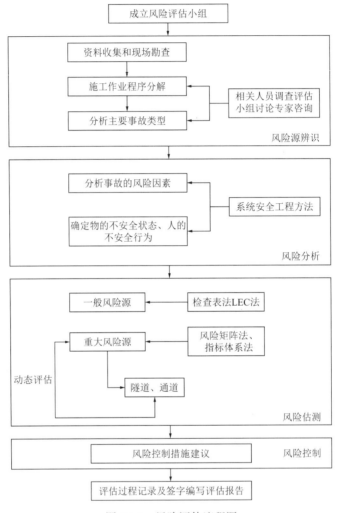

图 7.1-1 风险评估流程图

## 7.1.2 风险评估内容

施工风险评估分为总体风险评估和专项风险评估两项内容。通过逐一总体评估确定风险等级后，再对建设工程进行专项评估，建立风险源普查清单，并通过风险分析和估测，确定重大风险源及其等级，提出科学合理的对策措施及建议，得出评估结论。

轨道交通工程建设具有工期紧、工程量大、参建单位多、地质及周边环境复杂、施工工序多、技术要求高等特点，掘进机施工风险主要原因既有机电设备的不安全因素、人的不安全行为，更有工程地质、水文地质的不良因素和复杂的工程周边环境。根据目前我国掘进机施工管理现状，结合各地区掘进机施工特点，按照上述程序和方法开展掘进机施工风险评估，得出掘进机施工主要风险见表 7.1-1。

掘进机施工主要风险表　　　　　　　　　　　表 7.1-1

| 风险种类 | 风险等级 | 危险程度 | 产生的直接后果或次生衍生后果 | 影响范围 |
|---|---|---|---|---|
| 坍塌 | Ⅱ级 | 高度危险 | 隧道坍塌，结构变形，人员伤亡，周边建（构）筑物沉降、管线损坏等 | 施工现场及邻近周边环境（建（构）筑物、管线、道路、地表水体、既有运营线等） |
| 涌水 | Ⅱ级 | 高度危险 | 隧道坍塌、涌水，人员伤亡，地面塌陷，管线损坏等 | 施工现场及邻近周边环境（建（构）筑物、管线、道路、地表水体、既有运营线等） |
| 突泥涌砂 | Ⅱ级 | 高度危险 | 隧道坍塌，人员伤亡等 | 施工现场及邻近周边环境（建（构）筑物、管线、道路、地表水体、既有运营线等） |
| 机械伤害 | Ⅲ级 | 中度危险 | 人员伤亡 | 施工现场 |
| 高处坠落 | Ⅲ级 | 中度危险 | 人员伤亡 | 施工现场 |
| 物体打击 | Ⅲ级 | 中度危险 | 人员伤亡 | 施工现场 |
| 车辆伤害 | Ⅲ级 | 中度危险 | 人员伤亡 | 施工现场 |
| 起重伤害 | Ⅱ级 | 高度危险 | 人员伤亡、施工现场设施损坏 | 施工现场 |
| 火灾 | Ⅳ级 | 一般危险 | 人员伤亡 | 施工现场及邻近周边建（构）筑物等 |
| 触电 | Ⅲ级 | 中度危险 | 人员伤亡 | 施工现场、办公场所等 |
| 爆炸 | Ⅳ级 | 一般危险 | 人员伤亡 | 施工现场及邻近周边建（构）筑物等 |
| 中毒窒息 | Ⅳ级 | 一般危险 | 人员伤亡 | 施工现场 |
| 管线破损/断裂 | Ⅲ级 | 中度危险 | 管线损坏造成邻近及周边居民生活影响，道路塌陷等 | 施工现场及邻近周边建（构）筑物等 |
| 建（构）筑物变形过大/倾斜 | Ⅲ级 | 中度危险 | 人员伤亡或临迁 | 施工现场及邻近周边建（构）筑物等 |
| 道路沉降/塌陷 | Ⅳ级 | 一般危险 | 人员伤亡、管线损坏 | 施工现场及邻近周边建（构）筑物等 |
| 既有线中断 | Ⅳ级 | 一般危险 | 运营线路中断 | 运营场所 |
| 台风、暴雨 | Ⅲ级 | 中度危险 | 人员伤亡及财产损失 | 施工现场及邻近周边建（构）筑物等 |
| 地震 | Ⅳ级 | 一般危险 | 人员伤亡及财产损失 | 施工现场及邻近周边建（构）筑物等 |
| 地质灾害 | Ⅳ级 | 一般危险 | 中断行车、设备损坏、人员伤亡 | 施工现场及邻近周边建（构）筑物等 |
| 冰雪灾害 | Ⅳ级 | 一般危险 | 中断行车、设备损坏 | 施工现场及邻近周边建（构）筑物等 |

## 7.1.3　施工风险评估方法

风险评估和评价可采用专家调查法、风险评估指标体系法、风险矩阵法、DLEC 法、故障树法、模糊综合评估法、风险因素核对法等方法。常用的施工风险评估一般采用总体风险评估指标体系方法进行总体分析评估，综合运用风险因素核对法、DLEC 法、风险矩阵法对施工作业活动中存在的重大危险因素进行分析评估。

**1. DLEC 法**

DLEC 法（又称作业条件的危险性评价法）是作业人员在具有潜在危险性环境中进行作业时的一种危险性半定量评价方法。影响作业条件危险性的因素是 $L$（事故发生的可能性）、$E$（人员暴露于危险环境的频繁程度）、$C$（一旦发生事故可能造成的后果）和 $D$（评估值）。

作业条件危险性评价法的评价步骤如下：

（1）以类比作业条件比较为基础，由熟悉类比条件的设备、生产、安技人员组成专家组。

（2）对于一个具体潜在危险性的作业条件，确定事故的类型，找出影响危险性的主要因素：发生事故的可能性大小；人体暴露在这种危险环境中的频繁程度；一旦发生事故可能会造成的损失后果。

（3）由专家组成员按规定标准对 $L$、$E$、$C$ 分别评分，取分值集的平均值作为 $L$、$E$、$C$ 的计算分值，用计算的危险性分值（$D$）来评价作业条件的危险性等级。用公式来表示，为：

$$D = L \times E \times C$$

式中：$L$——发生事故的可能性大小；

$E$——人员暴露于危险环境中的频繁程度；

$C$——发生事故产生的后果；

$D$——风险值，确定危险等级的划分标准。

$L$ 为事故发生的可能性。一般情况下，事故发生的可能性越大，风险越大；暴露于危险环境的频繁程度越大，风险越大；事故产生的后果越大，风险越大。运用作业条件危险评价分析法进行分析时，危险等级为 1 级、2 级的可确定为属于可接受的风险；危险等级为 3 级、4 级、5 级的，则确定为属于不可接受的风险。事故发生的可能性分值 $L$ 见表 7.1-2。

事故发生的可能性分值 $L$      表 7.1-2

| $L$ 分数值 | 事故（事件）发生的可能性 |
| --- | --- |
| 10 | 完全可以预料 |
| 6 | 相当可能 |
| 3 | 可能，但不经常 |
| 1 | 可能性小，完全意外 |
| 0.5 | 很不可能，可以设想 |
| 0.1 | 极不可能 |

$E$ 是人员暴露于危险环境的频繁程度。人员出现在危险环境中的时间越多，发生危险性越大。规定连续出现在危险环境的情况为 10，而非常罕见地出现在危险环境中为 0.5，介于两者之间的各种情况规定若干个中间值见表 7.1-3。

暴露于危险环境的频繁程度分值 $E$      表 7.1-3

| $E$ 分数值 | 暴露于危险环境中的频繁程度 |
| --- | --- |
| 10 | 连续暴露 |
| 6 | 每天工作时间内暴露 |
| 3 | 每周一次或偶然暴露 |
| 2 | 每月一次暴露 |
| 1 | 每年几次暴露 |
| 0.5 | 非常罕见暴露 |

*C* 为事故产生的后果。事故造成人身伤害与财产损失变化范围很大，所以规定分数值在 1～100 之间。轻微伤害或较小财产损失的分类规定为 1，造成人员伤亡较大的可能性规定为 100，其他情况的数值在 1～100 之间，见表 7.1-4。

事故造成的后果分值 C　　　　　　　　表 7.1-4

| C 分数值 | 发生事故产生的后果 |
| --- | --- |
| 100 | 10 人以上死亡 |
| 40 | 3～9 人死亡 |
| 15 | 1～2 人死亡 |
| 7 | 严重 |
| 3 | 重大，伤残 |
| 1 | 引人注意 |

*D* 为风险值。$D = L \times E \times C$，确定 *D* 值后关键是如何确定风险级别的界限值，而这个界限值并不是长期固定不变的；在不同时期可根据具体情况确定风险级别的界限值，以确定持续改进的措施。

为便于比较 DLEC 法与风险矩阵法结果等级，风险评估报告中 DLEC 法评估等级与风险矩阵法评估等级对应关系说明见表 7.1-5。

DLEC 法评估等级与风险矩阵法评估等级对应关系表　　　　　表 7.1-5

| DLEC 法（D 值） | | 风险矩阵法（等级） | |
| --- | --- | --- | --- |
| ＞ 320 | 极其危险，采取全面的降低风险安全措施 | Ⅳ级 | 极高风险，不可忍受风险 |
| 160～320 | 高度危险，需采取降低风险的安全措施 | Ⅲ级 | 高度风险，需制定消减措施 |
| 70～160 | 显著危险，需采取安全措施 | Ⅱ级 | 中度、显著风险，需加强管理 |
| 20～70 | 一般危险，需要注意 | Ⅰ级 | 低度、一般风险，需要注意 |
| ＜ 20 | 稍有危险，可以接受 | | |

## 2. RPC 法

RPC 法（又称风险矩阵法）是综合考虑致险因子发生概率和风险后果，给出风险等级的一种方法，用 $R = P \times C$ 表示，其中 *R* 表示风险；*P* 表示致险因子的发生概率；*C* 表示致险因子发生时可能产生的后果。$P \times C$ 不是简单意义的相乘，而是表示致险因子发生概率和致险因子产生后果的级别组合。$R = P \times C$ 定级法是一种定性与定量结合的方法。

采用此方法，对工程致险因子实施定级步骤如下：

根据实际情况，借鉴以往类似建设工程风险管理的资料和专家的经验，分析各个致险因子的发生概率，得出发生概率 *P*。风险发生可能性等级标准见表 7.1-6。

风险发生可能性等级标准　　　　　　　　表 7.1-6

| 等级 | 可能性 | 数值范围 | 估值 P |
| --- | --- | --- | --- |
| 1 | 频繁的 | ＞ 10% | 5 |
| 2 | 可能的 | 1%～10% | 4 |
| 3 | 偶尔的 | 0.1%～1% | 3 |

| 等级 | 可能性 | 数值范围 | 估值P |
|---|---|---|---|
| 4 | 罕见的 | 0.01%~0.1% | 2 |
| 5 | 不可能的 | <0.01% | 1 |

根据事件发生后可能产生的后果，对人、环境和工程项目本身造成的影响程度采用定量计算的方法给这些致险因子划分后果等级，通过定量计算确定各个致险因子后果等级C。风险损失等级标准见表7.1-7。

风险损失等级标准 表 7.1-7

| 等级 | 风险损失严重程度 | 说明 | 估值C |
|---|---|---|---|
| 一级 | 灾难性的 | 风险导致不可补偿的损失 | 5 |
| 二级 | 很严重的 | 风险导致相当大而可补偿损失 | 4 |
| 三级 | 严重的 | 风险导致可补偿的损失 | 3 |
| 四级 | 较大的 | 风险导致少量损失 | 2 |
| 五级 | 可忽略的 | 风险并不导致延误或明显损失 | 1 |

综合致险因子的影响程度等级C和发生的概率P，将两者组合起来，按照 $R = P \times C$ 定级方法的风险评估矩阵，确定各个致险因子的等级，并制定不同的方案，用比较合理的措施实施风险管理和风险控制。风险等级打分表见表7.1-8。

风险等级打分表 表 7.1-8

| 等级 | 估值 | 说明 | 备注 |
|---|---|---|---|
| I | $16 \leqslant R < 25$ | 为减少风险的预防措施必须不惜代价实行 | 重大风险 |
| II | $9 \leqslant R < 16$ | 明确并执行预防措施以减少风险 | |
| III | $4 \leqslant R < 9$ | 风险处于可容忍的边缘，预防措施可能需要 | 一般风险 |
| IV | $1 \leqslant R < 4$ | 风险是可容忍的，不必另设措施 | |

根据风险的基本定义、风险发生概率等级和风险后果及规范提供的评价方法，建立如表7.1-9所示风险评估矩阵。

风险评估矩阵 表 7.1-9

| 致险因子 | | 风险后果 | | | | |
|---|---|---|---|---|---|---|
| | | 灾难性 | 非常严重 | 严重 | 需考虑 | 可忽略 |
| 发生概率 | $P \geqslant 10\%$ | I 级 | I 级 | I 级 | II 级 | III 级 |
| | $1\% \leqslant P < 10\%$ | I 级 | I 级 | II 级 | III 级 | III 级 |
| | $0.1\% \leqslant P < 1\%$ | I 级 | II 级 | III 级 | III 级 | IV 级 |
| | $0.01\% \leqslant P < 0.1\%$ | II 级 | III 级 | III 级 | IV 级 | IV 级 |
| | $P < 0.01\%$ | III 级 | III 级 | IV 级 | IV 级 | IV 级 |

### 7.1.4 多模掘进机风险辨识和评估

相比于常规掘进机隧道工程，多模掘进机隧道工程更是面临着地层适应性、模式转换安全性等风险挑战，针对勘察设计、设备和施工三个方面对多模掘进机建设中的风险进行识别和评估，进而确定多模掘进机的Ⅰ、Ⅱ级风险。针对不同等级风险，应采用不同的风险控制原则和处置方案。风险接受准则详见表7.1-10。

风险接受准则表 表 7.1-10

| 等级 | 接受准则 | 处置对策 | 控制方案 | 应对部门 |
|---|---|---|---|---|
| Ⅰ级 | 不可接受 | 必须高度重视，并采取措施规避，否则必须将风险降低至可接受的水平 | 需制定控制、预警措施，或进行方案修正、调整等 | 政府部门及工程建设参与方 |
| Ⅱ级 | 不愿接受 | 必须加强监测，采取风险处理措施降低风险等级，且降低风险的成本不应高于风险发生后的损失 | 需采取防范、监控措施 | |
| Ⅲ级 | 可接受 | 不需采取特殊风险处理措施，但需采取一般设计及施工措施，并注意监测 | 加强日常管理和审视 | 工程建设参与方 |
| Ⅳ级 | 可忽略 | 无需采取风险处理措施，实施常规监测 | 日常管理和审视 | 工程建设参与方 |

### 1.勘察设计风险

勘察设计风险分级见表7.1-11。

勘察设计风险分级表 表 7.1-11

| 序号 | 风险项目 | LEC 法 ($L \times E \times C = D$) | RPC 法 ($P \times C = R$) | 综合风险等级 |
|---|---|---|---|---|
| 1 | 不良地质未探明的设计风险 | $6 \times 6 \times 15 = 540$ | $5 \times 3 = 15$ | Ⅰ级 |
| 2 | 建(构)筑物及地下管线调查不清致掘进受阻风险 | $3 \times 3 \times 15 = 135$ | $4 \times 3 = 12$ | Ⅱ级 |
| 3 | 隧道线路设计不当导致的工程建设预期效益不理想的风险 | $3 \times 10 \times 7 = 210$ | $4 \times 5 = 20$ | Ⅰ级 |
| 4 | 线路转弯半径过小导致盾构机卡机风险 | $3 \times 2 \times 1 = 6$ | $3 \times 4 = 12$ | Ⅱ级 |
| 5 | 隧道进、出口位置选择不合理不满足防灾和设备进出场要求的风险 | $3 \times 6 \times 15 = 270$ | $3 \times 5 = 15$ | Ⅰ级 |
| 6 | 隧道通风和排烟设计不当导致防灾能力不足风险 | $3 \times 10 \times 15 = 450$ | $5 \times 3 = 15$ | Ⅰ级 |
| 7 | 抗震设计不当导致结构及防水受影响的风险 | $1 \times 10 \times 40 = 400$ | $3 \times 4 = 12$ | Ⅰ级 |
| 8 | 超高水压条件下结构防水设计不当造成管片渗漏水风险 | $6 \times 10 \times 3 = 180$ | $3 \times 4 = 12$ | Ⅱ级 |
| 9 | 排水设计不当导致施工不便和运营检修困难的风险 | $3 \times 10 \times 1 = 30$ | $5 \times 3 = 15$ | Ⅰ级 |
| 10 | 高地应力挤压变形及岩爆导致掘进机卡机的风险 | $6 \times 3 \times 15 = 270$ | $2 \times 3 = 6$ | Ⅱ级 |

### 2.设备风险

设备风险分级见表7.1-12。

设备风险分级表 表 7.1-12

| 序号 | 风险项目 | LEC 法 ($L \times E \times C = D$) | RPC 法 ($P \times C = R$) | 综合风险等级 |
|---|---|---|---|---|
| 1 | 掘进机选型设计不当导致工程适应性差的风险 | $3 \times 6 \times 40 = 720$ | $3 \times 5 = 15$ | Ⅰ级 |
| 2 | 多模掘进机运输和安拆安全风险 | $3 \times 2 \times 1 = 6$ | $2 \times 5 = 10$ | Ⅱ级 |
| 3 | 密封失效和主轴承受损风险 | $3 \times 10 \times 40 = 1200$ | $4 \times 5 = 20$ | Ⅰ级 |
| 4 | 掘进机材料耐磨性能差、配件质量寿命低导致的异常停机风险 | $3 \times 10 \times 7 = 210$ | $2 \times 5 = 10$ | Ⅱ级 |
| 5 | 换刀装置设计不当导致密封失效、工效低、维修难的风险 | $10 \times 3 \times 15 = 450$ | $3 \times 4 = 12$ | Ⅱ级 |
| 6 | 多模掘进机刀盘刀具选型设计不当导致严重磨损风险 | $6 \times 10 \times 7 = 420$ | $2 \times 5 = 10$ | Ⅰ级 |

| 序号 | 风险项目 | LEC 法<br>（$L \times E \times C = D$） | RPC 法<br>（$P \times C = R$） | 综合风险等级 |
|---|---|---|---|---|
| 7 | 设备选型设计不合理导致高水压环境下频繁带压开仓的安全风险 | $10 \times 6 \times 15 = 900$ | $5 \times 5 = 25$ | I 级 |
| 8 | 多模掘进机模式转换位置不稳定造成安全风险 | $3 \times 3 \times 15 = 135$ | $5 \times 5 = 25$ | I 级 |
| 9 | 泥浆与注浆管路及阀由于设计、操作不当导致无法更换和压力失衡风险 | $3 \times 3 \times 15 = 135$ | $5 \times 5 = 25$ | I 级 |
| 10 | 长纵坡施工设备选型配置不合理导致泥浆循环、供排水不畅的风险 | $6 \times 10 \times 3 = 180$ | $5 \times 1 = 5$ | II 级 |
| 11 | 多模掘进机模式转换过程中设备切割、焊接的风险 | $3 \times 10 \times 7 = 210$ | $5 \times 1 = 5$ | II 级 |
| 12 | 超前地质预报和预加固设备配置不当导致对地质情况的判断和处理不足风险 | $6 \times 3 \times 15 = 270$ | $3 \times 5 = 15$ | II 级 |
| 13 | 大埋深隧道泥浆循环和供排水能力不足的风险 | $10 \times 2 \times 1 = 20$ | $1 \times 5 = 5$ | II 级 |

### 3. 施工风险

施工风险分级见表 7.1-13。

施工风险分级表　　　　　　　　　　表 7.1-13

| 序号 | 风险项目 | LEC 法<br>（$L \times E \times C = D$） | RPC 法<br>（$P \times C = R$） | 综合风险等级 |
|---|---|---|---|---|
| 1 | 埋深垂直运输及吊装作业安全事故风险 | $10 \times 10 \times 3 = 300$ | $5 \times 3 = 15$ | II 级 |
| 2 | 掘进机始发风险 | $3 \times 3 \times 40 = 360$ | $4 \times 5 = 20$ | I 级 |
| 3 | 淹井风险 | $3 \times 10 \times 15 = 450$ | $4 \times 5 = 20$ | II 级 |
| 4 | 并行隧道小间距施工安全风险 | $6 \times 10 \times 3 = 180$ | $4 \times 3 = 12$ | II 级 |
| 5 | 多模掘进机穿越不良地质段施工进度慢、卡机风险 | $3 \times 10 \times 7 = 210$ | $4 \times 4 = 16$ | I 级 |
| 6 | 掘进机掘进遭遇不明障碍物风险 | $6 \times 6 \times 15 = 540$ | $4 \times 5 = 20$ | I 级 |
| 7 | 刀盘结泥饼及渣土滞排风险 | $6 \times 10 \times 3 = 180$ | $2 \times 5 = 10$ | II 级 |
| 8 | 开挖工作面失稳风险 | $3 \times 15 \times 40 = 1800$ | $4 \times 4 = 16$ | I 级 |
| 9 | 掘进机掘进过程中地层坍塌/冒顶风险 | $6 \times 10 \times 15 = 900$ | $4 \times 4 = 16$ | I 级 |
| 10 | 管片生产与运输的安全和质量风险 | $6 \times 10 \times 3 = 180$ | $2 \times 5 = 10$ | II 级 |
| 11 | 管片拼装操作不当引起的安全和质量风险 | $10 \times 10 \times 1 = 100$ | $3 \times 5 = 15$ | II 级 |
| 12 | 换刀作业安全质量不受控的风险 | $10 \times 3 \times 15 = 450$ | $3 \times 4 = 12$ | II 级 |
| 13 | 掘进机仓内作业安全风险 | $3 \times 10 \times 40 = 1200$ | $4 \times 5 = 20$ | I 级 |
| 14 | 多模掘进机地层掘进不适应风险 | $3 \times 10 \times 40 = 1200$ | $3 \times 5 = 15$ | I 级 |
| 15 | 掘进机隧道轴线偏离风险 | $3 \times 6 \times 10 = 180$ | $2 \times 5 = 10$ | I 级 |
| 16 | 管片上浮风险 | $6 \times 10 \times 3 = 180$ | $3 \times 5 = 15$ | II 级 |
| 17 | 掘进机隧道内管片修复控制不当导致的安全质量风险 | $6 \times 6 \times 10 = 360$ | $4 \times 3 = 12$ | II 级 |
| 18 | 有害气体段掘进机掘进导致的中毒窒息及爆炸风险 | $10 \times 6 \times 3 = 180$ | $3 \times 5 = 15$ | II 级 |
| 19 | 长距离隧道内物料运输效率低导致施工进度慢的风险 | $3 \times 10 \times 1 = 30$ | $2 \times 5 = 10$ | II 级 |
| 20 | 长距离施工人员疲劳作业导致的安全风险 | $6 \times 10 \times 3 = 180$ | $2 \times 5 = 10$ | II 级 |
| 21 | 掘进机被淹或施工通道关闭风险 | $10 \times 6 \times 15 = 900$ | $4 \times 4 = 16$ | II 级 |
| 22 | 隧道内火灾防范不到位导致事故扩大风险 | $3 \times 10 \times 40 = 1200$ | $4 \times 5 = 20$ | I 级 |
| 23 | 应急救援不及时导致事故扩大的风险 | $10 \times 6 \times 15 = 900$ | $4 \times 4 = 16$ | II 级 |
| 24 | 掘进机到达接收风险 | $3 \times 3 \times 40 = 360$ | $4 \times 5 = 20$ | I 级 |

## 7.1.5　多模掘进机风险管控措施

风险管控是指采取各种措施和方法，减少风险事件发生的各种可能性，降低风险事件后果，属于风险管理中的重要一环，包括制定应对措施、现场实施及过程监控。

盾构隧道工程施工管理过程中极易发生具有普遍性和高频性的安全事故，在风险发展初期较容易控制，其种类和防范措施见表 7.1-14。

惯性事故防控措施

表 7.1-14

| 序号 | 惯性事故类别 | 防范措施 |
|---|---|---|
| 1 | 物体打击（邻边防护） | ①作业前，针对物体打击事故频发的部位，对有关施工作业人员进行安全交底教育，使每个作业人员在思想上、行动上做好安全防范；<br>②施工人员进入施工现场必须按规定佩戴安全帽。应在规定的安全通道内出入和上下，不得在非规定通道位置行走。必须进行交叉作业时要做好安全预防措施；<br>③临时设施不得使用石棉瓦作盖顶；<br>④施工作业的常用工具必须放在工具袋内，物料传递不准往下或向上乱抛材料和工具等物件。所有物料应堆放平稳，不得放在邻边或洞口附近，并不可妨碍通行；<br>⑤拆除或拆卸作业要在设置警戒区域、有人监护的条件下进行；<br>⑥高处拆除作业时，对拆卸下的物料、建筑垃圾要及时清理和运走，不得在走道上任意乱放或向下丢弃 |
| 2 | 高处坠落 | ①上岗前应依据有关规定进行专门的安全技术签字交底，向施工人员提供合格的安全帽、安全带等必备的安全防护用具，作业人员应按规定正确佩戴和使用；<br>②所有高处作业人员应接受高处作业安全知识的教育，特种作业人员应持证上岗；<br>③凡身体不适合从事高处作业的人员不得从事高处作业。从事高处作业的人员要按规定进行体检和定期体检，合格后方可上岗 |
| 3 | 机械伤害 | ①投入使用的机械设备必须完好，安全防护措施齐全，大型设备有生产许可证、出厂合格证；<br>②作业人员经过培训上岗，特种作业人员持特种作业证上岗；<br>③机械设备安装后应按规定办理安装验收手续，报上级部门检测，经检测合格后才能使用；<br>④作业人员必须佩戴好劳动保护用品，严格按说明书及安全操作规程进行操作；<br>⑤对机械设备的维护、保养，必须在停机状态下进行；<br>⑥加强对机械设备的维修保养，保持机械设备处于良好的技术状态，各种安全防护设施齐全可靠 |
| 4 | 触电伤害 | ①施工现场临时供用电工程施工修改调整完毕后，必须进行验收，合格后方可使用，特别是漏电保护器等关键装置；<br>②电工巡视、维修工作期间，必须正确佩戴和使用防护用品；隐患整改排除时必须 2 人及以上人员进行操作，做好监护工作；<br>③必须建立安全用岗位责任制，施工现场电工必须持特殊工种有效证件，严禁无证违章操作；<br>④在易燃、易爆区域和潮湿环境中进行设备检修时必须断开电源，并挂设警示牌，严禁带电作业；<br>⑤自备发电机组电源必须与其他电源相互闭锁，严禁并列运行 |
| 5 | 垂直运输伤害 | ①垂直运输作业前必须对相关人员进行安全技术交底。作业过程中有专人统一指挥，作业人员必须了解施工现场及吊装部位，严格执行施工方案；<br>②作业人员进入施工现场时必须遵守现场的有关安全规定。起重作业前，要根据施工方案要求划定危险作业区域，设置醒目的标志。设专人监护，防止无关人员进入；<br>③司机必须熟知该机（车）起重高度及幅度情况下的实际起重重量，并清楚机（车）中各装置正确使用，遵守操作规程和"十不吊"原则。严禁违章指挥，违章操作；<br>④起重机械设备不得靠近架空输电线路作业，起重机械设备及其起吊物的任何部位与架空输电导线的安全距离应满足要求。在露天有六级及以上大风、大雨、大雾等恶劣天气时，应停止起重吊装作业。大雨过后作业前，应先试吊，确认制动器灵敏可靠后方可进行作业 |
| 6 | 水平运输伤害 | ①制定有针对性的工程线行车运输技术规定和安全技术交底，对车辆停放线路的位置进行明确，并设防溜措施；<br>②定期检查车辆的制动装置，确保制动可靠；<br>③机车摘钩后，车辆必须按规定落实防溜措施； |

| 序号 | 惯性事故类别 | 防范措施 |
|---|---|---|
| 6 | 水平运输伤害 | ④对车辆停放期间必须进行复查，确认防溜措施是否设置妥当；<br>⑤车辆经过作业区域时，必须实行要点作业并做好安全防护；<br>⑥运输车辆必须符合安全管理规定；操作人员必须持证上岗；严禁违反操作规程作业；<br>⑦定期对车辆进行保养，每班对车辆刹车系统、转向系统等状况进行检查；<br>⑧进洞作业人员不得违规搭乘运输物料的车辆，配置专门的人车供工作及参观人员搭乘；<br>⑨加强洞内运输车辆的调度组织，确保安全作业 |
| 7 | 火灾 | ①在电气焊作业区域必须对作业现场的易燃物进行有效隔离，焊渣落点下方易燃物及时清理，对电加热焊接设备妥善放置；<br>②作业前必须检查作业区的消防器材，确保消防器材良好，制止作业人员吸烟、使用明火；<br>③技术交底中明确动火作业的措施，必须开具动火作业证，确保动火点周边无易燃物；<br>④动火作业必须有监护人员在岗盯控并配置合格有效的灭火器材 |
| 8 | 其他 | ①根据项目实际进行相应的应急演练，做到灾害来临之际人员疏散有序，防灾自救抢险工作组织及时；<br>②严格按设计施工，认真制定切实可行的施工方案，坚决杜绝不按设计施工、不按规范标准施工的行为；<br>③保证管理人员的足额配备，坚持所有工作面、所有重要工序都有监管人员旁站监督，做好工序验收；<br>④在江河、平原等可能遭遇恶劣天气的施工条件下，应建立与海事、气象部门的联系机制，特殊工点制定气象监测预警方案，设立现场气象观测点，及时掌握天气变化情况；<br>⑤应编制针对恶劣天气的应急预案并进行演练和人员培训，提高对恶劣和突发天气的预防和应对能力 |

##  7.2 穿越建筑物及管线风险防控及应急处理

### 7.2.1 风险分析

#### 1. 掘进机穿越建筑物及管线风险分级

周边环境与新建地铁结构的相对位置关系可用邻近关系度表述，并可分为邻近、较邻近和一般三类，建筑物及管线分类宜以周边环境对象的重要性和与新建轨道交通工程结构的相对位置关系为基本分级依据进行，具体宜以周边环境安全现状、新建工程与周边环境关系、地质条件、施工方法等进行风险分级（表7.2-1、表7.2-2）。

风险分级参照标准  表 7.2-1

| 建筑物及管线分级 | 建筑物及管线与拟建隧道邻近关系 | | |
|---|---|---|---|
| | 邻近 | 较邻近 | 一般 |
| 极重要 | 特级 | 特级 | 一级 |
| 重要 | 一级 | 一级 | 二级 |
| 较重要 | 二级 | 二级 | 三级 |
| 一般 | 三级 | 三级 | 三级 |

注：1. 邻近：隧道正上方 0.5D 范围内；隧道外侧 0.3D 范围内（D 为隧道直径）；
  2. 较邻近：隧道正上方 0.5D～1.0D 范围内；隧道外侧 0.3D～0.7D 范围内；
  3. 一般：隧道正上方 > 1.0D；隧道外侧 0.7D～1.0D 范围内。

风险分级条件  表 7.2-2

| 环境风险工程等级 | 建筑物 | 分级条件 | 备注 |
|---|---|---|---|
| 特级 | 下穿既有轨道交通、铁路、国家级保护文物古建等工程 | 环境条件极重要或复杂、环境保护要求高，风险发生后的后果影响严重 | |

续表

| 环境风险工程等级 | 建筑物 | 分级条件 | 备注 |
|---|---|---|---|
| 一级 | 下穿既有轨道交通附属结构和铁路附属设施，下穿重要的建筑物、桥梁、市政管线等工程；<br>上穿、邻近及连接既有轨道交通、铁路线路等工程 | 环境条件较重要或复杂、环境保护要求较高，风险发生后的后果影响较严重 | |
| 二级 | 下穿较重要的既有建筑物、桥梁、市政管线、市政道路的工程；<br>邻近重要的既有建筑物、桥梁、市政管线等工程 | 环境条件较次要或简单、环境保护要求一般，风险发生后的后果影响一般 | |
| 三级 | 下穿一般的既有建筑物、桥梁、市政管线、市政道路及其他市政基础设施的工程；<br>邻近一般的既有建筑物、重要市政道路的工程 | 环境条件较好或可忽略、环境保护要求小，风险发生后的后果影响小 | |

## 2. 建筑物及管线分类原则

建筑物及管线分类宜在周边环境调查和资料分析的基础上进行，可根据周边环境对象的类型、功能定位、使用性质、特征、规模等，分为极重要、重要、较重要和一般四级，分级参照标准见表 7.2-3。

分级参照标准　　　　　　　　　　　　　　　　表 7.2-3

| 等级 | 建筑物及管线名称 | 备注 |
|---|---|---|
| 极重要 | 既有轨道交通线、铁路；国家级保护文物古建；国家城市标志性建筑；机场跑道及停机坪等 | |
| 重要 | 市级保护文物古建；近代优秀建筑物，重要工业建筑物，10 层以上高层或超高层民用建筑物，重要地下构筑物；直径大于 0.6m 的煤气或天然气总管，市政热力干线，雨、污水管总管；交通节点的高架桥、立交桥主桥连续箱梁；城市快速路，高速路等 | |
| 较重要 | 较重要工业建筑物，7～9 层中高层民用建筑物，较重要地下构筑物；直径大于 0.6m 的自来水管总管；城市高架桥、立交桥主桥连续箱梁；城市主干路，次干路等 | |
| 一般 | 一般工业建筑物，1～3 层低层民用建筑物，4～6 层多层建筑物，一般地下构筑物；直径在 0.3～0.6m 之间的自来水管刚性支管，直径小于 0.3～0.6m 的自来水柔性支管，煤气或天然气支管，市政热力干线、户线，雨、污水管支管；立交桥主桥简支 T 梁、异形板，立交桥匝道桥，人行天桥；城市支路，人行道，广场等 | |

## 3. 建筑物的地基变形允许值

建筑物的地基变形允许值见表 7.2-4。

建筑物的地基变形允许值　　　　　　　　　　　　表 7.2-4

| 变形特征 | | 地基土类别 | |
|---|---|---|---|
| | | 中、低压缩性土 | 高压缩性土 |
| 砌体承重结构基础的局部倾斜 | | 0.002 | 0.003 |
| 工业与民用建筑相邻柱基的沉降差 | 框架结构 | 0.002l | 0.003l |
| | 砌体墙填充的边排柱 | 0.0007l | 0.001l |
| | 当基础不均匀沉降时不产生附加应力的结构 | 0.005l | 0.005l |
| 单层排架结构（柱距为 6m）柱基的沉降量（mm） | | （120） | 200 |
| 桥式吊车轨面的倾斜（按不调整轨道考虑） | 纵向 | 0.004 | |
| | 横向 | 0.003 | |

| 变形特征 | | 地基土类别 | |
|---|---|---|---|
| | | 中、低压缩性土 | 高压缩性土 |
| 多层和高层建筑的整体倾斜 | $H_g \leqslant 24$ | 0.004 | |
| | $24 < H_g \leqslant 60$ | 0.003 | |
| | $60 < H_g \leqslant 100$ | 0.0025 | |
| | $H_g > 100$ | 0.002 | |
| 体型简单的高层建筑基础的平均沉降量（mm） | | 200 | |
| 高耸结构基础的倾斜 | $H_g \leqslant 20$ | 0.008 | |
| | $20 < H_g \leqslant 50$ | 0.006 | |
| | $50 < H_g \leqslant 100$ | 0.005 | |
| | $100 < H_g \leqslant 150$ | 0.004 | |
| | $150 < H_g \leqslant 200$ | 0.003 | |
| | $200 < H_g \leqslant 250$ | 0.002 | |
| 高耸结构基础的沉降量（mm） | $H_g \leqslant 100$ | 400 | |
| | $100 < H_g \leqslant 200$ | 300 | |
| | $200 < H_g \leqslant 250$ | 200 | |

注：1. 本表数值为建筑物地基实际最终变形允许值；

2. 有括号者仅适用于中压缩性土；

3. $l$ 为相邻柱基的中心距离（mm）；$H_g$ 为自室外地面起算的建筑物高度（m）；

4. 倾斜指基础倾斜方向两端点的沉降差与其距离的比值；

5. 局部倾斜指砌体承重结构沿纵向 6～10m 内基础两点的沉降差与其距离的比值。

## 7.2.2 风险控制措施

掘进机穿越建筑物及管线技术措施主要分为洞内措施和洞外（地表）措施，其中洞内措施包括控制掘进参数，加强同步注浆、二次注浆以及深孔注浆等；洞外措施包括拆改、加固、隔离、支顶等，为彻底消除安全风险，优先考虑拆改措施。

### 1. 隔离法

可采用钻孔灌注桩、旋喷桩、搅拌桩、锚杆桩、深孔注浆等方法对建筑物进行隔离保护，减少掘进机隧道施工过程对既有建筑物影响，如掘进机侧穿桥桩过程中在桥桩与隧道之间打设一排隔离桩，可有效降低隧道施工对桥桩的影响（图 7.2-1）。

### 2. 加固法

由于掘进机设备的限制，很难从洞内对地层进行加固，当掘进机隧道近距离穿越建筑物、重要管线等设施，在已采取加强同步注浆、二次注浆等一般性施工措施后仍不能满足地层变形控制要求时，可提前对需要保护的设施周边地层进行加固，有效地降低掘进机施工对其产生的不利影响。如图 7.2-2 所示下穿轨道交通过程中进行注浆预加固，穿越过程中根据监控量测数据进行跟踪补偿注浆，

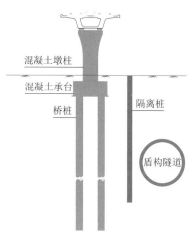

图 7.2-1　隔离桩施工示意图

控制地层损失，降低掘进机掘进对轨道交通的影响。

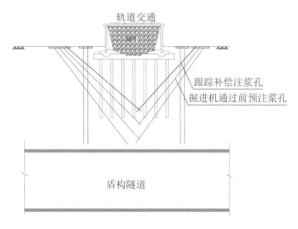

图 7.2-2　地表加固注浆示意图

### 3. 支顶加固

为防止掘进机下穿建筑物过程中，因地层沉降引起变形、损坏，在下穿前采用型钢、钢管等措施对建筑物进行支顶加固，加强建筑物抗变形能力，减少施工过程对建筑物影响。下穿完成后结合沉降观测数据对建筑物状况进行安全评估，确认安全后再拆除临时支顶加固措施。支顶形式见图 7.2-3。

图 7.2-3　支顶加固示意图

### 4. 设置试验段

在穿越重要建筑物前设置 50～100m 的掘进试验段，通过对掘进机掘进的仓内压力、掘进速度、刀盘转速、同步注浆等施工参数的监控量测数据以及各项试验数据（主要针对注浆浆液指标、泥水掘进机泥浆指标等）对比分析，总结出最优掘进参数，为后续掘进机施工提供依据，减少对周围环境的影响。

### 5. 穿越过程控制

（1）施工准备

在掘进机穿越前停机检查，进行刀具检查更换、掘进机及其配套设备维修保养，提前备好易损件，确保穿越期间掘进机工况良好，避免穿越期间异常停机或长时间停机。

（2）掘进参数控制

穿越掘进时严格按照试验段确定的参数施工，及时对环向间隙填充注浆，减少地层变形；使管片衬砌尽早支撑地层以抑制围岩松弛和塑性区的扩大。密切关注掘进机姿态、出渣量等施工数据，如有异常及时分析原因，制定措施。穿越期间及时反馈量测信息，根据量测结果及时调整施工参数。

（3）同步注浆及补充注浆

为了防止建筑物有害沉降的发生，应保证同步注浆、二次注浆质量。注浆的要点是同步、足量和及时，以便填充空隙，减少土体变形。同步注浆量一般为理论建筑空隙的130%～250%，但除了依据理论计算外，还应根据地面建筑物的隆沉状况和出渣情况及时加以调整。

（4）径向注浆

为减少掘进机通过后的土体应力释放带来的工后沉降，同时改善特殊地质下掘进机自身的纵向不均匀沉降，可采取管片外径向注浆的方式，在掘进机管片吊装孔（或其他部位）打设径向注浆管，对管片外部土体进行注浆加固，以加强管片与地层间整体性，改善管片结构受力状况。

（5）工后评估

对下穿过程的所有监测数据进行深入分析，结合工后调查成果，评估既有建筑物当前安全状态，确定是否需要进一步加固、修复。

### 7.2.3 应急处理措施

立即停止掘进机施工，疏散建筑物内和周边人员，对建筑物周边进行警戒，疏解交通，防止人员、车辆靠近。会同参建各方、产权单位、专家等部门共同分析原因，制定针对性处理措施：

1. 地面沉陷

（1）加强对周边的管线等环境风险工程的巡视，如有异常，应及时与产权单位联系，采取相关应急措施。

（2）从周边调集土石方或混凝土等材料对沉陷位置进行回填。

（3）加强对隧道内管片变形的监测，对邻近隧道，也应采取注浆等加固措施，必要时可采用洞内支撑等措施，确保隧道变形和位移在可控范围内。

2. 建筑物损坏

（1）采取洞内和地表的方式对建筑物进行注浆加固，注浆的同时及时对建筑物进行监测，根据监测情况调整注浆压力、注浆量、注浆工艺、注浆部位等参数，以主动控制其沉降和隆起。

（2）邀请相关专业单位，对受损建筑物进行加固和修缮，尽可能地恢复建筑物原貌，达到建筑物受损前的质量和安全标准。

### 3. 交通设施损坏

（1）既有轨道交通变形过大：会同运营部门召开专家会对原因进行分析，并制定针对性措施，对既有轨道交通进行结构加固和修补，加强监测频率，优化盾构施工参数。

（2）桥梁变形过大：限制过往桥梁车辆的数量、速度和吨位，必要时封闭交通。现场条件允许情况下，对桥梁采取支顶加固。

### 4. 管线损坏

（1）联系管线产权部门，关闭受损管线闸阀，开挖并暴露管线，对其进行修复或保护。

（2）根据管线监测情况，及时调整掘进机施工参数，如控制推进速度、土仓压力、同步注浆压力和注浆量、出土量、刀盘扭矩和总推力等。

（3）根据管线及周边地面状况，在管线与隧道之间或管线（箱涵）底部基础采取隔离桩、树根桩或注浆加固等隔断，减小掘进机施工对其的影响。

## ✿ 7.3　掘进机开仓风险防控及应急处理

### 7.3.1　掘进机开仓方式的分类及定义

#### 1. 掘进机开仓定义

（1）常压开仓是基于地层稳定时直接开仓或通过对不稳定地层进行加固后达到稳定要求的间接开仓。常压开仓适用于地层稳定性符合要求的地层。

（2）带压开仓是把掘进机的泥水（土）仓看作一个压力容器，通过向其内输入压缩空气，使仓内气压、泥水压力大于原水土压来平衡开挖面的土压力而进行的掘进机开仓。带压开仓适用于各种地层，特别是针对自稳能力差和富水地层，地层气密性良好或加固后气密性满足条件的地层。一般适用于环境压力在 3.6bar 以下的开仓。

（3）饱和带压进仓是指作业人员在高气压环境中，持续逗留（"居住"）24h 以上，致使呼吸气体（如氦氧混合气）中的惰性气体在机体各类组织中达到完全饱和状态。其减压时间不会因带压时间延长而增加。饱和带压技术复杂、施工组织难度大、代价高，一般适用于环境压力在 3.6bar 以上的开仓。

#### 2. 掘进机开仓方式

按照开仓原因可将掘进机开仓分为主动开仓和被动开仓两大类。主动开仓是主动计划进行掘进机刀具检查和更换而进行的开仓；被动开仓是因不可预见事件需要处理而必须进行的开仓，例如进行泥饼处理、孤石、不明障碍物（钢柱、混凝土柱）和硬岩等处理及刀盘刀具磨损严重时的检查更换而被迫进行的开仓。

按照掘进机类型，可将掘进机开仓分为土压平衡盾构开仓和泥水平衡盾构开仓两类。土压平衡盾构开仓和泥水平衡盾构开仓，又可以分别分为常压开仓和带压开仓。土压平衡盾构常压开仓可分为地层稳定时直接开仓和不稳定地层中对土体进行加固后开仓；泥水平衡盾构常压开仓包括在稳定地层直接进行开仓和在刀盘辐条仓或中心锥内使用常压开仓装置进行常压开仓；泥水平衡盾构带压开仓包括常规压缩空气开仓、饱和气体法开仓。具体开仓方式见图 7.3-1。

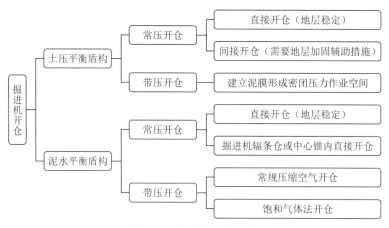

图 7.3-1　掘进机开仓方式

开仓停机位置选择地层自稳性强、天然含水率小的地段，避开地表存在建筑物、管线及其他风险源位置。因特殊原因开仓停机位置地层条件差，地表存在建筑物的情况下，需对不稳定地层、建筑物进行加固后进行开仓作业。

**3. 常压进仓作业流程**

常压进仓作业流程见图 7.3-2。

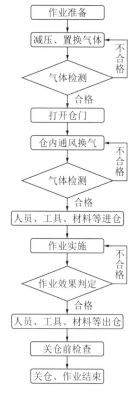

图 7.3-2　常压进仓作业流程图

**4. 作业内容及要求**

常压进仓作业内容及要求见表 7.3-1。

作业内容及要求　　　　　　　　　　　　　　　表 7.3-1

| 序号 | 作业环节 | 内容 | 要求 |
|---|---|---|---|
| 1 | 作业准备 | 履行人员、设备、材料、工程条件、后勤保障相关工作 | 确认相关准备工作已完成，作业过程中实时对地表沉降情况进行监测 |
| 2 | 减压 | 将开挖仓内压力降为常压 | 气压调节值不宜过大，单次调节压力不应大于 0.2bar |
| 3 | 气体检测 | 减压过程中对仓内排出气体进行检测 | 对易燃易爆、有毒有害气体进行检测 |
| 4 | 打开仓门 | 作业准备完成履行开仓程序 | 打开平衡阀确保仓内外压力平衡下开启仓门 |
| 5 | 仓内通风 | 仓门打开后采用鼓风机对仓内气体置换 | 置换通风时间不少于 10min |
| 6 | 气体检测、掌子面稳定情况判定 | 由检查人员进入仓内对气体成分进行检测，对掌子面情况进行判定 | 对易燃易爆、有毒有害气体进行检测，如超标应继续进行置换通风直至合格，作业过程中实时对仓内气体进行监测。对掌子面流水情况及盾壳后方流水情况进行实时观察，如有异常情况及时通知并要求人员撤至安全地点，采取处理措施 |
| 7 | 作业人员、工具、工装、材料进仓 | 气体成分合格、掌子面稳定情况下，进行工具、工装、材料等倒运进仓 | 对倒运进仓内的工具、工装、材料的数量进行记录 |
| 8 | 作业实施 | 根据方案、交底内容实施作业 | 作业人员履行进仓签字确认程序后，按照方案、交底中明确的作业内容、作业流程、作业标准实施作业 |
| 9 | 作业效果判定 | 由检查人员按照方案和交底内容对工作效果进行判定 | 检查人员按照作业的目的和标准对换刀点位、螺栓紧固效果、焊缝质量、障碍物处理等作业工作效果进行检查确认，如未达到作业预期效果应继续履行作业实施工作 |
| 10 | 清仓、关闭仓门 | 作业人员清仓并关闭仓门 | 作业人员进仓对仓内工具、工装、材料进行清点核对并携带出仓，同时按照交底要求关闭仓门，人员出仓后，做好恢复掘进准备 |

## 7.3.2　掘进机带压进仓作业风险控制技术措施

### 1. 带压进仓作业流程

带压进仓作业流程见图 7.3-3。

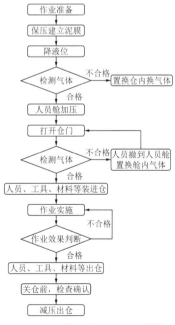

图 7.3-3　带压进仓作业流程图

## 2. 作业内容及要求

带压进仓作业内容及要求见表7.3-2。

作业内容及要求

表7.3-2

| 序号 | 作业环节 | 内容 | 要求 |
|---|---|---|---|
| 1 | 作业准备 | 履行人员、设备、材料、工程条件、后勤保障相关工作 | 焊接、切割相关设备及管线连接至预留接口，确认相关准备工作已完成，作业过程中实时地对地表沉降情况进行监测。建立泥膜，并对泥膜质量进行初步判定 |
| 2 | 置换空气 | 对仓内气体进行置换 | 对仓内气体成分进行检测，如$CO$、$CO_2$、$CH_4$、$H_2S$等有害气体含量超标，应继续进行通风置换直至合格 |
| 3 | 检查人员进仓 | 检查人员对刀具刀盘等异常情况进行检查 | 打开仓门、人员舱加压应由专业操仓人员按照国家标准进行操作。打开仓门后，由安全员对仓内气体进行检测，如检测不合格，应关闭仓门，检查人员出仓并置换仓内空气。检测合格后，由检查人员对刀盘、刀具磨损情况进行检查并记录，并对掌子面稳定情况、泥膜建立情况进行检查，如不符合进仓作业需求，应关闭仓门，检查人员出仓，并对泥膜进行重建。检查人员在压力环境下的作业时间应符合国家标准规定 |
| 4 | 检查人员出仓 | 人员出仓交底 | 人员舱减压应由专业操仓人员按照国家标准进行操作。检查人员检查完成后，将自身携带的检查工具、设备、记录表带出仓外，由机电工程师对更换刀具的位置及数量对作业人员进行交底，由土木工程师及安全员将仓内作业注意事项向作业人员进行交底 |
| 5 | 作业人员、材料、工具进仓 | 作业人员、材料、工具进仓 | 作业人员应对材料、工具进行核对并转运至人员舱。作业人员应履行进仓签字确认程序。人员舱加压应由专业操仓人员按照国家标准进行操作 |
| 6 | 作业空间设置 | 焊接、切割空间建立 | 结合刀盘受损部位及掌子面稳定性评估报告，确定作业空间位置。如需洞室开挖，根据专项方案实施 |
| 7 | 作业实施 | 根据方案、交底内容实施作业 | 作业人员穿戴好个人防护用品，对焊接、切割设备进行清点和管线连接。按照方案、交底中明确的作业内容、作业流程、作业标准实施作业。作业过程中，实时关注掌子面稳定情况，进排气流量和有毒有害气体检测情况，存在异常情况，应停止作业，立即出仓。作业人员在压力环境下的工作时间应符合国家标准规定 |
| 8 | 作业人员出仓 | 作业人员出仓 | 人员舱减压应由专业操仓人员按照国家标准进行操作。作业人员拆除相应管线，并将材料、工具携带出仓。减压出仓期间，应将本仓工作完成情况及时向仓外人员进行反馈，以便提前对下仓作业内容进行调整和安排。作业人员出仓后，应做好与下仓作业人员交接工作 |
| 9 | 作业效果判定 | 由机电工程师按照方案和交底内容对工作效果进行判定 | 检查人员按照作业的目的和标准对焊接质量、螺栓紧固效果、障碍物处理等作业效果进行检查确认，如未达到作业预期效果应继续履行实施工作 |
| 10 | 清仓、关闭仓门 | 作业人员清仓并关闭仓门 | 作业人员进仓对仓内工具、工装、材料进行清点核对并携带出仓，同时按照交底要求关闭仓门，人员出仓后，拆除焊接、切割设备及相应管线，将相关配套设备材料运至洞外，做好恢复掘进准备 |

## 3. 关键工序作业要点

（1）建立泥膜

①泥水平衡盾构：根据要求确定高黏度泥浆配比、方量，高黏度泥浆配置完成后，通过注浆泵注入至开挖仓，同步对开挖仓内的浆液进行置换。置换过程中应使仓内压力高于工作压力0.02~0.05MPa（或1.1~1.3倍工作压力），保证泥膜质量。

②土压平衡盾构：将配置好的膨润土通过注浆泵注入至开挖仓内，同步对开挖仓内的渣土进行置换。置换过程中应使仓内压力高于工作压力0.02~0.05MPa（或1.1~1.3倍工作压力），保证泥膜质量。

③高黏度泥浆或膨润土置换完成后，应缓慢转动刀盘进行搅拌，然后静置泥浆并适当

提高开挖仓压力使浆液均匀渗透掌子面，建立泥膜。达到保压时间后，根据要求降低开挖仓内渣土或泥浆高度。根据仓内压力、补气量、气垫仓内液位变化情况对泥膜质量进行初步判定。高黏度泥浆、膨润土配比参考如下：拌制的高黏度泥浆黏度控制在 90～100s，密度为 1.05g/cm³，泥浆置换后刀盘仓的泥水黏度不应小于 40s，密度控制在 1.15～1.20g/cm³。中盾、盾尾注入的高浓度泥浆要求：泥浆密度控制在 1.3g/cm³ 以上。泥膜施工工艺流程见图 7.3-4。

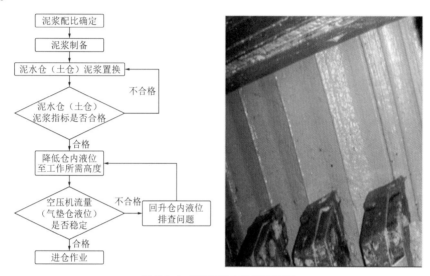

图 7.3-4　泥膜施工工艺流程图

（2）加、减压

①根据作业压力高低和时间长短，减压过程中涉及的第一停留压力及减压速率、其他停留压力及停留时间应参考《盾构法开仓及气压作业技术规范》CJJ 217—2014、《空气潜水减压技术要求》GB/T 12521—2008。

②应对减压出仓的人员身体状况进行监控，发现异常立即送医。

③应匀速加压，加压速率应不对作业人员造成压力伤害为宜，实时与仓内人员保持联系，如发现有作业人员出现异常症状，应立即停止加压，采取应急减压操作程序，人员出仓后应由专职医生对其身体状况进行检查。

（3）开仓门

开仓门前应先打开仓室之间的平衡阀，待压力平衡后，开启仓门。拆卸、紧固螺栓应采取对称方式，开启过程中注意保护仓门密封。

（4）掌子面稳定情况判定

仓门打开后，由检查人员对掌子面稳定情况、泥膜质量进行检查和评定，如有异常情况应关闭仓门，人员出仓后重新建立泥膜，直至泥膜合格，作业人员方能进仓作业。作业实施过程中，应实时对掌子面稳定情况进行监控。

4. 作业实施

（1）刀具检查和更换

①对刀盘上配置的刀具进行检查，对损坏的刀具需要进行更换，检查人员应填写刀具

检查记录表，并交底给作业人员。

②刀具更换前，应将刀盘转动以便于刀具更换。换刀前应对刀具周边进行清理，利用工具和工装对刀具进行拆除。安装新刀具前，应对刀箱进行检查和清洁，对螺栓进行检查紧固，紧固参数按照技术交底要求执行。

③换刀后应及时将更换下的刀具、螺栓等转运至仓外，避免遗落仓内。

（2）带压动火作业

①作业空间建立

刀盘修复所需的作业空间的形成主要有以下方法：一是对于计划性停机，结合地表加固方法进行事先的空间预留；二是对于随机性停机及未事先进行空间预留的计划性停机，空间的形成主要通过停机后人员带压进仓人工凿除实现。结合刀盘受损部位及掌子面稳定性评估报告，确定作业空间位置（图 7.3-5）。如需要洞室开挖，应编写专项施工方案，对洞室开挖部位进行地层加固（膨润土置换、冷冻法及地面加固等），以实现掌子面地层的稳定。

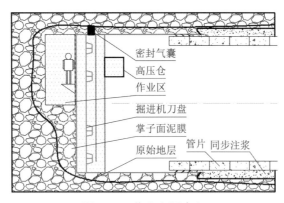

图 7.3-5　作业空间建立

②动火作业

替换件制备：机械工程师根据刀盘磨损情况，绘制替换件图纸，根据图纸加工替换件。替换件的材质应与刀盘本体材质一致。替换件制备要求结合焊接工艺，必要时进行替换件模拟安装，保障能够在操作空间内焊接作业的顺利实施。

结合焊接、切割过程中产生的废气量及仓内环境，控制好废气排放阀的开闭量，必要时暂停作业。仓内焊接及仓内气体实时检测见图 7.3-6。

图 7.3-6　仓内焊接及仓内气体实时检测

（3）障碍物处理

①针对桩基侵入、孤石、掉落刀具等障碍物处理应提前制定处置方案。

②处理完成后方可恢复掘进，掘进过程中应关注掘进参数变化及出渣情况。

5. 作业效果判定

①由检查人员对刀具更换数量、位置、螺栓复紧情况进行复核。

②按照处置方案对障碍物处置情况进行复查。

③按照方案对焊接、切割维修质量进行检查。

6. 仓门关闭

作业处理完毕后对开挖仓及刀盘进行全面检查，避免工具、材料等遗漏在开挖仓内。确认后关闭所有预留接口、阀门至恢复掘进状态，人员出仓，关闭仓门，拆除相应设备及管线。

### 7.3.3　饱和带压进仓风险控制技术措施

1. 饱和带压进仓作业流程

饱和带压进仓作业流程见图 7.3-7。

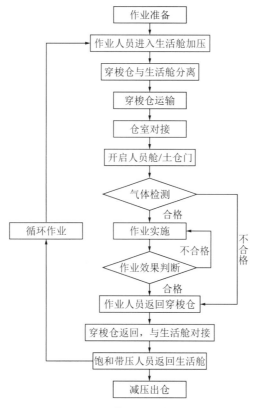

图 7.3-7　饱和带压进仓作业流程图

2. 作业内容及要求

作业内容及要求见表 7.3-3。

作业内容及要求 表 7.3-3

| 序号 | 作业环节 | 内容 | 要求 |
|---|---|---|---|
| 1 | 作业准备 | 履行人员、设备、材料、工程条件、后勤保障相关工作 | 确认相关准备工作已完成,作业过程中实时对地表沉降情况进行监测,进行泥膜建立,对泥膜形成质量进行初步判定。对仓内气体进行置换,对仓内排出的气体成分进行检测,如 CO、$CO_2$、$CH_4$、$H_2S$ 等有毒有害、易燃易爆气体含量超标,应继续进行置换通风直至合格 |
| 2 | 作业人员进入生活舱 | 人员进入生活舱,对生活舱和穿梭仓加压 | 完成生活舱与穿梭仓对接,人员进仓前履行签认程序,由生命系统支持人员按照制定的加压方案对生活舱和穿梭仓加压,加压过程中对作业人员身体状况实时观察 |
| 3 | 穿梭仓与生活舱分离 | 人员进入穿梭仓,实施穿梭仓与生活舱分离 | 人员进入穿梭仓后对穿梭仓进行检查,按操作要求对仓门实施关闭,通道减压后分离 |
| 4 | 穿梭仓运输 | 实施穿梭仓由地面运输到隧道内与盾构机人员舱进行对接 | 穿梭仓垂直和水平运输过程中应保持平衡,并做好生命保障系统的监控 |
| 5 | 仓室对接 | 穿梭仓与人员舱进行对接 | 对接前应对仓门法兰进行清洗,密封进行检查。对接完成后,确保锁紧装置锁紧。作业人员按照要求开启仓门进行气体检测。如气体成分含量超标,作业人员应关闭仓门返回穿梭仓 |
| 6 | 饱和带压人员进仓作业 | 按照方案、交底实施作业 | 作业人员按照方案、交底中明确的作业内容、流程、作业标准实施作业。作业过程中,实时关注子面稳定情况和有毒有害气体检测情况,存在异常情况,应停止作业,立即出仓。作业人员在压力环境下的工作时间应符合国家标准规定。作业过程中应注意"脐带"的收放,防止遭到破坏;生命支持人员应观察带压作业人员呼吸气压力、仓内压力变化、气体储存情况、接受饱和带压作业人员信息、做好应急救援准备等 |
| 7 | 作业效果判定 | 由检查人员按照方案和交底内容对工作效果进行判定 | 检查人员按照作业的目的和标准对换刀点位、螺栓紧固效果、障碍物处理等作业效果进行检查,如未达到作业预期效果应继续实施 |
| 8 | 作业人员返回穿梭仓 | 当班工作结束后,人员返回穿梭仓 | 清点作业工具,按要求关闭仓门,人员返回穿梭仓,实施穿梭仓分离 |
| 9 | 穿梭仓返回,与生活舱对接 | 运输到地面,实施与生活舱对接 | 与生活舱对接前应对穿梭仓内气体成分、含量进行检测,并采取气体置换方式进行校正,气体指标与生活舱一致后实施对接 |
| 10 | 作业人员返回生活舱 | 返回生活舱 | 作业人员应做好工作交接,进行循环作业 |
| 11 | 减压、出仓 | 生活舱减压、人员出仓 | 按照既定的减压方案和要求进行减压,并做好出仓后的人员身体状况监控 |

### 3. 关键工序作业要点

（1）建立泥膜

同 7.3.2 掘进机带压进仓作业风险控制技术措施相关要求。

（2）仓室加压

①氧分压配置

a. 允许加压到达预计饱和压力时仓室氧分压超过 40kPa,但应控制在依靠仓内饱和带压人员经 12h 呼吸能降到 40kPa 的范围内。

b. 饱和带压加压应分为两个阶段,第一阶段采用富氧氦氧混合气加压,第二阶段采用贫氧混合气（可以采用氧浓度为 2%的氦氧混合气）加压。

②加压速度

a. 采用富氧氦氧混合气完成第一阶段加压,加压速度不大于 0.1bar/min。

b. 完成第一阶段加压后，停留检查仓室密封情况、呼吸面罩供气状况。如有异常，应将仓室减至常压。

（3）仓室对接

①生命系统支持人员对工作面作业装备如：头罩、脐带等进行检查，确保完好。

②按照作业队长指令，穿梭仓与人员舱对接，并锁紧连接通道锁紧装置。

③对接完成后，对人员舱及连接通道进行加压并检查掘进机人员舱密封性，压力到达饱和带压压力。

④待人员舱压力稳定后，作业人员进入人员舱，开始利用头罩进行呼吸。

⑤关闭穿梭仓仓门及人员舱舱门，由生命支持人员对连接通道卸压到常压状态。

（4）进仓作业

同 7.3.2 掘进机带压进仓作业风险控制技术措施相关要求。

（5）生活舱减压出仓

①饱和带压作业完成后或达到减压表规定的作业周期（原则上 28d），通过生活舱减压出舱。

②减压速率的制定可参考表 7.3-4。

减压速率参考　　　　　　　　　　　　　　　　表 7.3-4

| 饱和压力（bar） | 每降 0.05bar | | 最大减压速率 | |
| --- | --- | --- | --- | --- |
| | 所需时间（min） | 仓内氧气含 | bar/h | bar/24h |
| 18～6 | 20 | 500mb + 30mb | 0.15 | 2.70 |
| 6～3 | 25 | 500mb + 30mb | 0.12 | 2.16 |
| 3～1.5 | 30 | 500mb + 30mb | 0.1 | 1.80 |
| 1.5～0 | 40 | 22%（21%～23%） | 0.075 | 1.35 |

注：1bar = 100kPa

### 7.3.4　开仓过程应急处理

（1）渗水：根据水的混浊程度、颜色、流量等判断引起掌子面塌方、地表塌陷的风险等级；根据渗水量大小，适当提高仓内气压力，必要时采取排水和封堵措施；应设定警戒流量值，水流量超出警戒值，应及时停止进仓作业，安排作业人员出仓；应采取必要的应急处理措施。

（2）塌方：作业期间应设置地表沉降的警戒值；沉降超过警戒值后，应组织作业人员停止作业并出仓，关闭仓门，建立仓内压力，适当提高开挖仓顶部压力，维护土体稳定；对地表沉降位置采取应急处理措施。

（3）触电：作业前应检查人舱内照明电源线的电压等级，必须为不高于 24V 的安全电压；作业过程中应使用低压防爆灯，现场管线应做好防护。进仓作业前检查电缆，电缆破损老化及时进行更换。

（4）中毒：作业前及过程中应对仓内气体进行实时检测，采取通风措施。

（5）摔伤砸伤：作业前应有技术交底或指导书，作业人员应严格按照交底或指导书进行操作；作业前应对吊装机具和装置进行验收检查，并对临时吊点进行试吊；作业人员应正确佩戴劳保防护用品。

（6）火灾：禁止任何电路地线接在高压电路上，以防由于电火花而引起的爆炸；进仓人员衣服宜用全棉织品，不准穿用化纤织品及皮毛衣物，以防摩擦而产生静电火花；进仓人员严禁携带打火机等易燃易爆品，作业现场严禁吸烟；作业前应调试好人员舱的雨淋灭火系统，并备好水和砂，仓内一旦发生火灾，立即用水、砂进行灭火，严禁用二氧化碳灭火器；作业前应进行充分的通风，经气体检测符合要求后再进仓作业；作业过程中应时刻监测仓内气体成分，并保持气体通风置换。

（7）压力失控：设备、管路故障造成压力失控，人员紧急撤到安全区域。调压模式由自动调到手动，启用备用控制系统；隔离故障管路，打开旁通阀启用备用管路；带压作业环境突变，仓内压力失控，人员紧急撤到安全区域。紧急恢复仓内压力，保证掌子面稳定，防止发生塌方等意外事件。人员出仓后，应进行全面体检，保证人员身体安全。

（8）气体成分失控：有害气体监测报警后，人员紧急撤离，佩戴氧气面罩，关闭仓门，加强通风。分析有害气体成分和来源，采取相应处理措施。

（9）焊接缺陷：焊接作业结束之后，需对焊缝进行无损检测渗透探伤（PT），若发现焊接部位存在裂纹，气孔、夹渣、变形等现象则需刨开焊接部位逐层进行PT探伤，直至无裂纹、气孔、夹渣、变形等现象出现，然后需再次进仓进行重新焊接。为防止焊接缺陷产生，应选择适合的焊接工艺参数和施焊程序。

（10）职业病

①减压病

在温暖的室内休息半小时以上，以促进血液循环，使体内多余的氮加速排出；按照专业医生制定的减压病医治方案进行治疗，配合氧气治疗。

②氧中毒

在通过面罩吸氧的仓内，迅速摘除面罩，呼吸仓内压缩空气，并按空气常规减压；在纯氧仓内，先用压缩空气进行通风，降低仓内氧分压，然后逐渐减压出仓；人员出仓后紧急送往指定医院进行专业救治。

③氮麻醉

作业期间人员如出现氮麻醉症状，应立即进行吸氧处置，加强通风置换仓内空气，必要时减压出仓。

## 7.4　螺旋输送机喷涌应急处理措施

掘进机喷涌是指掘进机掘进时渣水混合物从螺旋机出土口喷或涌出的现象。它一般在掘进机穿越地下水丰富、水压较大的砂卵石地层、软硬岩分界面和裂隙发育地层时比较容易发生。由于开挖面上的水压力过高，加之开挖下来的渣土本身不具备止水性，正常的螺旋排土器取土、排土方式已经难以将土体中的水体和土体一起排出掘进机。喷涌往往会引起土仓压力波动较大，从而导致地面沉降、塌陷事故发生，而且喷涌出的渣水混合物易撒落在盾尾，清理非常麻烦，严重影响掘进机掘进的连续性和效率。

### 7.4.1　因素分析

掘进机在松散的富水地层、富水断层带中掘进时，由于地层富水、盾体后方来水（下坡段）、掘进速度慢、改良剂改良渣土效果较差（硬岩段渣土主要为石头）等多种因素综合作用，部分砂层及夹砂层由于没有足够的黏土物质，地下水与进入密封仓内的固体物质不能混合在一体，在密封仓内形成水是水，渣是渣的状态。出现了螺旋机喷涌的现象，造成土压难以控制，有地表沉降的风险；同时喷涌造成大量渣土洒落在隧道内，停机清渣耗时较长，进一步增加了掘进机掘进时的风险。

根据相关经验数据及其施工经验形成喷涌的临界条件：

（1）基本不发生喷涌：水压力$P < 10$kPa，排土口水流量$Q < 3$cm$^3$/s；

（2）一般喷涌：水压力$P \geqslant 10$kPa，排土口水流量$Q \geqslant 3$cm$^3$/s；

（3）严重喷涌：水压力$P \geqslant 20$kPa，排土口水流量$Q \geqslant 4$cm$^3$/s。

### 7.4.2　治理方法

螺旋机喷涌一般从渣土改良、优化出渣系统等方面进行研究。

#### 1. 渣土改良

（1）克泥效工法

克泥效是由合成纳基黏土矿物、纤维素衍生剂、胶体稳定剂和分散剂构成，呈粉末状，将高浓度的泥水材料与水玻璃两种液体按照 20∶1 的比例混合注入盾体四周，旨在形成泥膜，使渣土具有一定的可塑性，稳定开挖面，从而改善喷涌，控制土仓含水量，如图 7.4-1 所示。

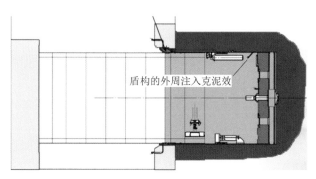

图 7.4-1　克泥效工法示意图

（2）"膨润土 + 泡沫"改良

膨润土作为常用的渣土改良剂，与水、泥、砂等细屑碎物质结合有一定的粘接性，泡沫中的活性剂分子可吸附在土颗粒表面，填充到土颗粒间空隙中，并在压力作用下稳定存在，起到降低渗透性、减小摩擦角的作用。通过持续不断地注入高浓度膨润土，控制黏度，泡沫选用高发泡率、低流量的模式，使单位时间内泡沫体积变大，更好地充填土仓，抑制地下水涌入刀盘。

（3）通过管片背后进行双液注浆，以便尽快封堵隧道背后的汇水通道。

### 2. 设备设计

掘进机设计时，针对易喷涌地层采用双螺旋输送机出渣，在两道闸口间预留保压泵接口，在发作喷涌时敏捷封闭闸口，打开接口法兰接保压泵排渣。通过调整掘进机设备桥附近斜坡段皮带机的角度，减小爬升坡度并延长爬升段皮带机的长度，能够有效提高皮带机携带渣土的能力，减少爬升段渣土漏渣等情况，提高掘进效率。

## 7.4.3 处理措施

（1）盾尾拖出管片 5 环后及时组织二次注浆，封注止水环，阻挡后方来水。

（2）选用泥岩型的泡沫剂，修改泡沫参数：原液比例 3%～5%；膨胀率 3%～8%；泡沫流量 30～50L/min。

（3）用挤压泵或二次注浆泵向土仓注入悬浮液或聚丙烯酰胺，确保喷涌能利用闸门控制时便停止注入。

（4）加长加宽皮带挡泥压板，加高从动轮上方挡泥钢板，封闭螺旋机出渣口与皮带两侧的空隙，防止喷涌的泥浆洒落在隧道内，造成清渣工期延长。

（5）喷涌时正转螺旋机至 0～1r/min，防止螺旋机长时间不旋转被石子卡死，或大直径石头在土仓堆积。正常出渣时，将下闸门打开至 300mm，小幅度（0～300mm）开关上闸门进行间断性喷涌出渣。当有大颗粒卡住上闸门无法关闭时，立即关闭下闸门停止出渣，后将上闸门打开让大颗粒掉落至上下闸门中间，再关闭上闸门，打开下闸门将大颗粒放出，回到正常出渣操作方式，如图 7.4-2 所示。

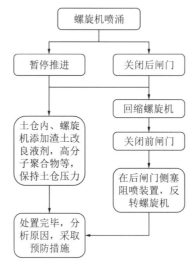

图 7.4-2　螺旋机喷涌应急抢险处理流程

## 7.4.4 现场掘进工程应急处理

针对螺旋机喷涌问题，以萝水区间三模掘进机为例进行现场应急处理。萝水区间左线全断面硬岩段掘进机掘进，地层含水量大、掘进时存在喷涌、皮带漏泥严重等情况（图 7.4-3）。

图 7.4-3　喷涌漏渣

螺旋机喷涌时掘进机掘进参数如图 7.4-4 所示，土仓压力显著下降，由 4.0bar 下降至 1.7bar。

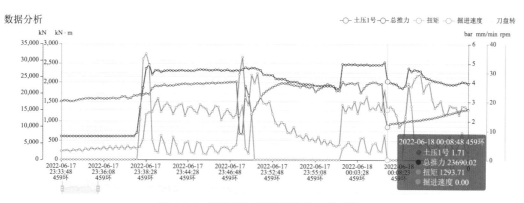

图 7.4-4　螺旋机喷涌时掘进机掘进参数

解决措施：

（1）掘进前通过螺旋机和土仓壁球阀进行排水，将土仓内渣位尽量降到最低；

（2）脱出盾尾的 6～7 环管片进行二次注浆施作止水环箍，隔断管片后部来水流向土仓；

（3）提升掘进机司机的操作技术，通过闸门开合以及螺旋机转速控制出渣量，尽可能避免渣土喷涌导致漏泥；

（4）加强渣土改良，采用高分子聚合物等材料辅助渣土改良。

## ✦ 7.5　刀盘结泥饼处理措施

在盾构模式掘进时，刀盘切削下来的细小颗粒在仓内重新凝聚、堆积硬化，附着在刀盘及土仓内壁上的块状体。

### 1. 泥饼生成过程

刀盘中心区为泥饼最开始出现的地方，由于中心区的渣土流动性差，容易堆积。刀盘挖掘过程中，堆积的渣土会阻挡中心区进土，导致推力变大。在大推力作用下，渣土会被压得更加紧固，最后在中心刀及中心开口前方形成泥饼。中心区形成泥饼后，渣土不能从中心开口进入土仓，掘进时中心区前方渣土被压紧，与中心区泥饼相互摩擦，导致温度急剧上升，高温高压对硬结泥饼生成有促成作用，形成烧砖效应。如不能避免此种情况，会形成泥饼扩散—硬化—扩散的恶性循环，泥饼将由中心区向四周扩散，最终糊死整个刀盘。

**2. 泥饼的影响**

（1）泥饼的存在会使刀盘开挖掌子面的能力降低，掘进速度慢，影响施工进度，导致地表沉降或隆起，严重时导致刀盘失去开挖能力，无法掘进。

（2）容积变小后出现喷涌现象，土压难以控制，导致地表沉降。

（3）机具在高温高压情况下损耗大，刀盘及刀具磨损加剧，且高温通过土仓壁和液压循环系统向后备套传递，对液压系统和施工环境造成恶劣影响。

**3. 泥饼防治及应对措施**

（1）渣土粘结的应对措施：

①渣土改良差导致渣土堆积：优化渣土改良，保证螺旋机排土流畅，渣土掉落渣斗无堆积现象。

②土仓气密差导致渣土堆积：检查土仓漏气点，关闭漏气阀门。

③地层气密差导致渣土堆积。加大泡沫气流量或通过土仓壁向土仓内注入压缩空气保持气压平衡。适当加大泡沫混合液及水的注入量，使螺旋机达到可控喷涌，此时仓内渣土非常稀，堆积可能性较低。掘进时向土仓内注入高黏稠度膨润土对地层间隙进行填充。对地层进行注浆加固。搅拌不均匀导致渣土堆积：掘进时每掘1~2斗，更换1次刀盘转向，或进仓检查刀盘搅拌棒是否正常。

（2）土仓温度高（渣温40℃以上），加剧泥饼生成，其应对措施：

①冷却系统故障导致温度高：冷却系统故障时，应停止掘进，并处理故障。

②刀盘已结泥饼摩擦温度高：适当加大泡沫及水的注入量进行降温，使螺旋机达到可控喷涌；消除已凝结的泥饼。

③硬岩段长时间掘进温度高：优化渣土改良，在沉降可控情况下降低土仓内渣土高度（1/3~2/3）；适当增加泡沫及膨润土注入量，使螺旋机达到可控喷涌；及时更换磨损刀具，确保刀具破岩效率。

（3）浆液串仓应对措施：

①同步浆液串仓：避免超挖而使盾尾至刀盘的通道变大；且在沉降可控的情况下控制注浆压力不高于0.5MPa。

②二次浆液串仓：洞内二次注浆点应选择管片拖出管片后5环以上，且将钻孔深度钻至管片外1.5m以上。注浆时注意土仓压力，一旦发生串仓立即停止注浆，并定时转动刀盘，防止浆液局部凝固。

③避免注入其他凝结剂：如水玻璃、聚合物等。

（4）管理不到位，冒失掘进，导致泥饼生成，其应对措施：

根据渣土改良系统应制定合理的掘进速度，过高的掘进速度会导致部分渣土改良差，在试掘进阶段应注意观察掘进机在当前地层的改良状况。在渣土改良系统出现堵塞或故障时，不可掘进。发现泥饼生成后，应先消除泥饼后再正常掘进。

①出渣变化：螺旋机排渣较稀时，其中含有较大块的块状渣土，取样发现渣土内部是干的，此时泥饼已经开始凝结，应优化渣土改良。

②渣温变化：至少 5 环测量一次螺旋机出渣口渣土温度，达到 35℃以上时应警觉，达到 40℃以上时应采取降温措施，防止高温加剧泥饼生成。

③掘进参数变化：泥饼凝结后，开口率变小，刀盘一部分开口被糊死，进渣速率不一样，导致参数发生变化，总推力变大；增加总推力后速度能提升至正常值，但扭矩会提升超过正常值，且速度忽高忽低，搅拌扭矩变大。此时应优化渣土改良，消除泥饼。

如不能及时消除泥饼，泥饼越来越多，刀盘开口越来越小，会使参数发生以下变化：掘进速度越来越低，搅拌扭矩、切削扭矩越来越大，且保持正常掘进速度的情况下扭矩非常大甚至达到最大扭矩。过低的速度会导致超挖沉降；保持正常速度需要很大的总推力，而刀盘进土不畅，过大的推力会导致欠挖隆起，此时应停止掘进，消除泥饼。

## 7.6　硬岩地层螺旋机磨损应急处理

三模掘进机掘进过程中采用螺旋输送机排渣，往往会造成螺旋机磨损，以广州地铁萝水区间为例进行说明。

### 1. 螺旋机磨损状况

2022 年 5 月 24 日，萝水区间右线三模掘进机掘进 401 环过程中，所处地层为⑨$_H$微风化花岗岩。螺旋机排查异常，无法正常出渣，停机检查发现刀具无偏磨、螺旋机口未发现渣土成拱现象、螺旋机前筒壁有磨损、螺旋机转动叶片与筒壁右侧刮擦有异响、跳动现象。同时通过螺旋机观察孔螺旋机叶片磨损严重，普遍磨损量为 10cm，最大为 13cm，需要进行补焊恢复（图 7.6-1）。

图 7.6-1　螺旋机叶片磨损情况

### 2. 原因分析

（1）地层原因：该掘进机全断面硬岩地层已掘进 1245m，岩石属于微风化花岗岩（图 7.6-2），主要矿物为石英、黑云母、长石等。节理裂隙微发育，岩体呈短—长柱状，节长 5～122cm，RQD = 80～97，岩石抗压平均强度 100MPa，最高 140MPa，长距离的硬岩地层掘进导致螺旋机叶片磨损严重。

（2）施工原因：掘进机二次始发，检查发现螺旋机叶片已存在磨损情况，未按照要求对叶片的合金块进行更换处理。

（3）设计原因：螺旋机叶片合金块，出厂焊接实际位置仅螺旋机前端约 1/3 部位进行焊接处理，剩余部位均为焊接合金块，导致磨损消耗加快。

图 7.6-2　掘进地层情况（微风化花岗岩）

### 3. 应急处理措施

（1）清理土仓、螺旋机内残留的渣土。

（2）分区域焊接逐步合金块，共计划分 6 个区域：螺旋机前部、1 号观察孔、2 号观察孔、1 号开孔、2 号开孔、3 号开孔；其中 1~3 号开孔，属于在螺旋机套筒上额外开孔，焊接完成后焊接恢复（图 7.6-3）。

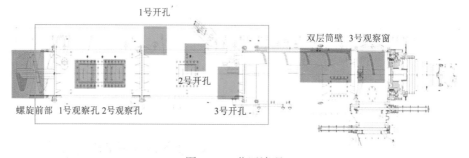

图 7.6-3　分区清理

（3）总共需焊接处理 17 个叶片：合金叶片 6 个，无合金叶片 11 个；共计需要 76 个耐磨块和 114 块钢板。

（4）焊接完成后，掘进出渣正常。螺旋机叶片修复完成后如图 7.6-4 所示。

图 7.6-4　螺旋机叶片修复完成后

**4. 经验总结**

（1）设备设计制造时，改变制造工艺，延长合金块焊接区域。

（2）掘进机转场，发现问题，应当及时处理，避免侥幸心理。

（3）硬岩地层中掘进，定期检查螺旋机各部位叶片情况，发现异常及时处理。

## 🌐 7.7　应急救援措施

### 7.7.1　始发与到达事故应急措施

（1）发现险情后，应迅速采取措施，组织自救，控制事态发展，最大限度地减少人员伤亡和经济损失，并立即报监理单位、业主及有关单位、部门。

（2）项目部主要负责人、分管负责人应立即赶赴现场，迅速组织救援工作，同时根据事故特点、性质和严重程度，紧急调动有关部门、单位人员赶到事故现场。

（3）参加现场救援的人员必须严格按救援方案实施救援，未经领导小组负责人批准，不得擅自改变计划。

（4）事故的应急措施

①如发生掘进机掘进参数不正常应立即停机检查。

②如发生坍塌事故则应进行注浆加固。

③如发现因事故受伤者应及时送往医院抢救。伤残人员安置和财产理赔等善后处理工作。

④采取措施减少地表水的下渗是塌陷发生不可忽视触发因素之一。首先，应注意雨季前疏通地表排水沟渠，降雨季节时刻提高警惕，加强防范意识，发现异常情况及时躲避；其次，加强地下输水管线的管理，发现问题及时解决；最后，做好地表和地下排水系统的防水工作。

### 7.7.2　掘进机穿越既有铁路应急措施

施工前，应由施工单位编制详细的施工预案，并经专家评审后，方可施工。

**1. 铁路变形过大预防措施**

①施工前先对建筑物进行调查，并根据需要采取必要的结构加固措施。

②严格控制平衡压力及推进速度，避免波动范围过大。

③施工时采取土体改良，确保土体和易性和流动性等，保持进出土顺畅。

④正确确定注浆量和注浆压力，及时、同步进行注浆。

⑤注浆应均匀，根据推进速度的快慢适当调整注浆速率，尽量做到与推进速率相符。

⑥采取措施，提高搅拌浆的质量，保证压注浆液的强度。

⑦推进时，经常压注盾尾密封油脂，保证盾尾钢丝刷具有密封功能。

⑧针对铁路设备等建（构）筑物，应进行严密的监控量测，一旦沉降、倾斜达到预警

值，可根据建筑物及周边地面状况，及时进行地面跟踪注浆；对于较高建（构）筑物，如通信铁塔等可在适当部位加设缆绳，防止其向铁路运行方向倾斜，影响运营。

⑨加强施工监测，实施动态信息化施工管理。

**2. 抢险措施**

①地面轨道应急措施：施工过程中一旦发现铁路轨道允许偏差超标，立即联系铁路有关部门进行轨道的整治修护，将损失控制在最低限度内。其线路维修基本作业包括：起道、捣面、拔道、改道、整正及调整轨缝等，及时通知设计单位及铁路等相关部门，研究对策，以防影响铁路的正常运营。

②隧道内应急措施：立即停止掘进机掘进，并保持土仓压力，有效控制地表继续沉降。并且在沉降尚未控制、原因尚未分析清楚、沉降控制措施尚未到位的条件下，严禁掘进机继续掘进；待地表沉降稳定并已处理完成后，掘进机方可继续掘进。

③对已拼装成形的掘进机隧道，在沉降区内进行管片背后补注浆，在此期间提高监测的频率，及时绘制变形曲线图，加强与上级单位和铁路有关部门的沟通，以便根据变形发展情况采取相应措施。施工时还应准备好足够的抢险物资及设备，如发泡聚氨酯、盾尾油脂等，并成立行之有效的应急机构，必要时可进行应急演练。

④保证能在沉降达到警戒值后保持畅通有序的信息沟通渠道及命令发布途径，及时将监测和处理情况汇报业主、监理及设计单位，同时在第一时间联系铁路监护部门，采取起道垫碴或地面注浆、限速、停运等措施，防止轨面沉降超标，确保铁路运输安全，并组织专人加强对地表设施的疏导与保护，阻止险情的进一步扩大。

⑤从掘进机穿越铁路轨道影响分析来看，由于隧道埋深较大、地层条件较好和掘进机施工引起的对地层损失的严格控制，掘进机穿越对轨道及道床的影响不大。考虑到施工的偶然性和列车运行安全的重要性，在掘进机施工过程中，根据监测结果必要时采用D形施工便梁架空部分轨道等措施。

**3. 设备运行过程应急措施**

（1）管片拼装

　　管片拼装过程是一个事故多发源，施工人员上岗前必须持有上岗操作证件。现场张贴警示牌及规章制度等。要求管片拼装机由机长专人负责，严禁擅自转动拼装机，违章冒险作业，以免发生伤亡事故。开拼装机前要确保拼装机周围无人，听从指令作业的相关作业人员要对指令复述正确确认后才准操作；遥控器等控制设备要有合适的保护，按键不得裸露，确保操作灵敏准确；举重臂旋转时，鸣号警示，严禁施工人员进入举重臂活动半径内，拼装工装管片全部定位后，方可作业；举重臂必须在管片固定就位后，方可复位，封顶拼装就位未完毕前，人员严禁进入封顶下方。

　　举重臂拼装头子必须拧紧到位，并定期检查磨损情况，对内口损坏的管片必须采取可靠的措施方可使用，预防吊运时管片脱落；拼装管片时，拼装工必须站在安全可靠的位置，严禁管片下站人闲谈，严禁将手脚放在环缝或千斤顶的顶部，以防受到意外伤害；要检查锤等打击物，预防脱落伤人，不得用螺杆做工具；要合理调整千斤顶的行程，严禁强行推进管片将止水片损坏；螺钉要拧紧，减少错台的程度，预防漏水；不得用手指塞入管片之间去摸间隙；严格按照施工方案的要求以及安全规定作业，不得以有经验而不听劝告冒险作业。

 **抢险措施**

管片拼装过程中出现设备及人员伤亡事故时，应采取以下紧急预案：

①掘进时发现异常现象时要及时通知附近作业面的员工远离现场，并及时通知地面技术部及相关负责人员。

②有人员伤亡时要及时组织进行紧急抢救，视受伤程度及时送往医院。

③管片拼装机出现异常时，要立即停机并通知相关修理人员进行检查，确认运转正常后方可开机作业。

④若吊装管片以及拼装管片过程中，管片碎裂或出现裂纹，施工人员要立刻通知技术部门，绝对不能将不合格管片拼装到隧道。

（2）盾尾密封失效

**预防措施**

①掘进机贯入前，洞口周围安装帘布板止水，帘布板面涂敷油脂，防止刀盘上的刀具损坏帘布板；在刀盘外周配置的刀具上用带卷绕（胶带等），防止切断密封。

②为防止从管片和盾壳间进入沙土和水，在主机的尾端安装了三道盾尾密封。盾尾密封由弹簧钢板、钢丝刷、不锈钢金属网组成。即使在曲线施工中也能密封严紧。为了提高盾尾密封的止水效果，必须在盾尾密封内和盾尾密封之间添加盾尾油脂；另外，灌注盾尾油脂还可以有效防止盾尾钢丝磨损。本机配备有盾尾油脂注入装置，按照设定的注脂周期，加注盾尾油脂。只要密封性能下降就需适当地注入尾封油脂，当注浆注入压力（0.3MPa以上）直接作用于盾尾密封的钢丝刷时，盾尾密封可能翻转，浆侵入、并固结，导致盾尾密封无止水效果，甚至造成盾构与管片、地层固结而无法掘进。高压（0.3MPa以上）浆是直接注入在盾尾密封稍后方的场合，掘进过程中，应补充注入盾尾油脂。

③为了使掘进机主机不因承受的泥水压、土压等后退，操作推进油缸时要注意，特别是管片拼装时，如果伸出的油缸全部缩回，会因承受的开挖面的压力，使掘进机主机后退，所以将与开挖面压力相等数量的油缸保持伸出以支撑掘进机主机。

④盾尾油脂采用自动注入，手动注入时，要定期注入盾尾密封油脂，盾尾压力过小，同步注浆浆液会压入盾尾密封刷中。

⑤推进过程中，掘进机轴线的偏移量不可过大，以防止盾尾间隙过小而损坏盾尾密封刷。

盾尾密封刷一旦损坏后，将发生漏浆，如果漏浆严重，盾尾注浆量不足将会引起地表沉降等。如果盾尾密封刷损坏，发生漏浆，可采取以下应急措施：

①盾尾密封刷损坏，发生漏浆后，当班班长要及时上报给掘进机技术部门，由技术部门组织研究应对措施。

②如果漏浆不严重，可采用海绵条来防止漏浆。

③如果漏浆比较严重，在情况允许的前提下，可选择更换盾尾密封刷。更换盾尾密封刷时，要提前选择掘进机停放的位置，做好土体加固。密封刷只能更换前两道，第三道密封刷不可更换。土体加固后，掘进机运行到选择好的地点后进行更换。

④更换过程中，需要将更换密封刷的地点处用掘进机的千斤顶将整环管片向前拉，以便漏出掘进机盾尾处的密封刷。管片拆下后要立即更换，以防时间过长而漏水。

（3）刀具损坏

预防措施

①由于本区间的地质情况为黏土、砂土，刀盘在运行过程中刀具存在一定磨损。如果刀盘在运行过程中，刀具磨损严重，将直接影响出土量，更严重者可能将进一步磨损刀盘支撑，因此，在必要的情况下可采取换刀措施。刀具的更换是一个具有一定风险的作业过程，作业人员需要通过人行闸到刀盘前面进行更换，作业量大，准备时间较长，所以，刀具在磨损不严重的情况下极少换刀，只有当刀具磨损相当严重的时候不得已采取的措施。进行换刀的操作人员必须经过严格的身体检查以及技术培训，严格遵守人行闸的使用要求，对换刀的知识要非常熟悉，而且在紧急情况下要具有灵活的反应机智以及判断能力。

②在确立必须采取换刀措施后，要先选定掘进机换刀的位置，换刀位置土体的地质条件要稳定，然后在此位置必须进行土体加固，掘进机进入土体加固区，到达预定位置后进行换刀作业。换刀前需要将土仓中的土体进行清理，采用螺旋机进行排土并向土仓中输入空气，开挖面前的土体清理完毕后向开挖面前注浆，开挖面彻底稳定后才可进行换刀作业。

③作业人员进入开挖面内前，要确认开挖面内的气体浓度，然后再进去，否则会发生缺氧、气体中毒（这时要注意充分换气）等事故；务必要切断电源，否则会因误动作等伤及开挖面内的作业人员，造成人身事故；作业负责人应监视开挖面的状态，含水以及有无涌水及有无可燃性气体及其状态明确作出指示，否则会有因塌陷或爆炸造成伤害的危险；作业人员要佩戴安全帽，长靴、安全鞋，以及安全带等物品。打开人行闸挡板前，务必使用球阀等确认开挖面有无出水，如果在没有确认土仓内有无出

水的情况下，卸下人闸挡板的螺栓时，会因出水造成人员躲避困难而受伤；作业人员在开挖面部分不得动火，不得已带入的可燃物需用阻燃物覆盖，在附近配备灭火器、水、沙子等，否则会因火灾、缺氧等危及生命；设置送风、换气设备，确认并确保逃离通道。

④换刀人员在作业过程中，人行闸出口处一定要有专人把守，现场准备必要的医疗器具以及紧急抢救器械，要时刻不断与作业人员进行联系沟通。

**🔧 抢险措施**

换刀人员一旦在刀盘前发生意外事故，采取的紧急措施有：

①现场立即成立紧急抢救小组进行抢救，确保作业人员生命安全。

②作业人员一旦救出，要立即派专车送往医院救治。

③如果现场发生坍塌、涌水等意外事故，要顾全现场大局，作出明确决定，做好一切挽救措施。

**4. 掘进过程中前方遇到不明坚硬物应急措施**

掘进过程中，有很多不可预知性，当前方遇到不明坚硬物时，现场出现的情况判断为掘进机推进扭矩过大，推进速度过慢，设备在推进过程中有颠簸现象。出现这类情况时的应急处理为：

（1）掘进机司机应该立即作出明确判断，停止掘进，并及时上报到技术部。

（2）技术部接到反应后应立即与项目技术负责人成立研究小组，共同讨论解决方案。

（3）现场施工人员做好注浆管清理工作，防止堵管，并时刻观察掘进机的姿态等各参数情况，若发生异常要及时与技术部联系。

（4）在方案处理时，应谨慎选择经过人员舱进行故障排除，若必须选择要经过人员舱来排除故障时，应严格遵守人员舱的使用方式及规章制度。

### 7.7.3　掘进机非正常停机应急措施

因设备故障、地质因素、渣土运输、管片供应、材料供应等问题造成停机超过 6h 即视为非正常停机。非正常停机需要及时上报监理、业主，并作停机报告。

（1）停机期间严格按照技术交底操作，现场值班员及时汇报施工情况。

（2）严格按照程序进行停机情况汇报。

（3）停机期间需加强土仓压力控制和地表沉降监测工作，并根据具体情况及时对土仓压力进行调整。

（4）停机前需做好盾尾密封油脂的注入工作，防止发生盾尾漏水现象。

（5）停机期间掘进机司机和掘进、维保班工作人员不得无故离岗，需根据实际情况安排掘进机保养和保洁工作。

（6）尽快解决问题恢复推进。

### 7.7.4 掘进机掘进过程中更换刀具应急处理

**1. 做好换刀前后的地面沉降监测**

在施工区地面安排沉降监测点并进行 24h 的监测。沉降点沿两条隧道轴线及两条隧道的中线，每隔 5m 布设一点，监测范围为 50m。使用水准测量的办法进行监测。监测结果及时返回给技术人员。技术人员根据监测情况，及时调整换刀进度及应对措施。

**2. 做好换刀前各项人员的培训工作**

按照加压换刀的准备对操作人员进行进入闸前的安全技术培训，使操作人员可以熟练、快速、安全地完成换刀工作。拟派技术人员到医院去培训，确保进仓人员对高压的适应能力。对各类安全急救人员做好岗前培训，以应对可能发生的突发事故。

**3. 做好换刀前电气系统的检查**

检查掘进机设备的各项状况。保证电力系统、供气系统的安全可靠。

**4. 做好换刀点的地面抢险准备工作**

在穿越前 20~30m，设置换刀室、检修室。成立以项目经理为组长的应急抢险小组，编制科学的预警方案。在换刀地点准备好抢险用的注浆设备、注浆材料、通信器材、抢险工具。抢险人 24h 警备。当经过监测地面沉降超过 1.5cm 时，立即停止换刀工作，并及时进行地面加固。刀具更换结束后，应在盾体顺利通过换刀点且沉降值趋于稳定后解除警备。

**5. 开仓前开挖面稳定的措施**

在加压开仓检查过程中，开挖面稳定与否直接关系到操作人员的人身安全。因此，必须根据地层实际情况采取切实可行的措施，以确保开挖面稳定。为了保证开仓检查、更换刀具时掘进机前上方土体的稳定，需要向刀盘前方和土仓内注入浓膨润土浆，目的是用浓膨润土浆将土仓内原有的稀膨润土浆和水置换。在开挖面和土仓内形成泥皮，稳定土体，减少加气压时气体的泄漏。另外，从地面对掘进机前、上方土体进行单液注浆加固。

### 7.7.5 区间掘进机掘进引起地表沉降量过大应急处理

针对掘进机掘进引起的地表沉降过大，防范措施主要有：合理选择掘进机类型；采用辅助功法保证开挖面的稳定；地质水文变化较大地段加密勘查；精心施工，减小对土层的扰动；加强开挖面土压力的量测，保持开挖面土压力的平衡；加强推进速度控制，尽量不使或少使前方土体受挤压；严格控制出土量，保证掘进机切口方土体能微量隆起；加强对监测点的监控；加强掘进机千斤顶的维修保养工作，管片拼装时保证安全溢流阀的压力达到规定值；盾尾脱出后及时压浆；保证压浆量充足；严格控制压浆压力；采用两次以上的压浆；浆液的选择、采购、储运、配比和拌制必须合理；合理选择注浆部位，保证注浆均匀。如果发生这种危险，治理的方法有：进行土体探测，进行综合分析，查明原因；加强地面沉降监测和信息反馈；提高同步注浆率，改善注浆效果；进行壁后补浆或地面跟踪补压浆；调整掘进机推进参数，使其更科学、更准确。

### 7.7.6　地面地下管线沉降超标控制措施

**1. 当出现给水雨水管线沉降大于30mm或出现微小渗漏水时**

（1）立即上报监理及业主项目工程师，同时上报水务集团有限责任公司调度抢修中心，请求对自来水管检修。

（2）对渗水处采用导管引流，并喷射早强混凝土，导管端头采用麻丝等封堵、缠绕，以防沙土流失。

（3）加强监测，判断自来水管及结构、地表沉降发展趋势，当沉降速率减缓后方可继续施工。

**2. 当给水管出现较大渗漏时**

（1）立即关闭相应的自来水闸阀，现场做好围堰，接管引渗流水到辅道上雨水管内。对道路进行警戒，疏散人员，进行交通导流。

（2）立即上报监理及业主代表，同时上报水务集团有限责任公司调度抢修中心。自来水公司接到事故报告后30min内组织专业队伍进行抢修，经理部立即组织抢险物资、机械、人员配合专业队伍进行抢修。

（3）会同监理、设计、业主商讨处理方案。

**3. 当出现燃气、电力电缆管线沉降较大，可能危及管线变形时**

（1）立即上报监理及业主项目工程师，同时上报相关管线责任公司调度抢修中心，请求对自来水管线进行检修。

（2）对沉降变形较大的部分采取加固措施。

（3）加强监测，判断管线及结构、地表沉降发展趋势，当沉降速率减缓后方可继续施工。

**4. 当燃气、电力电缆等管线出现破坏时**

（1）立即组织人员关闭相应的节点，现场对道路进行警戒，疏散人员，进行交通导流。

（2）立即上报监理及业主项目工程师，同时上报煤气、电力电缆等相关调度抢修中心。中心接到事故报告后30min内组织专业队伍进行抢修，经理部立即组织抢险物资、机械、人员配合专业队伍进行抢修。

（3）会同监理、设计、业主商讨处理方案。

### 7.7.7　设备倾覆应急预案

#### 7.7.7.1　预防措施

桩基托换施工过程中现场大型设备主要有旋挖钻机、起重设备，施工过程中需采取有效的措施防止机械设备倾覆，危及周边行人及车辆安全。

**1. 旋挖钻机防倾覆安全措施**

（1）施工现场指定专人负责施工安全，实行专业人员旁站盯岗制度，及时发现及处理违章作业行为和不安全因素。

（2）施工过程中，设专人在挖孔过程中防护，实行"一人、一机、一防护"原则，在发现旋挖机有倾斜的现象时，马上停止冲孔施工，调整旋挖机位置，使其稳定。

（3）旋挖机的施工场地应平坦坚实，当地基承载力达不到规定的压应力时，应在履带下铺设 120mm 厚的路基板或 20mm 钢板。

（4）在旋挖机行走时必须指定一个助手协调观察并向驾驶员发出信号。

（5）如果在工作状态下需要行走时，需将桅杆后倾 20 度后再进行行走操作。

（6）在行走前，确定地面的承载能力，根据需要选择路线或进行加强。在行走时，将上部车身调整到与履带平行。

（7）尽可能地选择平地，要清除机械行走路线上所有障碍物，尽可能以直线驾驶机械，微小、逐渐地改变方向。

（8）旋挖桩机不要驶上或驶下陡坡，这样有机械倾覆的危险，最大允许坡度为 15 度。

（9）不要在斜坡上转弯或横穿斜坡，一定要到一块平整的地方进行这些操作。

（10）当必须在斜坡上工作时，避免转弯和回转，以防桩机失去平衡并翻倒，如果必须进行这种操作，要用土在斜坡上堆起一个坚固的平台，以便操作机械时可以使机械保持平衡。

（11）旋挖桩机在不平地带或斜坡上施工时，要减慢发动机速度，选择低速行走方式，适当调整各工作部件的位置，使重心尽量靠近回转中心和地面。

（12）遇有雷雨，大雾和六级及以上大风等恶劣天气时，应停止一切作业。当风力超过七级或有风暴警报时，应将旋挖桩机顺风向停置（本工程中将旋挖机停放至新建工程西侧，远离技 1 道营业线），并将旋挖桩机的桅杆倾侧平放在主机身上。

（13）作业后，应将旋挖桩机停放在坚实平整的地面上，将钻头落下垫实，并切断动力电源。如果不可避免在斜坡上停放机械，需要用挡块顶住两侧履带。

（14）由现场专职安全员组织司机机长、机械维修师对施工机械安全性能、钢丝绳等硬、软件设备每周进行定期的检查，并形成书面记录。

（15）坚持每天上班前做好班前维护检查记录。

**2. 起重机械防倾覆安全措施**

（1）起重吊装作业前，起重机械的操作、指挥人员应了解被吊物的具体情况（尺寸、材料及重量），并在现场核实起重吊装作业半径。

（2）按照被吊物重量及作业半径，查询汽车起重机起重能力表，确定起重机伸臂长度，及吊臂工作角度，保证起重机在起重吊装作业时不大于额定起重量的 80%。

（3）起重吊装作业前对起重机液压系统、限位系统、警报系统等进行全面检查，确保吊装作业的顺利进行。

（4）起重机就位前，检查起重机工作场地，在场地不平或松软时，采取增加路基板或垫木垫平等措施，保证起重机支腿部位场地的坚实、平整，防止因场地承载力不足，造成起重机倾覆。

（5）起重吊装作业时，严格控制吊臂伸出长度，不得超载运行。

（6）起重吊装作业要严格执行试吊程序，在试吊不成功的情况下，应查找原因，待问题解决后，重新进行试吊，试吊成功后方可进行起重吊装作业。

（7）汽车起重机起重吊装作业应采用侧吊的方式，作业时吊臂与地面的夹角不得小于 60°，左右回转范围不应超过 90°，不得横吊，以免倾翻。

（8）严禁使用起重机进行横拖及斜吊。

（9）起吊构件时，吊索要保持垂直，不得超出起重机回转半径斜向拖拉，以免超负荷和钢丝绳滑脱或拉断绳索而使起重机失稳。起吊重型构件时应设牵拉绳。

（10）起重机操作时，臂杆提升、下降、回转要平稳，不得在空中摇晃，同时要尽量避免紧急制动或冲击振动等现象发生。未采取可靠的技术措施和未经有关技术部门批准，起重机严禁超负荷吊装，以避免加速机械零件的磨损和造成起重机倾翻。

（11）起重机应尽量避免满负荷行驶；在满负荷或接近满负荷时，严禁同时进行提升与回转（起升与水平转动或起升与行走）两种动作，以免因道路不平或惯性力等原因引起起重机超负荷而酿成翻车事故。

（12）当两台吊装机械同时作业时，两机吊钩所悬吊构件之间应保持 5m 以上的安全距离，避免发生碰撞事故。

（13）双机抬吊构件时，要根据起重机的起重能力进行合理的负荷分配（吊重质量不得超过两台起重机所允许起重量总和的 75%，每一台起重机的负荷量不宜超过其安全负荷量的 80%）。操作时，必须在统一指挥下，动作协调，同时升降和移动，并使两台起重机的吊钩、滑车组均应基本保持垂直状态。两台起重机的驾驶人员要相互密切配合，防止一台起重机失重，而使另一台起重机超载。

（14）吊装时，应有专人负责统一指挥，指挥人员应位于操作人员视力能及的地点，并能清楚地看到吊装的全过程。起重机驾驶人员必须熟悉信号，并按指挥人员的各种信号进行操作；指挥信号应事先统一规定，发出的信号要鲜明、准确。

（15）在风力等于或大于六级时，禁止在露天进行起重机移动和吊装作业。

（16）起重机停止工作时，应刹住回转和行走机构，锁好司机室门。吊钩上不得悬挂构件，并应升到高处，以免摆动伤人和造成吊车失稳。

#### 7.7.7.2　处置措施

（1）当发生设备倾覆安全事故后，应立即启动应急预案，在采取紧急措施的同时，向项目应急救援领导小组报告。根据现场情况，及时收集相关信息，判断事故的性质和危害程度，并及时上报事态的发展变化情况。

（2）项目应急救援领导小组应迅速到位，分析事件的性质，预测事态发展趋势和可能造成的危害程度，组长应按规定的处置程序，组织相关部门及施工队按照职责分工，迅速采取处置措施，控制事态发展。

（3）确定是否还有危险源。如碰断的高、低压电线是否带电；倾覆设备及其构件是否有继续倒塌的危险。工地值班电工负责切断有危险的低压电气线路的电源。如果在夜间，接通必要的照明灯光。

（4）抢险要在排除继续倒塌或触电危险的情况下，立即救护伤员：边联系救护车，边及时进行止血包扎，用担架将伤员抬到车上送往医院。

（5）对倾翻变形设备的修复工作应在专业技术人员指导下进行。

（6）警戒：为保障现场应急救援工作的顺利开展，在事故现场周边建立警戒区域，实施交通管制，维护好现场治安秩序，防止与救援无关人员进入事故现场，保障救援队伍、物资运输和人群疏散等交通畅通，并避免发生不必要的伤亡。现场警戒措施包括：危险区边界警戒线为黄黑带，警戒哨人员佩戴臂章，设置明显的安全警示标志，用扩音喇叭警告，警戒哨人员负责阻止与救援无关的人员进入事故救援现场。

（7）人群疏散与安置

人群疏散是减少人员伤亡扩大的关键措施，也是最彻底的应急响应。应根据事故的性质、控制程度等决定是否对人员进行疏散，人员疏散由应急救援领导小组与当地政府及相关行政部门沟通并下达疏散命令，由副组长组织、联合当地公安、交通管理部门等参与实施。

（8）现场保护

机械倾覆事故/事件发生后，安全部门立即组织现场救援赶赴事故现场，负责事故现场救援，事故调查组协助开展收集证据工作。因抢救人员、防止事故扩大以及疏通交通等原因，需要移动现场物件时，要做好标志、标记，并绘制现场简图，写出书面材料，妥善保存现场重要痕迹、物证。

（9）公共关系

机械倾覆事故发生后，应将有关事故的信息、影响、救援工作的进展情况等及时向上级单位汇报，发布事故相关信息由应急救援领导小组批准，由综合办公室发布，保证发布信息的统一性。

（10）应急救援人员的安全

应急救援过程中，应对参与应急救援人员（指挥人员）的安全进行周密的考虑和监视。必要时，应有专业抢险人员参与指挥或作业。在应急救援过程中，由安质部指派专人负责对参与应急救援人员的安全进行过程监视，及时发现受伤人员并组织撤换抢救。

### 7.7.7.3  机械倾覆事故应急救援措施与操作步骤

（1）机械倾覆事故应急响应按照先保人身安全，后保财产的优先顺序进行，使损失和影响减小到最小，并立即通知上级领导和消防救护部门。

（2）通信联络组负责人在接到应急救援领导小组的通知后，立即与现场保持畅通的联系，根据受伤人员的情况与项目部、工区、地方政府、医院、公安等部门联系，并根据组长是否需要外部资源的援助的决定与相关部门联系。

（3）救护应急组在接到应急救援领导小组的应急通知后，在负责人的带领下准备好担架、急救药品赶往预警地点，并通知医院做好接收伤者的准备。

（4）抢险救灾组在接到应急救援领导小组的应急通知后，在负责人的带领下准备好受伤人数的担架及其他必需品和绳索、铁锹等工器具赶往事发地点。

（5）后勤保障组在接到应急救援领导小组的应急通知后，在负责人的带领下准备好备用担架及必需品和所需抢险救援物资赶往事发地点。

（6）事故后的恢复：当事故受伤人员得到救护后，应急救援领导小组应决定终止应急，恢复正常秩序。并做好确保不会发生未经授权而进入事故现场的措施（如悬挂安全警示牌、专人安全哨等），继续安排人员在事故区域进行安全巡查。同时，针对机械倾覆事故受伤人员得到救护的实际情况，通报相关部门，以及做好对本次应急的调查、记录，并评估本次应急反应中需改进的问题，重新进入应急程序。

### 7.7.8　桥桩、承台与桥墩发生位移应急预案

1）掘进机穿越高架桥，采取以下措施：

（1）施工前进行桥梁现状检测；

（2）掘进机穿越前开展模拟试验段掘进，并校正掘进机施工"蛇"形误差和隧道轴线坐标，避免掘进机隧道向桩基侧偏离；

（3）掘进机通过时，根据试验段结果，优化穿越掘进机掘进参数、加强掘进机姿态控制，控制地层损失并保持开挖面稳定，慢速匀速通过；

（4）加强施工监测，做到信息化施工，根据掘进机掘进和监测数据确定是否采取进一步保护措施；

（5）加强施工管理，严格控制出土量不能超挖，加强同步注浆二次注浆；

（6）制定合理的应急预案。

2）当桥墩发生位移时，应采取以下措施：

（1）建（构）筑物沉降到达橙色预警时：事故救援组应用准备好的2～4个钢三脚架斜撑通过膨胀螺栓固定到下沉桥桩上，稳定桥桩继续下沉，继续观察监测数据。

（2）建（构）筑物沉降到达红色预警时：事故救援组和相关单位及部门协调，暂时封闭大桥，立即在桥面系下方用钢管支撑或脚手架加固桥面，并进行地面注浆加固，避免桥面因桥桩下沉而进一步破坏。

### 7.7.9　始发端头加固区风险应急措施

端头井地层加固的风险源主要是属于自身风险。容易发生的事故类型有地面开裂、塌陷；孔壁坍塌；物体打击事故；触电事故；火灾事故；机械伤害事故；中毒事故等。

1. 掘进前预防措施

（1）做好掌子面动态观测工作

现场施工人员要随时观察作业面的动态变化，发现问题立即处理、及时汇报。

（2）加强排水设施的检修

疏通并开挖隧道沿线排水沟，保证排水畅通。

（3）做好应急救援物机准备

物资设备部确保项目部及工区作业人员储备足够的抢险、抢修所需工具和材料及防护备品，认真落实物资供应，一旦发生情况能够及时调拨到所需物资，配备必需的机械设备、运输工具、通信器材和发电照明设备等，汽车司机必须24h值班，其他机械设备操作手也应当积极待命，做到随叫随到，确保料具和人员的运输。

（4）加强安全巡视落实工作

提前做好准备工作，专职安全员在各施工段每日巡查不少于两次，发现险情立即上报。

（5）确保通信畅通

要坚持项目领导昼夜值班制度，安排专人值班，确保信息畅通。项目部所有人员必须留岗。同时，要准备好交通工具，确保信息畅通，做到随叫随到，保证检查、抢险顺利进行。

**2. 发生险情时应急措施**

（1）隧道开挖时，工作面出现突水、突泥状况，施工人员及机械设备首先撤出工作面，待突水、突泥情况稳定后，方可进行处理，不可冒进；其次进行洞内降水和排水，由洞外向洞内清理、疏通排水设施，降低洞内水位，尽快满足施工条件；进行钻孔卸压施作，对涌水处钻孔分流，钻孔数目根据水量而定。当涌水口被分流且由集中流变为细流时即行封堵，钻孔深度根据现场围岩和实际情况而定，一般为 10～15m；而后进行突水口引排、封堵，钻分流孔后，突水口水量相对变小，利用大直径带开关的钢管引排突水，同时在其旁边设置带开关的注浆管，接通注浆泵进行双液注浆封堵钢管周围部分，使突水只从钢管流出；最后进行注浆作业，关闭导水钢管开关，致使突水全部从分流孔排出，进一步在突水处压注水泥浆加固，使突水处趋于安全，然后由近及远逐次向分流孔内压注水泥单液浆，逐个封闭分流孔。涌水、突泥封堵完成后，进一步补强加固注浆，以确保注浆成果和洞身稳定。如果注浆封堵不住，可泵压混凝土填充封堵后再注浆。

针对其他突涌情况，当工作面涌水且地质较差时，涌水突泥会引起坍塌，为确保施工安全，采用混凝土封堵，施作止浆墙，采用帷幕注浆加固；当发生涌水、突泥需处理时间较长时，利用导坑绕行以保证继续施工，后方按突水处理方法进行处理。

（2）拉专线内外连接警报装置；设 36V 低压照明，专线专闸；边墙下水沟处设 $\phi$100mm 供水管、$\phi$150mm 供风管、$\phi$200mm 排水管。当工作面发生突水，人员、移动机械立即撤离，启动警报，断开高压电，启动低压照明，避免触电事故，启动大功率抽水装置减缓水位升高以利人员安全撤除。人机安全撤离后，采用机械排水，进行处理。